Stefan Helmke • Matthias Uebel

# Managementorientiertes IT-Controlling und IT-Governance

2. Auflage

Springer Gabler

Stefan Helmke
TGCG-Management Consultants,
Düsseldorf, Deutschland

Matthias Uebel
TGCG-Management Consultants,
Düsseldorf, Deutschland

ISBN 978-3-658-07989-5
DOI 10.1007/978-3-658-07990-1

ISBN 978-3-658-07990-1 (eBook)

Die Deutsche Nationalbibliothek verzeichnet diese Publikation in der Deutschen Nationalbibliografie; detaillierte bibliografische Daten sind im Internet über http://dnb.d-nb.de abrufbar.

Springer Gabler
© Springer Fachmedien Wiesbaden 2013, 2016

Springer Gabler ist Teil von Springer Nature
Die eingetragene Gesellschaft ist Springer Fachmedien Wiesbaden GmbH

# Vorwort zur zweiten Auflage

Fortschrittliche Unternehmen betrachten die IT nicht als Kosten-, sondern als wesentlichen Wertschöpfungsfaktor, dessen Potenziale noch nicht ausgereizt sind. Durch IT-Technologie können Prozesse in allen Unternehmensbereichen weiter automatisiert und damit hinsichtlich Durchlaufzeiten, Kosten und Durchführungsqualität optimiert werden.

Zwar steigen dadurch die IT-Kosten, doch unterm Strich sinken die Gesamtkosten des Unternehmens durch die Optimierung der Business-Prozesse. Um diese Potenziale zu heben, bedarf es Instrumente und Methoden, welche die Kommunikation zwischen Business-Bereichen und der IT optimieren.

Der Bedarf der Business-Bereiche ist durch ein systematisches Demand Management, eingebettet in eine zielgerichtete IT-Governance, aufzunehmen und zu analysieren, um die Optimierungspotenziale zu identifizieren. Unternehmensstrategie und IT-Strategie sind dazu miteinander zu verzahnen. Darüber hinaus ist das tiefe Verständnis für die eigenen Geschäftsprozesse eine wesentliche Anforderung an eine moderne IT.

Gleichfalls sind dafür IT-Controlling-Instrumente einzusetzen, die nicht nur die IT-Kosten betrachten, sondern Gesamtkosteneffekte und die daraus resultierenden Wertschöpfungsbeiträge vor- und nachkalkulieren.

Die vollständig zweite aktualisierte Auflage konzentriert sich noch stärker auf diese Aspekte. Dazu zeigt sie weitere neue praxisbewährte Methoden auf, wie die IT als Wertschöpfungsfaktor im Unternehmen etabliert werden kann, indem die Verzahnung mit den Business-Bereichen optimiert wird. Konkrete Praxisbeispiele illustrieren dabei im Sinne eines Anwendungsleitfadens den Einsatz der Methoden.

Prof. Dr. Stefan Helmke und Prof. Dr. Matthias Uebel

# Vorwort

Die zielorientierte Steuerung der IT hinsichtlich der Förderung ihres Wertschöpfungsbeitrages stellt einen Erfolgsfaktor für Unternehmen dar. Die Funktionen der IT-Governance und der Teilbereich des IT-Controllings liefern wesentliche Unterstützungsinstrumente für die ökonomische Steuerung des IT-Bereiches.

Der Band „Managementorientiertes IT-Controlling und IT-Governance" illustriert diese Steuerungsanforderung anhand von Erfahrungsberichten aus Praxisprojekten und Referenzmethoden, welche die Autoren als praxisbewährte Konklusionen auf Basis vieler Projekte in verschiedenen Unternehmen entwickelt haben.

Mangementorientiertes IT-Controlling als Teilbereich der IT-Governance hat dabei den Anspruch, nicht nur auf das reine Zahlen- und Kostenwerk zu fokussieren, sondern auch insbesondere den Wertschöpfungsbeitrag der IT kritisch zu reflektieren und zu fördern. Der IT-Controller entwickelt sich dabei zum internen Berater des IT-Managements, der dabei mitwirkt, die Zielorientierung und Rationalität von Entscheidungen in der IT sicherzustellen.

Neben grundsätzlichen Prinzipien liefert der Band Beiträge zu aktuellen Fragen des IT-Controllings und der IT-Governance. So gestaltet sich insgesamt der Charakter des Bandes zu einem praxisorientierten Leitfaden zur Lösung wesentlicher Themenstellungen der IT-Governance und des IT-Controllings.

Prof. Dr. Stefan Helmke und Prof. Dr. Matthias Uebel

# Inhaltsverzeichnis

# Managementorientiertes IT-Controlling und IT-Governance

# 1 Leit-und Leistungsbild der IT

*Stefan Helmke & Matthias Uebel*

## 1.1 Einführung

Der IT-Bereich eines Unternehmens soll mit dem Ziel der Generierung von Wertbeiträgen die Prozesse eines Unternehmens unterstützen. Aus dieser Motivation heraus ist die IT nicht nur als Kostenfaktor zu betrachten. Vielmehr kann die IT wesentlich zur Wertschöpfung des Unternehmens beitragen und dadurch einen wesentlichen Erfolgsfaktor darstellen, aus dem entsprechende Wettbewerbsvorteile resultieren.

Vor dem Hintergrund, dass die IT nicht mehr solche erheblichen Produktivitätsvorsprünge wie in den 80er oder 90er Jahren erzielt, spielt Effizienz- und Performancemanagement eine immer erheblichere Rolle. Der Reifegrad der IT ist in vielen Teilbereichen sehr hoch. Dieses betrifft insbesondere Basisleistungen der IT, die augrund der hohen Reife einen hohen Standardisierungsgrad aufweisen,

IT-Governance, verbunden mit einem managementorientierten IT-Controlling, stellen dabei zwei wesentliche Funktionen dar, um das IT-Management bei der zielorientierten Leitung und Steuerung der IT zur Generierung von Wertbeiträgen zu unterstützen. Dabei sind entsprechend die Unternehmensziele und die daraus abzuleitende IT-Strategie zu unterstützten.

Für die Erfüllung dieses Zieles liefert dieser Beitrag eine grundsätzliche Aufgabenstrukturierung der IT-Governance und des IT-Controllings. Grundlage der IT-Governance und des IT-Controllings bildet dabei die Entwicklung eines das Leit- und Leistungsbild der IT, was deshalb zunächst dargestellt wird.

## 1.2 Entwicklung eines Leit- und Leistungsbildes der IT

### 1.2.1 Motivation

Eine wesentliche Voraussetzung für eine erfolgreiche und im Unternehmen akzeptierten, wertschöpfenden IT-Bereich stellt ein klares Leit- und Leistungsbild dar, das die Wertschöpfung des IT-Bereichs im Unternehmen verdeutlicht.

Die IT-Abteilungen vieler Unternehmen unterliegen derzeit häufig einem hohen Kostendruck. Das Management fordert fortwährend zusätzliche Kosteneinsparungen. Forderungen nach zusätzlichen jährlichen Budgetsenkungen in Höhe von 10-20 % stellen eher die Regel als die Ausnahme dar. Erzielt die IT diese Einsparung, so ist davon auszugehen, dass im nächsten Jahr wiederum Forderungen im zweistelligen Prozentbereich von Management aufgestellt werden. Es wird latent unterstellt, dass die IT per se zu teuer ist. Dies wird noch dadurch negativ unterstützt, wenn die IT nur bedingt in der Lage ist, technische oder gesetzliche Anforderungen in eine betriebswirtschaftliche Sprache zu übersetzen oder die Wertschöpfungsvorteile der IT und insbesondere von IT-Projekten managementorientiert zu kommunizieren. Gepaart mit mehr oder weniger objektiven IT-Benchmarks, die auf Kosten fokussieren und die Betrachtung des Leistungs- bzw. Nutzenniveaus vernachlässigen, kann dieser Druck noch verschärft werden.

Pauschale Einsparungsforderungen können jedoch sogar dazu führen, dass an der Umsetzung innovativer Aufgaben der IT, wie z. B. Projekte zur Steigerung der Wertschöpfung, gespart wird, wohingegen die Kosten in Standardleistungsbereichen, wie z. B. der Serverbetrieb, steigen.

Jedoch kann die IT einen wesentlichen Erfolgsstellhebel darstellen, um sich im Wettbewerb abzuheben und Kosten in den Business-Bereichen einzusparen oder sogar dabei unterstützen, zusätzliche Umsätze zu erzielen. Gerade diese Wertschöpfungsvorteile für die Business-Bereiche sind durch die IT aktiv zu kommunizieren. Dies kann in der Wertschöpfungskette bis hin zum Vertrieb durch verbesserte IT-gestützte Leistungen oder günstigeren Preisen aus Kosteneinsparungen umgesetzt werden. Die Forderung nach Einsparungen im IT-Bereich greift zu kurz. Vielmehr birgt die Frage danach, welche Kosteneinsparungen und Wertschöpfungspotenziale durch die IT in den Business-Bereichen erzeugt werden sollen, ein wesentliches größeres Potential. Es stellen sich somit die folgenden Fragen, die im Saldo sich positiv gestalten sollten:

- Welche Kosteneinsparungen können im IT-Bereich erzeugt werden?

- Welche Kosteneinsparungen kann der IT-Bereich in Business-Bereichen erzeugen?

- Welche Wertschöpfungsvorteile bzw. Leistungsverbesserungen erzeugt der IT-Bereich für die Business-Bereiche?

Pauschale Einsparungsforderungen ohne die differenzierte der Betrachtung der drei obigen Fragen zu stellen, ist sogar ein nachvollziehbares Vorgehen aus der Perspektive des Managements. Dies ist insbesondere der Fall, wenn dem Management der Wertbeitrag der IT nicht eindeutig klar ist, da der einzige Performance-Stellhebel dann Kosteneinsparungen darstellen. Diese mangelnde Transparenz bezüglich des IT-Nutzens liegt häufig darin begründet, dass die IT-Abteilung seinen Wertbeitrag nicht eindeutig in managementorientierter Sprache darstellt.

Hier herrscht somit häufig ein latentes oder offenes Kommunikationsproblem zwischen dem Management und der IT-Abteilung. Um sich vom Kostendruck zu emanzipieren, ist es für IT-Abteilungen, deren Selbstverständnis es ist, eine aktive Rolle im Unternehmen einzunehmen, unerlässlich, ein klares Leit- und Leistungsbild zu erstellen. Das Leit- und Leistungsbild der IT ist auf Basis eindeutig kommunizierbarer und nachvollziehbarer Ziele und Ansprüchen an sich selbst in managementorientierter Sprache und Darstellungsform zu entwickeln. Dieses resultierende Leit- und Leistungsbild sollte:

- die Wertschöpfung der IT dokumentieren

- einen Orientierungsrahmen für das Management, die Business-Bereiche und die IT selbst liefern

- auf Einhaltung und Abweichungen kontrolliert und

- in eine vorausschauende 5-Jahres-Roadmap eingeordnet werden.

Es ist darzustellen, dass die IT in der Lage ist, zusätzliche Wertschöpfungspotenziale zu identifizieren und durch entsprechende Projekte zu heben. Deshalb ist es wichtig die IT in eine aktive Treiberrolle zu bringen und nicht nur passiv auf die Anforderungen der Businessbereiche zu reagieren. Dadurch wird es der IT gelingen – wie zahlreiche Klientenprojekte der Autoren hierzu zeigen – sich von einem permanentem Kostendruck zu emanzipieren und aktiv die IT voranzubringen.

In die IT-Budgetplanung sind nicht nur die konkreten Anforderungen der Business-Bereiche – also der internen Kunden – einzubeziehen. Zusätzlich sind im Sinne eines Themen- und Innovationsmanagements aktiv Prozesse und Aufgaben der Business-Bereiche zu integrieren, die es erlauben, zusätzliche Wertschöpfungspotenziale für das Unternehmen zu realisieren. Der IT-Bereich ist prädestiniert für diese Aufgaben, wenn der IT-Bereich in der Lage ist, die Unternehmensprozesse nicht nur aus der technischen IT-Sicht, sondern auch aus der unternehmerischen wirtschaftlichen Sicht des Business zu betrachten.

Das Leit- und Leistungsbild liefert, verbunden mit der IT-Strategie, die klare Orientierung gebende Leitplanken für die IT-Mitarbeiter und erhöht erfahrungsgemäß das eigene Selbstverständnis hinsichtlich des Bewusstseins der Bedeutung des IT-Bereichs für das Gesamtunternehmen.

Die spezifischen Anforderungen an die IT und die daraus resultierende Ausrichtung des Leit- und Leistungsbildes der IT ergibt sich aus den Anforderungen der internen Kunden – also der Business-Bereiche – und der IT-Strategie, die sich beide aus der Unternehmensstrategie ergeben. Diese Zusammenhänge verdeutlicht die Abbildung 1.1. Die IT ist somit kein losgelöster unterstützender Inselbereich, sondern vollständig in die strategische Ausrichtung des Unternehmens zu integrieren. Dies ist eine notwenige Voraussetzung, um die IT als wesentlichen Erfolgsfaktor nachhaltig zu etablieren. Bei Erfüllung dieser Funktion der IT lassen sich im Umkehrschluss wiederum Implikationen der IT-Strategie auf die Unternehmensstrategie generieren.

**Abbildung 1.1**    Einbindung der IT in die Unternehmensstrategie

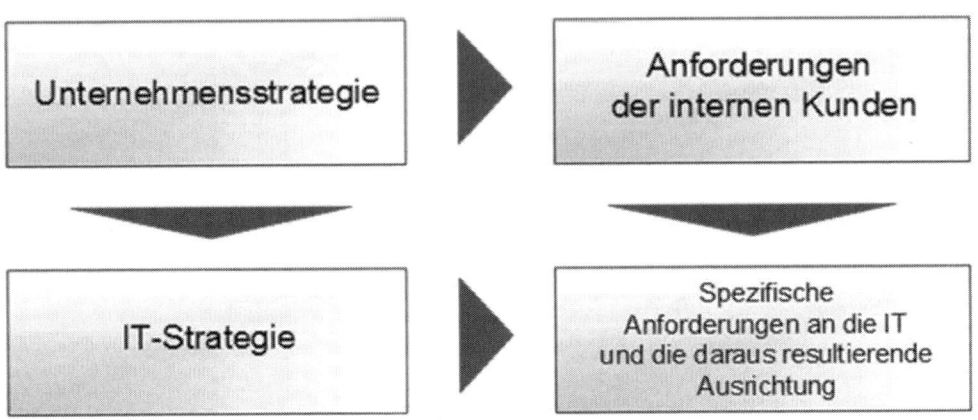

Daneben ist das Leit- und Leistungsbild der IT an den folgenden grundsätzlichen Zielen auszurichten, welche die Abbildung 1.2 verdeutlicht.

**Abbildung 1.2**    Ziele der IT als Grundlage eines Leit- und Leistungsbildes

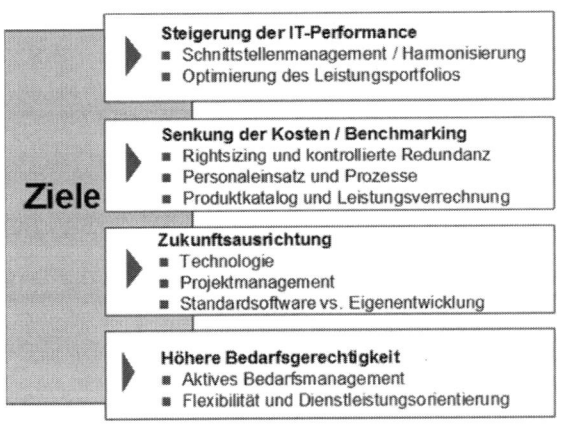

## 1.2.2    Vorgehen

Zur Entwicklung eines IT-Leit- und Leistungsbildes ist die Ist-Situation des IT-Bereichs aufzunehmen. Dabei hilft als Strukturierungsrahmen das KANO-Konzept, das ursprünglich ein Konzept aus dem kundenorientierten Produktmanagement darstellt aber auf die Anwendung in der IT transferiert werden kann. Das bestehende Ist-Leistungsportfolio der IT ist dabei in aggregierter Form in drei Kategorien einzuteilen. Das grundsätzliche Prinzip des KANO-Konzeptes verdeutlicht die Abbildung 1.3.

**Abbildung 1.3**    KANO-Konzept zur Abbildung von IT-Anforderungen

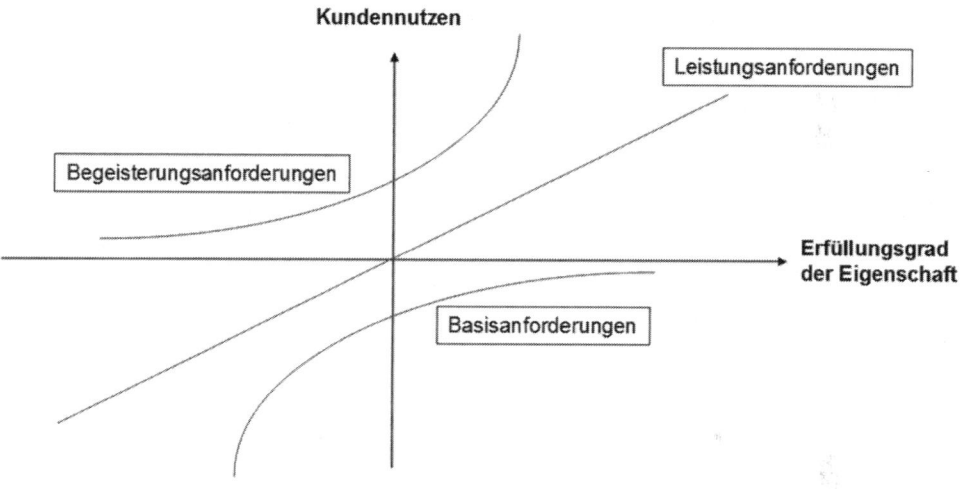

Mit Hilfe des Kano-Konzepts werden Basis-, Leistungs- und Begeisterungsanforderungen an die IT identifiziert. Es ist ein Denkkonstrukt, um die die wahrgenommene Leistung im Hinblick auf eine Zielgröße wie den Wertschöpfungsbeitrag der IT oder den Nutzen der internen Kunden bzw. Business-Bereiche zu optimieren.

Bei Basisanforderungen reicht ein Mindestniveau der Ausgestaltung des Leistungsangebotes zur Verbesserung des Kundennutzens aus. Wird dieses Mindestniveau allerdings nicht erreicht, so fällt der Kundennutzen massiv ab. Transferiert auf die IT, sind diese Basisbestandteile Leistungen mit einem hohen Standardisierungsgrad. Dazu gehören z. B. der PC-Support-, die Netzwerk- und Systemverfügbarkeit oder die Leistungen des Rechenzentrums. Der interne Kunde erwartet, dass diese Basisanforderungen erfüllt sind. Schwächen in diesem Bereich führen zu einem stark abfallenden Kundennutzen. Der degressive Nutzenanstieg zeigt zudem, dass die Basisanforderungen wenig dazu dienlich sind, die IT als wesentlichen Erfolgsfaktor, der zusätzlichen Nutzen für die Business-Bereiche stiftet, zu etablieren. Abgrenzbare Leistungspakete, welche die Basisanforderungen erfüllen, wie z. B. PC-Support oder Rechenzentrumsleistungen, sind vielmehr potenzielle Kandidaten für ein

Outsourcing der Leistung in ein Shared Service Center. Aus der Charakteristik der Basisanforderungen ergibt sich, dass für diese Effizienzziele hinsichtlich der Steigerung der wirtschaftlichen Umsetzung im Fokus stehen.

Für die Erfüllung der Leistungsanforderungen gilt „je mehr, desto kontinuierlich besser". Transferiert auf die IT, sind dies Funktionen der zentralen Business-Applikationen, die entsprechend der Anforderungen der Kunden kontinuierlich weiterzuentwickeln sind. Zur Verbesserung dieser Anforderungen ist das Key Account Management gefragt, das kontinuierlich zusammen mit den internen Kunden die künftigen Anforderungen definiert. Auch die Weiteentwicklung der Leistungsbestandteile durch entsprechende Programmierung steht häufig für ein entsprechendes Outsourcing zur Disposition. Aus der Charakteristik der Leistungsanforderungen ergibt sich, dass für diese sowohl Effektivitätsziele zur Steigerung der Wirksamkeit als auch Effizienzziele hinsichtlich der Steigerung der wirtschaftlichen Umsetzung im Fokus stehen.

Die Erfüllung von Begeisterungsanforderungen steigert die Zufriedenheitssituation überproportional. Bezogen auf die IT, sind dies in der Regel IT-Projekte oder IT-Serviceleistungen, die einen wesentlichen Wertschöpfungsbeitrag für das Business liefern. Die Umsetzung dieser Projekte ist mit dem Management und den Business-Bereichen abzustimmen. Aus der Charakteristik der Begeisterungsanforderungen ergibt sich, dass für diese Effektivitätsziele zur Steigerung der Wirksamkeit im Fokus stehen.

Davon abzugrenzen sind IT-Projekte, die zur Erfüllung gesetzlicher bzw. Compliance-Anforderungen zwingend durchgeführt werden müssen. Für diese Projekte ist zweifelsohne eine ressourcenschonende Budgetplanung vorzunehmen. Hinsichtlich Budgetdiskussionen sollten die Kosten für derartige IT-Projekte separat als Einmaleffekt ausgewiesen werden, da diese Projekte zunächst nicht auf die Effizienz und Effektivität der IT hindeuten. Die spätere Umsetzung dieser Anforderungen ist wiederum in die Basisanforderungen einzuordnen, die sich – wie bereits dargestellt – an Effizienzzielen zur Erhöhung der Wirtschaftlichkeit in der Umsetzung orientieren sollten

Weiter ist in Budgetdiskussionen darauf zu achten, dass Wertschöpfungsprojekte zu Kostenverschiebungen zwischen der IT und dem Business führen und dies häufig auch beabsichtigen. Die Kosten der IT für die Erbringung des späteren Services steigen, während die Kosten bei den internen Kunden bzw. in den Business-Bereichen sinken. Die Senkungseffekte überkompensieren dabei die Steigerungseffekte. Dieses ist beispielsweise der Fall, wenn bisher manuelle Tätigkeiten in den Business-Bereichen wegfallen und durch ein entsprechendes automatisiertes IT-System übernommen werden. Auch diese Kosteneffekte aus Wechselkosten sollten in Budgetdiskussionen separat ausgewiesen werden und darüber hinaus offensiv als Wertschöpfungsvorteil kommuniziert werden.

Für die Erfüllung der Begeisterungsanforderungen ist neben einem aktiven Kundenmanagement ein hohes Prozessverständnis bezüglich der Geschäftsprozesse in den Business-Bereichen erforderlich. Gepaart mit Effizienzzielen und Outsourcing-Tendenzen in den anderen Anforderungsbereichen resultiert daraus, dass sich eine zukunftsgerichtete, erfolgsorientierte IT stärker als Process Consultant ausrichten sollte. Dies stellt in der IT-

Governance wiederum sowohl Anforderungen an ein vorausschauendes IT-Skills- und Personalmanagement – insbesondere vor dem sich abzeichnenden Fachkräftemangel – als auch und an den IT-Einkauf zur Identifikation geeigneter Outsourcing-Partner.

Für die Entwicklung des Leit- und Leistungsbildes sind die IT-Leistungen der Bereiche in das KANO-Konzept einzuordnen und mit einer groben Ressourceneinsatzschätzung zu versehen. Dies bildet den Diskussionsrahmen, um das Ziel für das Leit- und Leistungsbild der IT zu entwickeln.

Eine geringer Ressourceneinsatz für die Erfüllung von Begeisterungsanforderungen lässt auch auf keinen hohen Kundenutzen der IT schließen. Dies ist beispielsweise ein erster Ansatzpunkt zur Umverteilung von Ressourcen oder zur Erweiterung der Ressourcen. Projekte sind ggf. anzustoßen, um den Ressourceneinsatz in den Basis- und Leistungsanforderungen bei gleichem Leistungsniveau zu verringern.

Die angestrebten Veränderungen von der Ist- zur Soll-Situation sind dokumentieren, mit Maßnahmen oder Projekten zu hinterlegen und in managementorientierter, verständlich aufbereiteter Form zu diskutieren. Dabei ist es – wie zahlreiche Projekterfahrungen zeigen – den angestrebten Ressourcenübergang im Budget managementorientiert darzustellen. Dabei hilft das Wasserfalldiagramm, das die folgende Abbildung exemplarisch visualisiert.

Entsprechend der RGT-Metrik[1], nach der Kostenblöcke in Run-, Grow- und Transform-Kosten aufgeteilt werden, stellen die Kosten zur Erfüllung der Basis- und Leistungsanforderungen die Run-Kosten. Die Grow-Kosten-Effekte bilden entsprechend notwendige Steigerungen der IT-Kosten zur Abbildung des Unternehmenswachstums ab. In den Transform-Kosten sind die Kosten für die Erfüllung der Begeisterungsanforderungen dargestellt. Im Wasserfalldiagramm ist die entsprechende Steigerung zum Vorjahr darzustellen. Zukunftsgerichtete IT-Organisationen weisen sie hier einen Transform-Kostenanteil von bis zu 50% des Gesamtbudgets auf. Zudem sind die bereits oben erläuterten Wechselkosten aus dem Leistungstransfer aus den Business-Bereichen in die IT separat auszuweisen. Aus diesen Positionen ergibt sich das Budget für das Planjahr ohne Einmaleffekte. Wie bereits dargestellt, sollten die Projektkosten für Projekte zur Erfüllung gesetzlicher und / oder Compliance-Anforderungen separat ausgewiesen werden. Werden diese hinzuaddiert, so ergibt sich das Gesamtbudget des IT-Bereichs für das Planjahr.

---

[1]  in Anlehnung an Gartner 2008

**Abbildung 1.4**     Wasserfalldiagramm zur IT-Budgetdarstellung

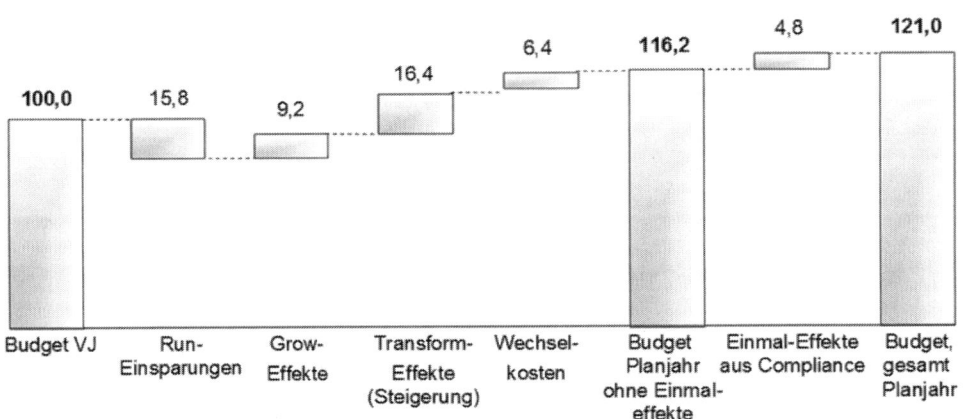

In der exemplarischen differenzierten Budgetdarstellung in Abbildung 1.4 steigt zwar das IT-Budget um 16,2% respektive 21,0%, doch wird eine effizienzrelevante Einsparung von 15,8% erzielt, was eine wesentliche Verbesserung darstellt. Eine höhere Effizienz ergibt sich nur bei Einsparungen bei den Run-Kosten und m. E. bei den Grow-Kosten, falls das Wachstum kostengünstiger erzielt werden kann. Bei einer pauschalen Einsparungsforderung können beispielsweise kontraproduktiv Einsparungen bei den Transform-Kosten sogar Kostensteigerungen in den Run-Kosten überkompensieren, um dennoch das vermeintlich richtige Ziel zu erreichen.

Darüber sollte ein zukunftsgerichtete IT in ihrem Leit- und Leistungsbild dokumentieren, welche IT-Wertschöpfungsprojekte aus Budget- und Kapazitätsgründen derzeit nicht umgesetzt werden können. Diese Projekte stellen den Projektrucksack der IT dar.

Die Transform-Kosten stellen somit ein wichtiges Maß für die Innovationskraft und Wertschöpfungsorientierung der IT dar. Dies erfordert natürlich als hinreichende Nebendingung den nutzbringenden Einsatz der hinter den Transform-Kosten stehenden Ressourcen, was in einer entsprechenden Aufteilung der Transform-Kosten auf Projekte und Services mit nachvollziehbaren Business Cases zu dokumentieren ist-

## 1.2.3    Dokumentation in Business Cases

Business Cases für Projekte sollten sowohl Informationen zum Projektinhalt als auch zu den geplanten, aus der Umsetzung des Projektes resultierenden qualitativen und quantitativen Mehrwerten bzw. Wertschöpfungsvorteilen liefern. Zu den Informationen des Projektinhaltes zählen die folgenden Attribute:

- ■ Basisdaten
  - Projektname
  - Designierter Projektleiter
  - Projektsponsor beim internen Kunden
  - Projektansprechpartner beim internen Kunden
  - Start- und Endtermin
- ■ Projektscope
  - Projektziele
  - Projektspezifikation
  - Detaillierte Projektinhalte
  - Projektrisiken
  - Meilensteinplanung inklusive Phasenplanung
  - Erforderliche Skills inklusive Umfang
  - Designiertes Projektteam
- ■ Ökonomische Kriterien
  - Projektkapazitäts- und -kostenplanung, zeitlich und inhaltlich nach Kostenarten strukturiert und ggf. bei größeren und / oder risikobehafteten Projekten nach Worst, Realistic und Best Case
  - Kostenschätzung für die Erbringung des Service im späteren kontinuierlichen Regelbetrieb
  - Qualitative Wertschöpfungsvorteile (häufig auch als Mehrwerte oder Business Benefits bezeichnet)
  - Quantitative Wertschöpfungsvorteile häufig auch als Mehrwerte oder Business Benefits bezeichnet)

Die qualitativen Wertschöpfungsvorteile sind in Argumentenbilanzen festzuhalten. Für die Dokumentation der quantitativen Wertschöpfungsvorteile ergibt sich als Regelvorgehen die Struktur, die Abbildung 1.5 visualisiert wird.

**Abbildung 1.5**     Quantifizierungsstruktur für Business Cases

| Positive Effekte | Negative Effekte |
|---|---|
| <ul><li>Kosteneinsparungen in der IT<ul><li>ausgabenwirksam</li><li>nicht ausgabenwirksam</li></ul></li><li>Kosteneinsparungen im Business<ul><li>ausgabenwirksam</li><li>nicht ausgabenwirksam</li></ul></li><li>Umsatzsteigerungen</li></ul> | <ul><li>Kostensteigerungen in der IT<ul><li>ausgabenwirksam</li><li>nicht ausgabenwirksam</li></ul></li><li>Kostensteigerungen im Business<ul><li>ausgabenwirksam</li><li>nicht ausgabenwirksam</li></ul></li></ul> |

Saldo aus positiven und negativen Effekten

Vergleich des Saldos mit den kalkulierten Projektkosten zur
Bestimmung der Amortisationsdauer und des ROI des Projektes

In dieser Struktur sind alle aus dem Projekt resultieren wertschöpfungsrelevanten Veränderungen mit einem nicht zu vernachlässigenden Ausmaß abzubilden. Sämtliche Effekte sind zusammen mit den Beteiligten zu erheben.

Im Rahmen der Kosteneinsparungen sind diese für die IT und das Business zu betrachten. Dabei ist zwischen ausgabenwirksamen und nicht-ausgabenwirksamen Kosteneinsparungen zu unterscheiden.

Ausgabenwirksame Einsparungen, wie z. B. die Einsparung von Druckerpapier, ist sofort ergebniswirksam und spiegelt sich unmittelbar in der Gewinn- und Verlustrechnung des Unternehmens wider.

Nicht-ausgabenwirksame Einsparungen sind z. B. Zeiteinsparungen, wenn der Mitarbeiter die Prozessschritte schneller und einfacher erledigen kann. Diese Einsparungen sind nicht ausgaben- und ergebniswirksam, da der Mitarbeiter weiterhin das gleiche Gehalt erhält. Erst wenn tatsächlich aus dem Projekt heraus Mitarbeiter freigesetzt werden sollten, entstehen ausgabenwirksame Einsparungen. Allerdings sind die Zeitersparnisse häufig eine Chance für die IT, um andere Aufgaben intensiver zu einer höheren Anwenderzufriedenheit zu erfüllen oder zurück gestellte Projekte aus dem Projektrucksack umzusetzen.

Resultierende Umsatzsteigerungen, z. B. bei der Einführung eines CRM-Systems, sind mit dem Marketing und dem Vertrieb abzustimmen.

Ebenso wie Kosteneinsparungen können aus dem IT-Wertschöpfungsprojekt Kostensteigerungen resultieren. Wie bereits dargestellt, ist dies beispielsweise dann der Fall, wenn manuelle Lösungen im Business (als Kosteneinsparung im Business zu dokumentieren) durch eine automatisierte Lösung der IT (als Kostensteigerung in der IT zu dokumentieren) abgelöst werden.

Für die Kalkulation der entsprechenden Werte sind die getroffenen Annahmen zu dokumentieren. Auf dieser Basis empfiehlt es sich zwischen Worst, Realistic und Best Case zu unterscheiden. Aus der Summe dieser Werte kann auf Basis der ausgabenwirksamen Bestandteile jeweils die tatsächliche Amortisationsdauer berechnet werden. Werden sämtliche Effekte betrachtet, kann eine kalkulatorische Amortisationsdauer ermittelt. Entsprechend kann für das jeweilige Projekt der ROI (Return on Investment) errechnet werden.

Wesentlicher Erfolgsfaktor ist neben der inhaltlichen Darstellung und plausiblen Berechung die managementorientierte Aufbereitung des Business Cases. Für die Darstellung der errechneten aggregierten quantiativen Effekte eignet sich wiederum das im vorherigen Kapitel vorgestellte Wasserfalldiagramm.

Bisher erfolgte die Erstellung des IT-Leit- und Leistungsbildes inklusive der Schätzung der Nutzenbeiträge auf Basis der Einschätzungen der IT, in die implizit, z. B. über das Key Account Management, die Erwartungen und Wahrnehmungen der internen Kunden eingehen. Für eine explizite Betrachtung empfiehlt sich die Durchführung einer IT-Kundenzufriedenheitsanalyse, die im folgenden Kapitel dargestellt wird.

## 1.2.4    IT-Kundenzufriedenheitsanalyse

Prinzipiell könnte die Zufriedenheit der internen Kunden der IT mit Hilfe einer KANO-Befragung durchgeführt. Aufgrund des erheblichen Operationalisierungsaufwandes und teilweise eingeschränkter Praktikabilität empfiehlt sich der Einsatz eines Fragebogens mit einer klassischen Kunin-Skala, z. B. von 10 = hervorragend bis 1 = inakzeptabel. Mit der IT-Zufriedenheitsanalyse ist herauszuarbeiten, mit welchen IT-Leistungen die interne Kundenzufriedenheit besonders gesteigert werden kann. Dazu ist jeweils die Bedeutung einer IT-Leistung für den Kunden und die Ist-Performance des IT-Bereichs, also die Zufriedenheit der internen Kunden mit der jeweiligen Leistung, zu bestimmen. Diesen Zusammenhang verdeutlicht die Abbildung 1.6.

**Abbildung 1.6**   IT-Kundenzufriedenheitsportfolio

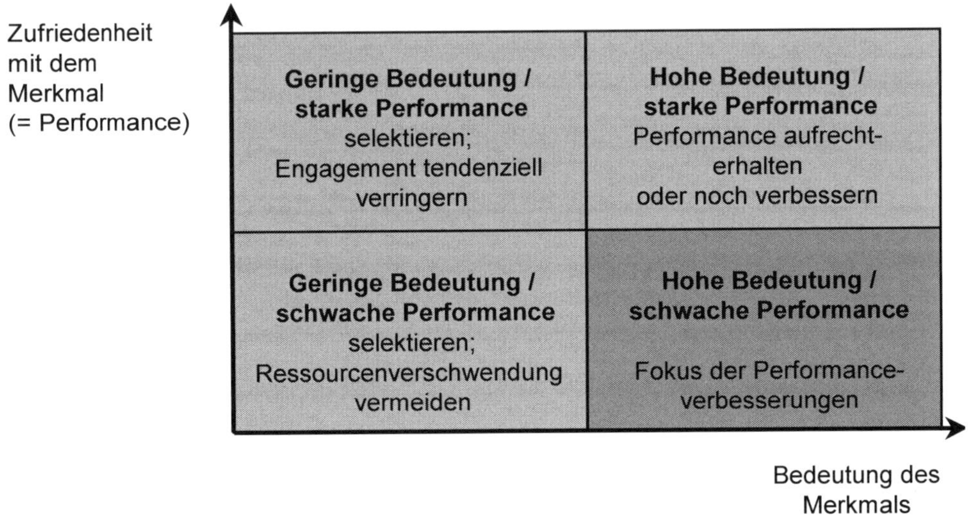

Zufriedenheit
mit dem
Merkmal
(= Performance)

| **Geringe Bedeutung /**<br>**starke Performance**<br>selektieren;<br>Engagement tendenziell<br>verringern | **Hohe Bedeutung /**<br>**starke Performance**<br>Performance aufrecht-<br>erhalten<br>oder noch verbessern |
| --- | --- |
| **Geringe Bedeutung /**<br>**schwache Performance**<br>selektieren;<br>Ressourcenverschwendung<br>vermeiden | **Hohe Bedeutung /**<br>**schwache Performance**<br><br>Fokus der Performance-<br>verbesserungen |

Bedeutung des
Merkmals

Um einer Anspruchsinflation der internen Kunden vorzubeugen und ein trennscharfes Bild zu erzeugen, sind die Bedeutungen der einzelnen Leistungen für die Kundenzufriedenheit über Kausalanalysen herauszurechnen oder mittels Fragen zu relativen Bedeutungen zu ermitteln. Mit Hilfe der Kausalanalyse lässt sich auf Basis der erfragten internen Kundenzufriedenheitswerte über so genannte Interkorrelationsmessungen ermitteln, welchen Einfluss die Kundenzufriedenheit mit einzelnen Leistungen auf die IT-Gesamtkundenzufriedenheit aufweisen

Im Quadranten oben links sind nach Auswertung der Bedeutung und der Kundenzufriedenheit diejenigen Leistungen abgebildet, in denen die IT zwar eine gute Leistung liefert, die aber für den internen Kunden eine relativ geringe Bedeutung für ihre Kundenzufriedenheit aufweisen. Hier ist tendenziell zu selektieren, um Ressourcenverschwendung zu vermeiden. Es ist abzuwägen, ob die für die IT-Leistung eingesetzten Ressourcen lieber in andere IT-Leistungen investiert werden.

Im Quadranten unten links befinden sich für die internen Kunden tendenziell unwichtige Leistungen, in denen die IT zudem eine schwache Performance aufweist. Diese Leistungen sind nach Möglichkeit abzulösen, nicht nur um Ressourcenverschwendung, sondern auch Imageschäden aus Ausstrahlungseffekten aufgrund einer schwachen Performance in einer eigentlich tendenziell unwichtigen Leistung zu vermeiden.

Im Quadranten oben rechts ist sozusagen der „grüne Bereich". Die IT weist eine hohe Performance in für die internen Kunden wichtigen Leistungen auf. Hier ist regelmäßig zu überlegen, ob die Performance noch weiter verbessert werden kann. Ebenso sind ggf. Überlegungen anzustellen, wie die Performance aufrecht erhalten bzw. weiter differenziert werden kann.

Der Quadrant unten rechts symbolisiert sozusagen den „roten Bereich". Die IT weist in für die internen Kunden bedeutenden Leistungen eine schwache Performance auf. Hier ist der Hauptansatzpunkt für Verbesserungen der Kundenzufriedenheit zu sehen, indem diese Leitungen besonders forciert werden.

Um den Ansprüchen einer differenzierten internen Kundenbearbeitung gerecht zu werden, ist diese Auswertung kundengruppenspezifisch durchzuführen, da häufig unterschiedliche Kundengruppen auch unterschiedliche Einschätzungen abgeben. Daraus ergeben sich zwei wesentliche Ansatzpunkte. Zum einen ist auf der Informationsseite die Zielgruppenzusammensetzung zu überarbeiten, wenn die Ergebnisse im Detail in einer Kundengruppe sehr unterschiedlich ausfallen.

Zudem können die Ergebnisse der Kundenzufriedenheitsanalyse in einem Kundenzufriedenheitsindex nach unterschiedlichen Dimensionen, wie z. B. Applikationen, Services etc., verdichtet werden. Dieser dient als effizientes, objektives Controllinginstrument für die Kundenzufriedenheit. Zudem kann die Entwicklung dieses Indexwertes in die Anreizsysteme der IT eingebaut werden, was zu einer noch stärker an den internen Kundenbedürfnissen ausgerichteten IT führt.

# 1.3 Aufgabenstruktur IT-Governance

Im Rahmen der IT-Governance und lassen sich strategische und operative Aufgaben unterscheiden. Zu den strategischen Aufgaben und daraus resultierenden Prozessen zählen dabei.

- IT-Strategiebildung und -Zielableitung inkl. Aufbau eines Leit- und Leitungsbildes
- IT-Demand Management (oft auch als Key Account Management oder Anforderungsmanagent bezeichnet)
- IT-Projekt- und Serviceportfoliomanagement
- IT- Performance Management
- IT-Architektur- und Infrastrukturmanagement
- IT-Innovationsmanagement

Insbesondere für diese strategischen Aufgaben ist ein Rahmenwerk zu schaffen, welches die Rollen, Prozesse und eingesetzten Methoden klar umschreibt. Zu den wesentlichen Aufgaben der IT-Governance zählt dabei eine Mittler- und häufig auch Übersetzerfunktion zwischen den Business-Bereichen, der Geschäftsleitung und der IT. Durch die Funktion der IT-Governance ist sicherzustellen, dass die die IT-Strategie und das IT-Leistungsportfolio mit seinen Services und Projekten die Unternehmessstrategie bzw. -ziele sowie die daraus abgeleiteten Strategien bzw. Ziele der Business-Bereiche unterstützt.

Zu den operativen Aufgaben der IT-Governance, die teilweise auch als Schnittstellenfunktion in entsprechende Zentralbereiche des Unternehmens integriert werden können, zählen:

■ IT-Asset- und Lizenzmanagement

■ IT-Compliance, -Risk und -Security Management

■ IT-Prozessmanagement hinsichtlich der Definition entsprechender Standards bezüglich Methoden, Regelwerke etc.

■ IT-Projekt- und Servicemanagement hinsichtlich der Definition entsprechender Standards bezüglich Methoden, Regelwerke etc.

■ IT-Kostenverrechnung inklusive der Definition entsprechender Standards bezüglich Methoden, Regelwerke etc.

■ IT-Kunden- bzw. Anwenderzufriedenheitsmanagement

■ IT-Einkauf

■ IT-Skills- und Personalmanagement

IT-Performance Management ist dabei als Schnittstelle zum IT-Controlling zu verstehen. Da einige Überlappungen in der Aufgaben evident sind, wird der Bergriff in der Praxis teilweise als Synonym oder auch als Teilbereich des IT-Controllings verstanden. IT-Performance Management orientiert sich an der IT-Value Chain, welche die Unterstützung der Wertschöpfungskette des Unternehmens durch die IT reflektiert. Gleichermaßen fördert IT-Performance Management als Mittler zwischen IT-Leitung und IT-Fachbereichen die Verbesserung der IT-Performance.

Strategisch trägt IT-Performance Management dazu bei, die IT zu positionieren, weiterzuentwickeln und dabei zu verbessern entsprechend der Unternehmens- und der IT-Strategie. Hierfür ist eine IT-Roadmap zu entwickeln. Auf der operativen Ebene ist das Effektivitäts- und Effizienzcontrolling des IT-Performance Managements – vorzugsweise auf Basis von definierten Services und beschriebenen Projekten – prozessual anhand des Inputs, Outputs und der Anforderungen zu strukturieren. Aufgrund der Aufgabenüberlappung werden die Aufgaben des Input-, Output und Anforderungscontrolling im folgenden Kapitel zum IT-Controlling dargestellt. Projekte sind dadurch charakterisiert, dass daraus in der Regel ein im kontinuierlichen Betrieb erbrachter Service resultieren sollte. Die Struktur des IT-Performance Managements verdeutlicht die Abbildung 1.7.

**Abbildung 1.7**   Struktur der IT-Performance Managements

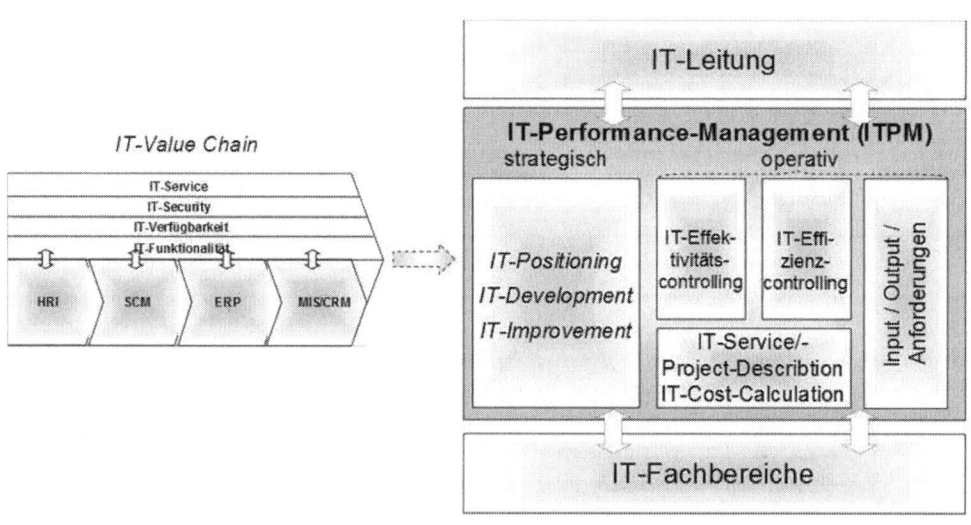

# 1.4    Aufgabenstruktur IT-Controlling

Managementorientiertes IT-Controlling bedeutet die Sicherstellung der Wirtschaftlichkeit in der IT. Dies bedeutet, dass es nicht ausreicht, das bloße Zahlenwerk im Sinne eines IT-Kostenrechners bereitzustellen, wie es in der Praxis häufig der Fall. Diese eingeschränkte Rolle liegt sicherlich z. T. auch am Begriff des Controllings, der nahe am Begriff „Kontrolle" liegt, in der korrekten Übersetzung aber vielmehr „Steuerung" bedeutet.

Um den vollen Nutzen aus dem IT-Controlling hinsichtlich einer wertorientierten Steuerung zu ziehen, ist es wichtig, dass sich das IT-Controlling als interner Berater der IT emanzipiert und positioniert. Darüber hinaus ist ein entsprechendes IT-Performance Management umzusetzen, das im folgenden Kapitel im Detail erläutert wird. Zur Erfüllung der Werttreiberfunktion werden Controller als interne Berater benötigt. Diese Rollenerweiterung verdeutlicht die Abbildung 1.8.

**Abbildung 1.8**    Rollenerweiterung des IT-Controllings

| Controller als Kostenrechner | Controller als interner Berater |
|---|---|
| **Hauptziel** | **Hauptziel** |
| • Zahlenrichtigkeit | • Leistungsverbesserungen |
| **Schwerpunkt auf** | **Schwerpunkt auf** |
| • Datensammlung | • Monitoring |
| • Analyse | • Mangementberatung |
| • Reporting | • Optimierung |
| **Eigenschaften** | **Eigenschaften** |
| • reaktiv | • proaktiv |
| • vergangenheitsorientiert | • zukunftsorientiert |
| • berichtend | • berichtend und verbessernd |
| • im bestehenden System | • antizipativ und innovativ |
| • problemorientiert | • lösungsorientiert |

Daraus ergeben sich in abstrahierter und aggregierter Form die folgenden Hauptaufgaben für das IT-Controlling:

■ Treiber und Förderer der IT zur Erhöhung des Wertschöpfungsbeitrages inklusive der Initiierung kontinuierlicher Verbesserungsprogramme auf der Kosten- und Leistungsseite

■ Unterstützung von Management-Entscheidungen durch Bereitstellung der erforderlichen Daten, Gestaltung von Business Cases und Evaluierung von Alternativen

■ Planung / Kalkulation / Controlling von IT-Services und IT-Projekten in Bezug auf Kosten und Leistungen

■ Entwicklung, Durchführung und Sicherstellung von Standards inkl. Regelwerken und Methoden für eine Entscheidungen unterstützende IT-Kostenrechnung

■ Sicherstellung der Entwicklung und Diskussion von Best-Practice-Herangehensweisen für Services und Projekte basierend auf:

  – internem / externem Benchmarking und

  – Key Performance Indikatoren

Häufig in der Praxis anzutreffen, aber gleichermaßen durch entsprechend automatisiertes Systeme zu vermeiden, ist das Phänomen, dass ein Großteil der zur Verfügung stehenden zeitlichen Ressourcen im IT-Controlling für operative Aufgaben verwendet werden. Die Erfüllung der obigen dargestellten strategischen Aufgaben kommt dann häufig zu:

Für die Erfüllung dieser Aufgaben ist es wichtig, eine einheitliche Basis, für eine klare und verständliche IT-Kostenrechnung der IT-Produkte, die in IT-Services und IT-Projekte zu unterscheiden sind, zu schaffen. Dabei sind drei Zielrichtungen zu unterscheiden.

■ Transparenz

Das Ziel dieser Basis ist insbesondere die Vergrößerung der Transparenz und das Erreichen eines verständlichen Maßes der Vergleichbarkeit, um ein hohes Maß an Steuerbarkeit von Services und Projekten zu erreichen. Transparenz ist sowohl für die IT selbst als auch für die Business Bereiche, die als interne Kunden der IT zu verstehen sind, zu schaffen.

■ Leitungsmessung

Die Abbildung der Auswirkungen von Maßnahmen auf der Kostenseite und die nachhaltige Messung anvisierter Kosteneinsparungen soll durch diese einheitliche Basis sichergestellt werden. Des Weiteren sind auf dieser Basis ökonomische Kernkennzahlen bzw. KPIs zu bilden, um die Effektivität und Effizienz der IT im Verhältnis zur Anwenderzufriedenheit zu messen.

Dazu ist es wichtig, gewonnene Erkenntnisse sowohl hinsichtlich IT-interner und -externer Zielgruppen als auch hinsichtlich ihrer Managementrelevanz zu priorisieren und in einer adäquaten Form zur Verfügung zu stellen.

Als wesentliche Nebenbedingung ist festzuhalten, dass das IT-Controlling die Einheitlichkeit der benutzten Standards hinsichtlich Strukturen, Instrumente und Methoden sowie deren Weiterentwicklung verantwortlich sicherstellt. Ein Beispiel für die Standardsetzung ist die Bildung von Stundensätzen in der IT. Stundensätze sind sowohl für die Kalkulation von IT-Services und -Projekten als auch für interne und externe Benchmarks auch vor dem Hintergrund von Outsourcing-Entscheidungen von Bedeutung.

Stundensätze errechnen sich grundsätzlich aus der Summe der betrachteten Kosten, dividiert durch die betrachtet Anzahl an Arbeitsstunden. Dabei stellt das IT-Controlling sicher, dass dies methodisch einheitlich erfolgt. Drei verschiedene Ansätze lassen sich prinzipiell unterschieden, wie die Abbildung 1.9 verdeutlicht.

**Abbildung 1.9**     Ansätze zur Bildung von Stundensätzen

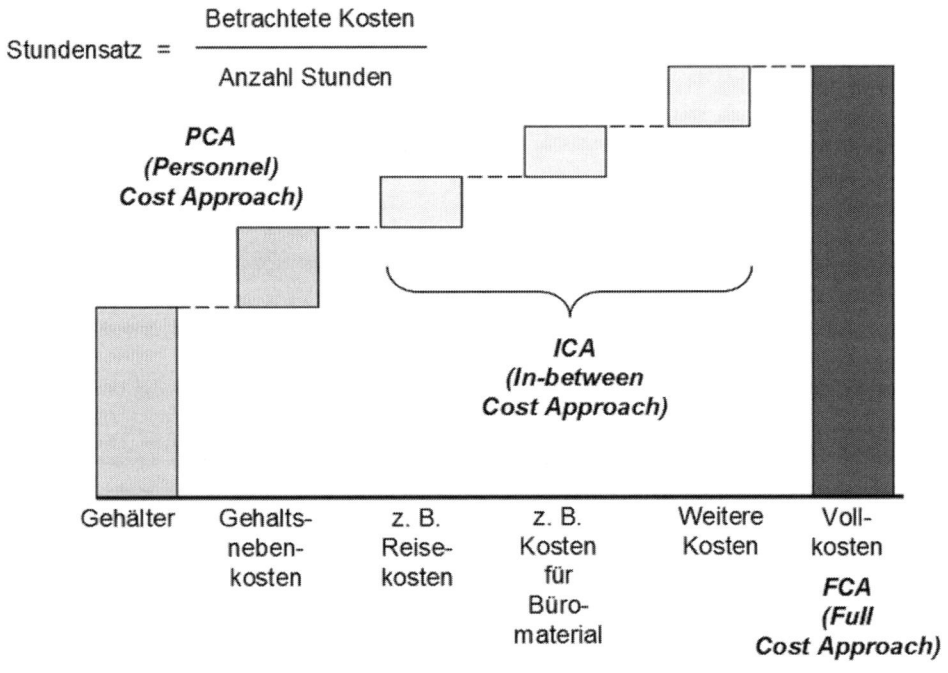

Der theoretisch denkbare FCA-Ansatz verteilt sämtliche IT-Kosten auf die zur Verfügung stehenden Stunden. Dieser Ansatz trägt für den Einsatz in der somit wenig zur Transparenzerhöhung bei. Teilweise wird in der Praxis noch der ICA-Ansatz verfolgt in der Form, dass ohnehin anfallende Kosten für Mitarbeiter, wie z. B. Raummiete, Arbeitsplatzausstattung etc., in die Betrachtung einbezogen werden. Jedoch leidet dabei auch die Vergleichbarkeit, da ggf. verschiedene Kostenpositionen betrachtet werden oder das Kostenniveau unterschiedlich ist. Deshalb ist der der PCA-Ansatz zu bevorzugen, da hier klar abgrenzbar nur die tatsächlichen Personal- und Personalnebenkosten einbezogen werden, um transparente und vergleichbare Stundensätze zu erhalten. Die genannten Kosten für Raummiete, Arbeitsplatzausstattung etc. sind im PCA-Ansatz separat als Overhead-Kosten auszuweisen.

Mit Bezug auf die im vorherigen Kapitel dargestellte Struktur des IT-Performance Managements, fokussiert das IT-Input Controlling primär auf die Identifikation von Kosteneinsparungspotenzialen. Das IT-Output Controlling zielt auf die Messung der Leistung der IT ab. Das IT-Anforderungs-Controlling unterstützt die IT und die Business Bereiche bei der Identifikation der unter Kosten- und Nutzengesichtspunkten besten Umsetzungsalternative einer Anforderung der Business Bereiche an die IT. Das IT-Anforderungscontrolling ist dabei eng verknüpft mit der Aufgabe des IT-Demand Managements.

Für das Input-Controlling der Services ergeben sich die folgenden Aufgaben:

■ Identifikation und Realisierung interner & externer Kosteneinsparungspotenziale innerhalb der Inputfaktoren

■ Weiterentwicklung und Optimierung des Servicekataloges hinsichtlich Angebot, Granularität, Nachvollziehbarkeit etc.

■ Entwicklung und Bereitstellung von KPI-Cockpits für die unterschiedlichen IT-Managementebenen

■ Umsetzung des Budgetierungs- und Forecasting-Prozesses bezüglich Services

Für das Output-Controlling der Services ergeben sich die folgenden Aufgaben:

■ Controlling des IT-Outputs hinsichtlich:

   – Servicekosten- / -preisentwicklung

   – Leistungsniveau

   – Anwenderzufriedenheit

   – Nachhaltigkeit von Verbesserungsmaßnahmen

■ Entwicklung und Bereitstellung von KPI-Cockpits für die unterschiedlichen Business Bereiche bzw. internen Kunden

■ Entwicklung von Vorschlägen und Förderung des Prozesses, wie die Business Bereiche bzw. internen Kunden ihre Kosten unter Nutzengesichtspunkten reduzieren können und damit im zweiten Schritt auch die Kosten der IT nach Abbau von Kostenremanenzen verringern

Für das Anforderungs-Controlling der Services ergeben sich die folgenden Aufgaben:

■ Bündelung, Harmonisierung und Optimierung der Bedarfe und Anforderungen der Business Bereiche im Rahmen eines Serviceportfoliomanagement

■ Evaluierung der Anforderungen hinsichtlich Darstellung des Kosten- und Nutzenverhältnisses unterschiedlicher Umsetzungsalternativen

■ Übersetzung und Verhandlung zwischen IT-Supply und IT-Demand, also zwischen der IT und den Business Bereichen

Für das Input-Controlling der Projekte ergeben sich die folgenden Aufgaben:

■ Durchführung von Vor-; mitlaufenden und Nachkalkulationen von Projekten hinsichtlich Kosten und erzielten Business Benefits bzw. Wertschöpfungsbeiträgen

■ Umsetzung des Budgetierungs- und Forecasting-Prozesses bezüglich Projekten

Für das Output-Controlling der Services ergeben sich die folgenden Aufgaben:

- ■ Setzen von Standards für und Einforderung sowie das Controlling von Projektstatusberichten

- ■ Controlling der Projektergebnisse

- ■ Kontrolle der Nachhaltigkeit der im Business Case dargestellten Business Benefits bzw. Wertschöpfungsbeiträge

- ■ Entwicklung und Umsetzung eines Projektportfolioreportings inklusive Frühwarnfunktion

Für das Anforderungs-Controlling der Projekte ergeben sich die folgenden Aufgaben:

- ■ Bündelung, Harmonisierung und Optimierung der Bedarfe und Anforderungen der Business Bereiche im Rahmen eines Projektportfoliomanagement

- ■ Gestaltung und Kalkulation von Business Cases in Abstimmung mit den Business Bereichen sowie den Funktion des Input- und Output-Controllings

- ■ Evaluierung der Projektanforderungen hinsichtlich Darstellung des Kosten- und Nutzenverhältnisses unterschiedlicher Umsetzungsalternativen

- ■ Übersetzung und Verhandlung zwischen IT-Supply und IT-Demand, also zwischen der IT und den Business Bereichen

Zu beachten ist, dass dem inhaltlichen Projektcontrolling eine bedeutende Aufgabe zukommt, da die Ausgestaltung des Projektes die späteren Serviceinhalte und resultierenden Servicekosten zu einem Großteil determiniert, wie die Abbildung 1.10 visualisiert.

**Abbildung 1.10**   Zusammenhang zwischen Kostenfestlegung und Kostenwirkung

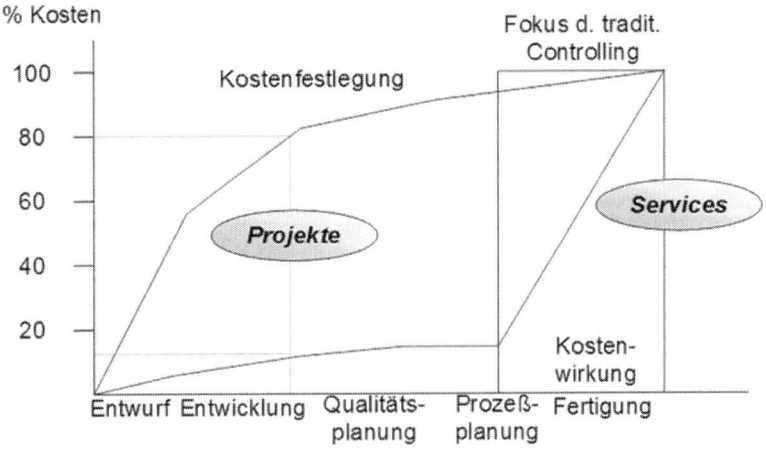

Auch besteht eine grundsätzliche Aufgabe des IT-Controllings in der kontinuierlichen Identifikation und Realisierung von Kosteneinsparungs- und Wertsteigerungspotenzialen. Dabei hat sich in der Praxis die von der TGCG entwickelte 4S-Methode bewährt. Die 4S-Methode ist ein effektives Instrument zur Identifikation von Werttreibern und Kostensenkungspotenzialen, welches die Abbildung 1.11 verdeutlicht

**Abbildung 1.11**    4S-Methode zur Identifikation und Realisierung von Kosteneinsparungspotenzialen

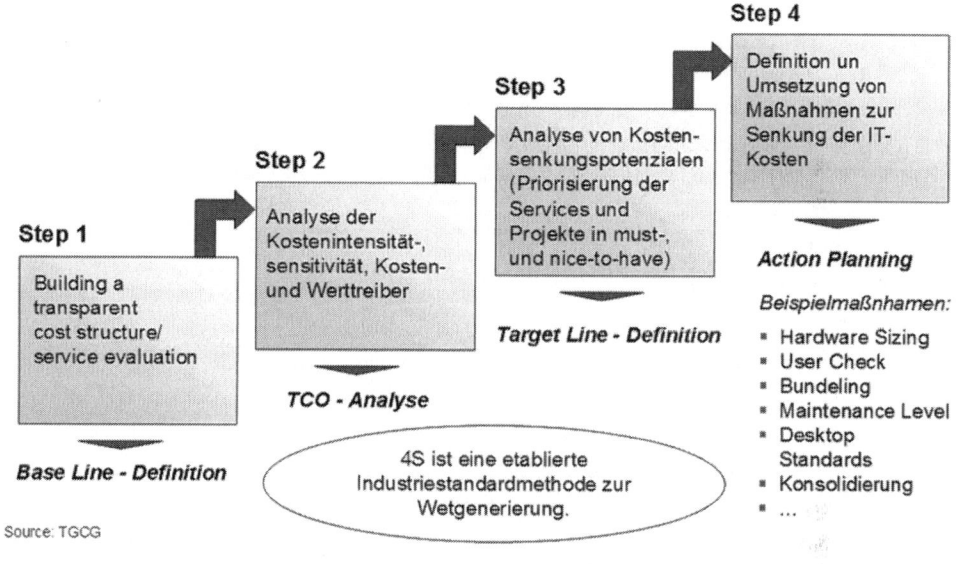

Neben der 4S-Methode oder der Initiierung kontinuierlicher Verbesserungsprogramme (KVP) liefert der Ansatz des Best-Practice-Service-Packaging weitere Ansätze zu Kostensenkungen und Wertsteigerungen. Das Best-Practice-Service-Packaging ist nicht eindimensional im Sinne eines Cost Cutting auf Kosten fokussiert, sondern soll das optimale Kosten-/Leistungsverhältnis je Service identifizieren.

Grundsätzlich lassen sich im Rahmen des Best-Practice-Service-Packaging zur Kostenreduktion und Performanceverbesserung drei Basisvarianten unterscheiden, die wiederum wie folgt weiter differenziert werden können:

■ Serviceoptimierung

  – Streichung nicht benötigter Services

  – Reduktion der Service Levels

  – Reduktion des Serviceumfangs

■ Preisverhandlungen mit Lieferanten

■ Einsatz neuer IT- Lieferanten

Für die Identifikation der besten Serviceerbringung vor dem Hintergrund eines optimalen Kosten- und Leistungsverhältnisses ist ein internes oder externes Benchmarking durchzuführen. Im Rahmen eines internen Benchmarkings ist die Erbringung des gleichen Services an unterschiedlichen Standorten miteinander kritisch zu vergleichen. Das prinzipielle Vorgehen verdeutlichen die beiden Abbildungen 1.12 und 1.13.

**Abbildung 1.12**   Prinzipvorgehen des Best-Practice-Service-Packagings (I)

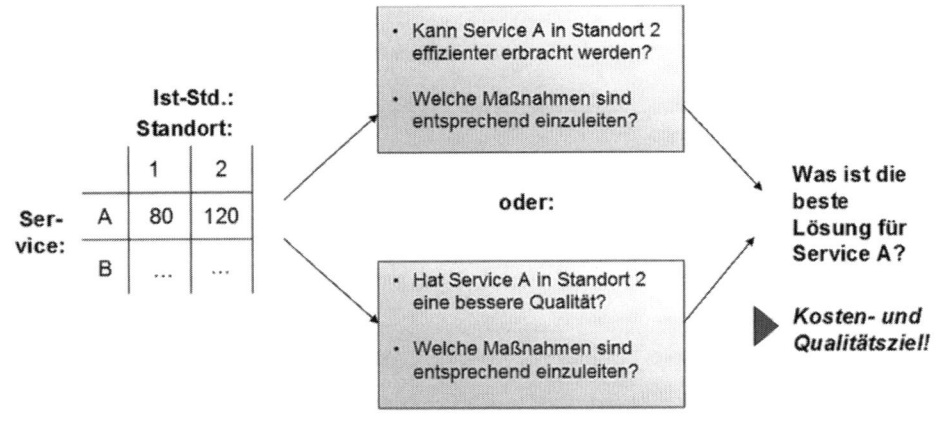

**Abbildung 1.13**   Prinzipvorgehen des Best-Practice-Service-Packagings (II)

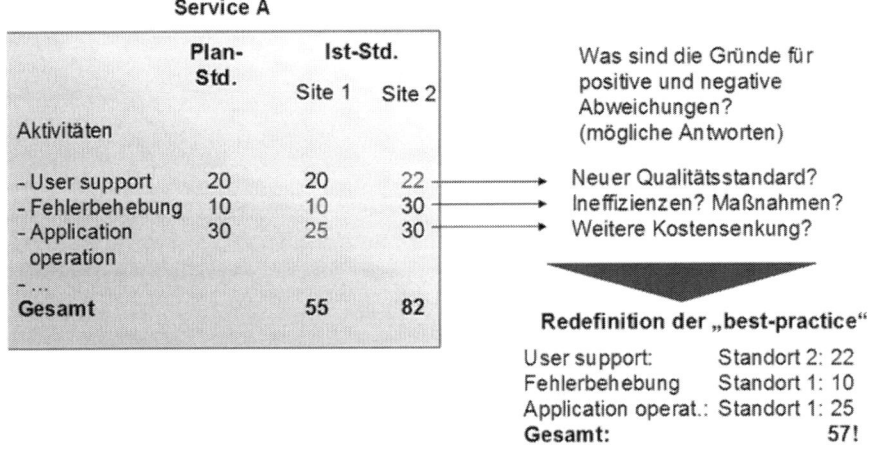

Darauf aufbauend ist kontinuierlich zu überprüfen, inwieweit die Serviceerbringung weiter verbessert werden kann.

## 1.5    Fazit

Mit Hilfe eines klar formulierten, in managementorientierter Form dargestellten Leit- und Leistungsbildes gelingt es der IT, sich von einer eher passiven Rolle in eine aktive Rolle zu bringen. Wichtig ist dabei die Darstellung des Wertschöpfungsbeitrages, den die IT für die Business-Bereiche erbringt.

Diese Wertorientierung der IT erfordert ein hohes Know-how der IT bezüglich der Geschäftsprozesse der Business-Bereiche. Um hieraus den vollen Nutzen zu schöpfen, ist eine enge Abstimmung und intensive Kommunikation mit den Business-Bereichen bzw. internen Kunden eine wesentliche Voraussetzung. Aus dem Leit- und Leistungsbild ergeben sich die spezifischen Anforderungen, die an die IT-Governance und das IT-Controlling zu stellen sind.

# 2 Effektives Key Account Management im IT-Bereich

*Matthias Uebel & Stefan Helmke*

## 2.1 Einführung

Häufig stellt das Wachstum des eigenen Unternehmens den IT-Bereich vor neuartige Herausforderungen. Bedingt durch die damit verbundene zunehmende Anzahl und Größe von internen IT-Kunden, die sich aus den Funktionsbereichen und Tochtergesellschaften ergeben, wird es anspruchsvoller, die IT-Dienstleisterfunktion wahrzunehmen. Um diesen Anspruch zu genügen, bedarf es geeigneter Organisationsstrukturen, um die IT-Dienstleisterfunktion im Sinne einer ausgeprägten Kundenorientierung wahrzunehmen und weiter ausbauen.

Die Organisationslehre schlägt hierfür den Anwendungsbereich des Key Account Managements vor. Was im Vertriebsbereich seit vielen Jahren zur normalen Unternehmenspraxis gehört, bietet auch Potentiale für IT-Bereiche. Aus diesem Grund ist es notwendig mit den konkreten Ausgestaltungsmöglichkeiten eines IT-Key Account Managements auseinander zu setzen.

Nachfolgend werden die Möglichkeiten eines modernen Key Account Managements im IT-Bereich aufgezeigt und dessen Aufgaben strukturiert. Die dargestellten Anforderungen an Mitarbeiter im Key Account Management sollen helfen, geeignete Aufgabenträger zu identifizieren. Des Weiteren werden Lösungsansätze zur Einbindung des Key Account Managements in die IT-Organisation vorgestellt.

## 2.2 Notwendigkeit und Ausrichtung eines IT-Key Account Managements

In gewachsenen Unternehmensstrukturen weist die Zusammenarbeit zwischen dem IT-Bereich und den Unternehmensbereichen, wie Beschaffung Fertigung Absatz, häufig einen unterdurchschnittlichen Standardisierungsgrad auf. Die Zusammenarbeit mit diesen internen Kunden erfolgt häufig dezentral durch die einzelnen IT-Abteilungen, wie zum Beispiel Anwendungsentwicklung, Support, Projektmanagement. Daraus ergeben sich vielfältige Schnittstellen zu den internen IT-Kunden. Die kundenbetreuenden und kundenakquisitorischen Prozesse weisen häufig einen geringen Standardisierungsgrad auf. Der Grad der informellen Prozesse ist hoch und hat sich häufig über viele Jahre hin entwickelt.

Ein meist reaktiv problemgetriebenes Vorgehen, auf Basis von verschiedensten Kunden-wünschen, führt nicht selten zu redundanten und konkurrierenden IT-Lösungen. Unklare Prozesse und Strukturen führen zu langen Entwicklungszeiten und gleichzeitig zu hohen „General & Administrative"-Kosten (G&A-Kosten). Die Aufnahme von Kundenanforde-rungen verläuft dann unsystematisch und meist auch unkoordiniert.

Gleichzeitig wird der IT-Bereich durch häufig wechselnde Kundenanforderungen und eine hohe Kostensensitivität der internen Kunden konfrontiert. Es besteht nicht selten eine viel-schichtige Interessenstruktur, die nur schwer zu koordinieren ist. Siehe dazu auch Abbil-dung 2.1.

**Abbildung 2.1**    Potentielle interne und externe Aspekte bei IT-Dienstleistern

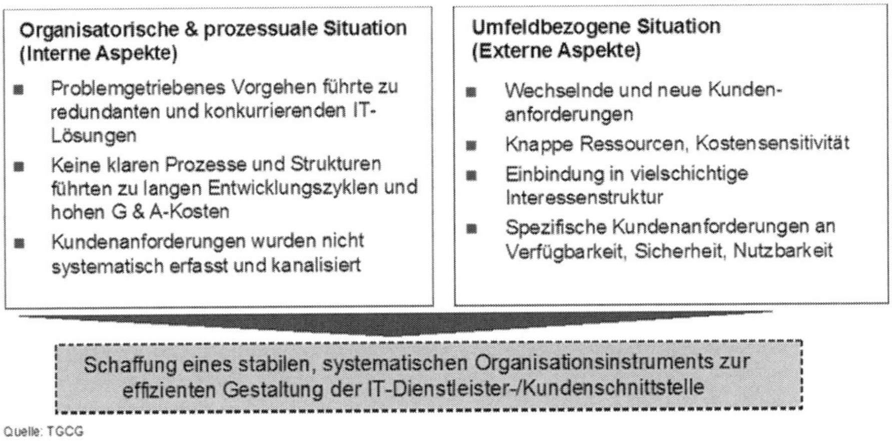

Organisatorische & prozessuale Situation (Interne Aspekte)

- Problemgetriebenes Vorgehen führte zu redundanten und konkurrierenden IT-Lösungen
- Keine klaren Prozesse und Strukturen führten zu langen Entwicklungszyklen und hohen G & A-Kosten
- Kundenanforderungen wurden nicht systematisch erfasst und kanalisiert

Umfeldbezogene Situation (Externe Aspekte)

- Wechselnde und neue Kunden-anforderungen
- Knappe Ressourcen, Kostensensitivität
- Einbindung in vielschichtige Interessenstruktur
- Spezifische Kundenanforderungen an Verfügbarkeit, Sicherheit, Nutzbarkeit

Schaffung eines stabilen, systematischen Organisationsinstruments zur effizienten Gestaltung der IT-Dienstleister-/Kundenschnittstelle

Quelle: TGCG

Was im „Kleinen" als Flexibilität positiv gewertet werden kann, kann sich schnell im „Gro-ßen" zu einen wahrgenommen Chaos entwickeln. Somit haben sich IT-Bereiche in ihrer Dienstleisterfunktion auf zwei strategische Grundzielrichtungen zur fokussieren.

Die Erzielung einer ausgeprägten Kundenorientierung zur Steigerung von Kundenzufrie-denheit und Kundenbindung beschreibt den Kundenfokus. Diese erste Zielrichtung dient der Wahrnehmung der internen IT-Dienstleisterfunktion. Über die Sicherstellung der Kun-denzufriedenheit erhält sich der IT-Bereich seine interne Existenzberechtigung.

Gleichzeitig stehen gerade IT-Bereiche heutzutage unter Kostendruck, so dass Kundenzu-friedenheit nicht um jeden Preis erreicht werden sollte. Die damit verbundene zweite Grundzielrichtung richtet sich auf die Erzielung von Kostensynergien und die Reduzierung von Reibungsverlusten zur Verringerung von „Blindleistung" und Administrationsauf-wand im IT-Bereich. Sie bildet den Effizienzfokus ab. Beide strategischen Grundzielrich-tungen sind nachhaltig zu berücksichtigen, um internen IT-Bereichen ihre „Daseinsberech-tigung" zu erhalten und möglichen IT-Outsourcing-Tendenzen entgegenzutreten.

Der IT-Bereich macht es sich so zu seiner strategischen Aufgabe den anderen Funktionsbereichen und Tochtergesellschaften des Unternehmens einen „Value" zu verschaffen. Somit wird die nachhaltige Sicherung und Steigerung der Wertschöpfung durch IT-Dienstleistungen zum zentralen Leitbild des IT-Bereichs. Es erfolgt so der Schritt von der IT als technischer Querschnittsfunktion zum Wertschöpfungspartner im Unternehmen.

Das Zusammenspiel der strategischen Grundzielrichtigen ist Abbildung 2.2 nochmals verdeutlicht.

**Abbildung 2.2**      Strategischer Handlungsrahmen von IT-Bereichen im Unternehmen

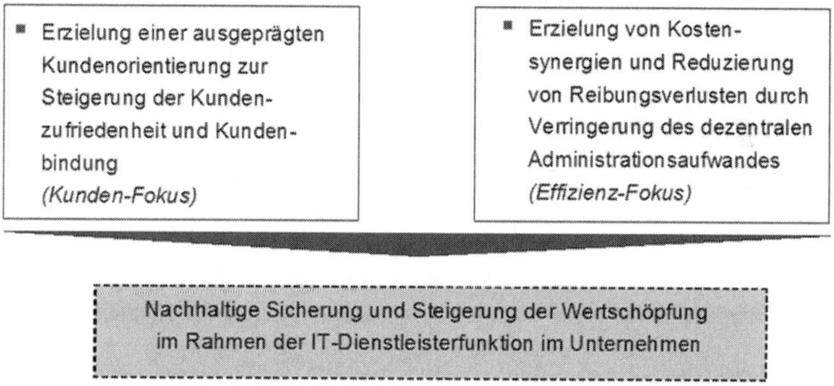

■ Erzielung einer ausgeprägten Kundenorientierung zur Steigerung der Kundenzufriedenheit und Kundenbindung
*(Kunden-Fokus)*

■ Erzielung von Kostensynergien und Reduzierung von Reibungsverlusten durch Verringerung des dezentralen Administrationsaufwandes
*(Effizienz-Fokus)*

Nachhaltige Sicherung und Steigerung der Wertschöpfung im Rahmen der IT-Dienstleisterfunktion im Unternehmen

Quelle: TGCG

Zur erfolgversprechenden Wahrnehmung dieser strategischen Forderungen ist eine Koordination der Schnittstelle IT-Bereich – Interner Kunde notwendig. Der „Key Account"-Ansatz stellt die Person des Key Account Managers in die Position des so genannten „Linkin Pin" nach LIKERT. Er ist das verbindende Element zwischen den IT-Fachabteilungen und den internen Unternehmensbereichen bzw. externen Tochtergesellschaften.

Gemäß dem „One Face to the Customer"-Ansatz hat der Key Account Manager die Bedarfe der Unternehmensbereiche nach IT-Services und IT-Projekten mit internen Möglichkeiten und Kapazitäten in Einklang zu bringen. Es findet somit ein Abgleich zwischen IT-Nachfrage (IT-Demand) und IT-Angebot (IT-Supply) statt. Der Key Account Manager bildet die zentrale Informations- und Kommunikationsschnittstelle zwischen IT-Dienstleister und IT-Kunden ab.

Damit der Key Account Management (KAM)-Ansatz seine koordinierende Wirkung auch entfalten kann, ist sowohl einigen konzeptionellen wie auch umsetzungsbezogenen Anforderungen Rechnung zu tragen.

Um Überschneidungen in der Betreuung der Konzern- bzw. Unternehmensbereiche zu vermeiden, müssen eindeutige Zuständigkeiten festgelegt werden. Für jeden Unternehmenskunden muss ein verantwortlicher Key Account Manager definiert sein. Je nach Größe des Kunden, z. B. Anzahl User, Anzahl genutzter Services, und dem damit verbundenen Arbeitsaufwand kann der Key Account Manager für einen oder für mehrere Kunden zuständig sein.

Bei der Festlegung, wer als interner Kunde angesehen wird, sollte sich aus Gründen einer möglichen IT-Leistungsverrechnung an der Organisationsstruktur orientiert werden. Eigenständigen Kundenstatus haben somit Tochtergesellschaften und klassische Kostenstellen. Gegebenenfalls sind „kleine" Kostenstellen im Rahmen einer hierarchischen Kostenstellenstruktur einer übergeordneten Kostenstelle zuzuordnen. Im Zweifel ist dies mit den Kostenstellen-, Abteilung- und Bereichsleitern sowie dem Rechnungswesen abzuklären.

**Abbildung 2.3**    Ansatz für die organisatorische Koordination zwischen IT-Dienstleister und IT-Kunden

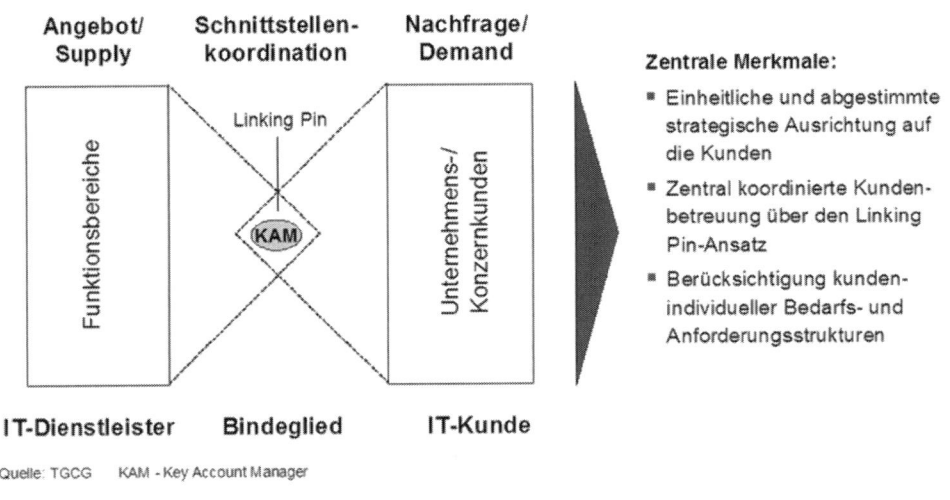

Neben der eindeutigen Zuordnung der Zuständigkeit nach außen, ist auch nach innen eine klare Aufgabenabgrenzung zwischen Key Account Manager und den IT-Abteilungen bzw. IT-Fachbereichen erforderlich. Dazu sind in den IT-Fachbereichen jeweils konkrete Ansprechpartner für die Key Account Manager festzulegen. Die Aufgabenabgrenzung muss durch konkrete organisatorische Zuständigkeiten unterlegt sein. Die Klärung von Schnittstellen und Formen der Zusammenarbeit entscheidet über die spätere Leistungsfähigkeit des KAM-Konzeptes.

Insbesondere nach der Einführung von Key Account Management ist konsequent darauf zu achten, dass die eigenen Fachbereiche sich an diese Änderung der Zusammenarbeit mit den internen Kunden halten. Gerade am Anfang ist es schwer, von jahrelang eingeübten Verhaltensweisen abzuweichen. Hier hat das Key Account Management eine anfangs durchaus dominante und nicht konfliktfreie Rolle zu übernehmen. Um Akzeptanz bei den IT-Fachbereichen für diese Veränderung zu erzeugen, sind die Vorteile, wie beispielsweise weniger administrative Arbeit, geringerer Abstimmungsaufwand mit Unternehmensbereichen oder mehr Zeit für eigene wichtige Tätigkeiten, klar in den Vordergrund zu stellen.

Damit der Informationsaustausch zwischen den einzelnen Interessengruppen gewährleistet ist, muss ein Ansatz entwickelt werden, wann sich wer, in welcher Form miteinander austauscht. Geschieht dies nicht, ist wiederum „Wildwuchs" die Folge – Die Informationen suchen sich ihren Weg! Gleichzeitig werden KAM-Kritiker in ihrer Meinung bestätigt. Lösungsansätze dazu werden später in diesem Beitrag vorgestellt und diskutiert.

**Abbildung 2.4**     Überblick zu konzeptionellen Anforderungen an den KAM-Ansatz

**Konzeptionelle Anforderungen**

- Für jeden Konzernkunden muss ein zuständiger Account Manager definiert werden. Ein Account Manager kann für mehrere Konzernkunden zuständig sein.
- Es muss ein klare Aufgabenteilung zwischen Funktionsbereichen und Account Management erfolgen.
- Die Aufgabenteilung muss durch konkrete Zuständigkeiten und Ansprechpartner organisatorisch umgesetzt werden.
- Ein Informationskonzept muss festlegen, welche Informationen regelmäßig bereitzustellen bzw. auszutauschen sind. (Reportings, Ausschüsse, Gremien etc.)

Quelle: TGCG

Neben den „harten" konzeptionellen Anforderungen sind auch die „weicheren" umsetzungsbezogenen Anforderungen nicht zu vernachlässigen. Was nützt das beste Konzept, wenn es nicht in der Praxis gelebt wird. Wird dies nicht berücksichtigt, endet Key Account Management schneller als gedacht, als wertloses Papierkonstrukt in der Ablage „P".

Da Akzeptanz in aller Regel reifen muss, sind die neuen Strukturen, Abläufe und Zuständigkeiten rechtzeitig gegenüber den IT-Fachbereiche und den internen IT-Kunden im Unternehmen zu kommunizieren. Sechs bis neun Monate Vorlaufzeit bis zum „KAM-Go Live" stellen einen guten Erfahrungswert dar. Gleichzeitig ist sicherzustellen, dass die Funktion der Key Account Manager durch entsprechend geeignete Mitarbeiter auszufüllen ist. Die Eignung ergibt sich vor dem Hintergrund von entsprechenden Anforderungen, die sich wiederum aus den Aufgabenbereichen eines Key Account Managers ableiten lassen. Diese werden im nachfolgenden Kapitel umfassend vorgestellt.

Trotz aller planerischen Aktivitäten zur Implementierung eines Key Account Managements, ist mit Fehlern und „Irritationen" zu rechnen. Dies ist bei organisatorischen Veränderungen nicht ungewöhnlich, da trotz aller antizipativen Planungsaktivitäten eine Restunsicherheit in der Qualität und Exaktheit des Umsetzungsvorgehens verbleibt. Um diesen Aspekt überschaubar zu halten, erscheint es als sinnvoll, aufkommende „Irritationen" stringent aufzunehmen, deren Ursachen zu analysieren und je nach Härtegrad und den bestehenden Möglichkeiten organisatorischen Anpassungsmaßnahmen einzuleiten. Die so genannten „Lessons Learned" sind eine wichtige Komponente im Rahmen einer Organisationsentwicklung. Durch gemeinsames bewusstes Lernen aus gemachten Fehlern kann sich eine Organisation organisch weiterentwickeln.

Ausgeprägte Impulse der Führungsmannschaft, die die Bedeutung dieses Themas, z. B. bei Abteilungs- bzw. Mitarbeiterbesprechungen, hervorheben, sind entscheidet, da Mitarbeiter ihre Verhaltensweisen in der Regel an ihren Vorgesetzten ausrichten. Die so genannte „Management Attention" ist zumindest eine notwendige, wenn auch nicht hinreichende Bedingung für den Erfolg bei organisatorischen Veränderungen.

**Abbildung 2.5**    Überblick zu umsetzungsbezogenen Anforderungen an den KAM-Ansatz

**Umsetzungsbezogene Anforderungen**

- Die neuen Strukturen und Abläufe müssen den relevanten Personen auf Funktionsbereichs- und Kundenseite rechtzeitig kommuniziert werden.
- Es müssen geeignete Mitarbeiter zur Wahrnehmung der Key Account Funktion gefunden werden.
- In der Einführungsphase sollten auftretende „Irritationen" systematisch dokumentiert und ausgewertet werden (Lessons Learned).

Quelle: TGCG

# 2.3    Rolle des IT-Key Account Managers

## 2.3.1    Aufgabenbereiche des IT-Key Account Managers

Im Wesentlichen können vier Key Account-Funktionen unterschieden werden. Dies ist zum einen die klassische Vertriebsfunktion. Sie umfasst die aktive Ansprache und Beratung des Kunden in Bezug auf die möglichen Unterstützungspotentiale durch IT-Leistungen in Form von IT-Services bzw. IT-Projekten. Gleichzeitig ist damit auch die Vermarktung von neuen möglichen IT-Technologien verbunden. Die Auslastung von IT-Ressourcen sowie der mögliche Wertschöpfungsbeitrag durch IT sind wichtige Faktoren, die die Vermarktungsbemühungen von IT-Dienstleistungen beeinflussen. Bestehende Restriktionen vor dem Hintergrund der aktuellen Technologie-, Ressourcen- und Kapazitätsplanung sollten dabei natürliche berücksichtigt werden.

Gleichzeitig ist der IT-Key Account Manager zentraler Ansprechpartner in allen Belangen der IT-Kunden. Dies reicht von der Beratungs- und Informationsbeschaffungsfunktion bis hin zur Aufnahme und Handling von Beschwerden der IT-Kunden. Der „One Face to the Customer"-Gedanke bedingt ein umfassendes Aufgabenfeld, das entsprechendes Vertrauen auf Seiten der IT-Kunden voraussetzt. Diese Funktion kann zusammenfassend als Betreuungsfunktion bezeichnet werden.

Davon abzugrenzen ist die Begleitung wichtiger Kundenprojekte, in denen der Key Account Manager. Den Kontakt zum Kunden hält und koordinierend tätig ist. Sie wird als Projektbegleitungsfunktion bezeichnet.

Die vierte Funktion ist die so genannte „Trouble Shooting"-Funktion. Sie dient dem Schnittstellenmanagement zwischen Kunden und IT-Fachbereichen. Aufgrund zum Teil unterschiedlicher Interessenlagen besteht hier das Erfordernis, Konflikte oder „"Irritationen" auf Fach- und Kundenseite aufzunehmen und zu schlichten. Gegebenenfalls sind definierte Eskalationspfade einzuhalten. Die mit diesen Funktionen verbundenen Aufgabenbereiche werden nachfolgend ausführlich vorgestellt.

**Abbildung 2.6**     Überblick zu den wesentlichen IT-KAM-Aufgaben & -Funktionen

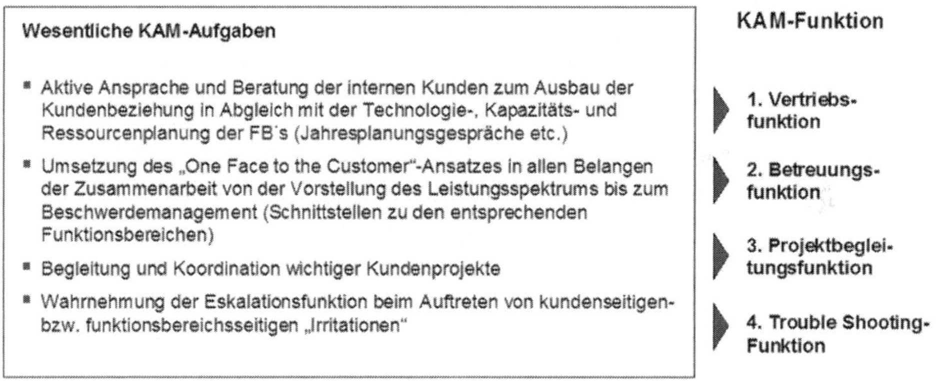

Quelle: TGCG     FB - Fachbereichsleiter

Die Aufgabenbereiche des Key Account Managers im Rahmen seiner Vertriebsfunktion sind vielfältig. Neben der klassischen Information und Beratungsaufgabe gegenüber dem IT-Kunden zu den Möglichkeiten einer IT-technischen Unterstützung hat er die Aufgabe, IT-Leistungen aktiv zu vermarkten. Dazu sollte er in der Lage sein, dass eigene IT-Leistungsspektrum zu präsentieren und insbesondere neuartige innovative Lösungsansätze zur Verbesserung der kundenseitigen Wertschöpfungsprozesse vorzustellen. Da es sich bei den IT-Leistungen in der Regel um komplexe Dienstleistungen handelt, ist eine professionelle und fundierte Beratung ein wichtiger Faktor für die Vertrauensbildung.

Die Aufnahme von Kundenbedarfen sollte dabei auch die daraus resultieren Kostenwirkungen berücksichtigen. So ist eine Harmonisierung von Applikationen, z. B. die Eindämmung der Anzahl unterschiedlicher CAD-Applikationen bzw. eine Bündelung von Leistungsanfragen bei der Beratung des Kunden eine durchaus wichtige Nebenbedingung für die inhaltliche Ausrichtung der Vertriebsfunktion. Aus der Komplexität der IT-Dienstleistung ergibt sich zusätzlich häufig die Notwendigkeit der Erstellung von Business Cases bzw. Use Cases zur Abschätzung von Machbarkeit und Kosten-/Nutzenaspekten. Die Ergebnisse der Bedarfsaufnahme sind in einem Angebot zu spezifizieren. Diese Bedarfsaufnahme findet klassisch im Rahmen von so genannten Jahresgesprächen statt. Die mit den angebotenen IT-Leistungen verbunden Preise (IT-Kosten) sind gleichfalls Gegenstand der Jahresgespräche. Werden keine IT-Kosten an den Kunden weitergegeben endet dies häufig in einer „Anspruchsinflation". Diese Bedarfskonkretisierung besitzt zwei zusätzliche Vorteile. Zum einen können quantitativ die Bedarfsmengen, z. B. für Lizenzen, kumuliert über alle Kunden abgeschätzt werden. Diese Informationen wiederum sind wichtige Informationen für die eigenen Verhandlungen mit den Lieferanten, um eine Über- bzw. Unterlizenzierung zu vermeiden. Zum anderen können qualitative Aspekte der zukünftigen Kundenwünsche ersten Aufschluss über die notwendigen technologischen Weiterentwicklungen im mittel- und langfristigen Bereich geben.

Damit diese Informationen ihre Wirkung entfalten können, müssen sie natürlich an die relevanten IT-Fachbereiche weitergeleitet werden. Hier nimmt der Key Account Manager bereits seine wichtige Schnittstellenaufgabe war. Sowohl das technologisch Mögliche (Technology Push) als auch das vom Kunden Gewünschte (Market Pull) sind an dieser Schnittstelle harmonisch aufeinander abzustimmen.

**Abbildung 2.7**     Überblick zu Aufgaben der Vertriebsfunktion

**Wesentliche Aufgaben der Vertriebsfunktion**

- Information und Beratung des IT-Kunden über Möglichkeiten der IT-technischen Unterstützung durch den IT-Bereich
- Vorstellung und Präsentation des IT-Leistungsspektrums
- Vorstellung innovativer IT-Technologien, „Neuprodukte" und Lösungsansätze zur Verbesserung der kundenseitigen Wertschöpfungsprozesse
- Bündelung und Harmonisierung von Leistungsanfragen
- Erstellung von Business Cases inkl. Kosten-Nutzen-Analysen
- Bedarfskonkretisierung und Angebotserstellung
- Unterstützung des IT-Kunden im Rahmen der Spezifikation von Projekten
- Durchführung von Bedarfsmengenplanungen und Preisverhandlungen im Rahmen von Jahresgesprächen
- Aufnahme von kurz-, mittel- und langfristigen Kundenwünschen sowie Kundenanforderungen
- Weitergabe von Anregungen und relevanten Funktionsinformationen an die Funktionsbereiche

Quelle: TGCG

Die Betreuungsfunktion ist vielschichtig. Sie setzt sich aus vielen Aufgabenbereichen zusammen. Der Key Account Manager ist als „Kümmerer" zu verstehen, der dem Kunden bei den vielen kleinen Dingen einer vertrauensbasierten Zusammenarbeit behilflich ist. Dies betrifft insbesondere die Aufnahme und Beantwortung von IT-Kundenanfragen, beispielsweise zu Verrechnungspreisen, Abrechnungen und Bereitstellungsterminen. Gleichzeitig ist der Key Account Manager auch zentraler Ansprechpartner, wenn es um die Aufnahme und Bearbeitung von wichtigen Kundenbeschwerden bzw. Reklamationen geht. Häufig hat er auch im Rahmen seiner Betreuungsfunktion Rechnungsaufstellungen bzw. das Zustandekommen von einzelnen Kostenpositionen zu erläutern. Die Bereitstellung von aktuellen Zustandsberichten sowie Meldungen zu Status bei akuten Problemen gehören ebenso zu dieser Funktion.

In dieser Betreuungsfunktion wird die Schnittstellenaufgabe des Key Account Managers besonders deutlich. Auf der einen Seite ist hier der stetige Kontakt zu den einzelnen IT-Funktionsbereichen, zum Beispiel die Weiterleitung von kundenseitigen Information über Performanceverschlechterungen bei einzelnen IT-Systemen, notwendig, um mögliche Leistungsmängel zu beseitigen. Auf der anderen Seite dient der Key Account Manager auch den IT- Funktionsbereichen als „Sprachrohr" zum Kunden, indem er spezifische Informationen, zum Beispiel technische Anfragen, an die entsprechenden kundenseitigen Ansprechpartner weitergibt.

**Abbildung 2.8**      Überblick zu Aufgaben der Betreuungsfunktion

**Wesentliche Aufgaben der Betreuungsfunktion**

- Aufnahme und Beantwortung von allgemeinen und speziellen IT-Kundenanfragen (Preise, Abrechnungen, Termine etc.)
- „Kümmerer" in für den IT-Kunden wichtigen Angelegenheiten
- Aufnahme und Bearbeitung von IT-Kundenbeschwerden bzw. -reklamationen
- Erläuterung von Rechnungsaufstellungen bzw. Rechnungspositionen
- Bereitstellung von Zustandsreports und Kostenaufstellungen für den Kunden
- Weiterleitung von relevanten Kundeninformationen an die Funktionsbereiche (z.B. Performanceverschlechterung bei IT-Systemen)
- Beschaffung von spezifischen Informationen aus den Funktionsbereichen und Weiterleitung an den IT-Kunden (z.B. technische Anfragen)

Quelle: TGCG

Einen wichtigen Bereich der Zusammenarbeit zwischen IT-Bereich und internen Kunden stellen IT-Projekte dar. Sie dienen der Bewältigung komplexer Aufgabenstellungen über einen definierten Zeitraum hinweg. Die Komplexität von IT-Projekten ergibt sich zum einen aus der Vielfältigkeit der darin zu lösenden Problemstellungen und zum anderen aus der dafür notwendigen interdisziplinären Zusammenarbeit.

Diese Projektbegleitungsfunktion dient der Koordination und Umsetzungsbegleitung wichtiger IT-Kundenprojekte. Hier fungiert der Key Account Manager als Ansprechpartner für Fragen der IT-Kunden rund um das klassische Projektmanagement. Dies betrifft insbesondere die Abstimmung von Projektfahrplänen, die Durchführung und Teilnahme von bzw. an Ergebnispräsentationen, die kontinuierliche Information des Kunden über Zeit und Kostenüberschreitungen sowie das Eintreten nicht umsetzbarer Change Requests.

Key Account Manager haben in diesem Zusammenhang nicht einzuhaltende Zusagen gegenüber den Kunden zu verantworten und sollten gleichzeitig zugesagte Ergebnisse und Entscheidungen von den verantwortlichen IT-Fachbereichen einfordern.

Wichtig ist bei dieser Funktion die Aufgabenteilung zwischen dem Key Account Manager und dem verantwortlichen IT-Projektleiter. Der Key Account Manager fungiert hier zum einen als „Kundenanwalt", der quasi die Interessen seines Mandanten gegenüber dem IT-Projektleiter vertreten muss. Gleichzeitig muss er auch in der Lage sein, gewisse Abweichungen vom ursprünglich Vereinbarten zu „verkaufen" und den IT-Kunden diplomatisch zu überzeugen.

Obwohl der Key Account Manager fachlich im Projekt i.d.R. nicht mitarbeitet, ist er durch den Projektleiter bzw. Projektmitarbeiter kontinuierlich mit allen relevanten Projektinformationen zu versorgen, um auskunftsfähig zu sein.

---

**Abbildung 2.9**     Überblick zu Aufgaben der Projektbegleitungsfunktion

---

**Wesentliche Aufgaben der Projektbegleitungsfunktion**

- Koordination und Umsetzungsbegleitung wichtiger IT-Kundenprojekte
- Ansprechpartner für Fragen des IT-Kunden rund um das Projektmanagement
- Information der Funktionsbereiche über geänderte Anforderungsprofile auf IT-Kundenseite (Change Requests)
- Abstimmung von „IT-Projektfahrplänen" und Zustandsberichten mit dem IT-Kunden
- Mitwirkung und Teilnahme an Ergebnispräsentationen und Projektsitzungen
- Information des IT-Kunden über absehbare Überschreitung von „Deadlines" für Meilensteine bzw. nicht umsetzbaren Anforderungen und Spezifikationen
- Einforderung von zugesagten IT-Leistungen und Teilergebnissen bei den verantwortlichen Funktionsbereichen und beim IT-Kunden

Quelle: TGCG

---

Im Rahmen der Trouble Shooting-Funktion nimmt der Key Account Manager die Rolle eines „Schiedsrichters" und Mediators ein. Bei aufkommenden Problemen zwischen den IT-Fachbereichen und den Kunden ist es Aufgabe des Key Account Managers zu verhandeln und zu schlichten. Zu einem hat er Konflikte in der Zusammenarbeit zu lösen zum anderen hat er darauf zu achten, dass die vorgegebenen Information und Entscheidungswege eingehalten werden. Dies gilt sowohl für die IT-Funktionsbereiche, als auch für die IT-Kunden.

Beispielsweise stellt die Beauftragung von internen IT-Fachbereichen durch einen IT-Kunden, ohne den zuständigen Key Account Manager einzubinden oder zumindest in Kenntnis zu setzen, einen solchen Regelverstoß dar. Da der Key Account Manager gegenüber dem IT-Kunden i.d.R. kein Sanktionierungsrecht besitzt, kann er hier nur beeinflussend einwirken. Die Glaubwürdigkeit des Key Account Managers wird dabei durch die Unterstützung und regelkonforme Verhaltensweise der IT-Fachbereiche wesentlich beeinflusst. Gerade in der Anfangszeit eines implementierten Key Account Managements sind über viele Jahre eingespielte Routineabläufe teilweise noch nicht mental überwunden. Hier muss der Key Account Manager einfühlsam, aber auch energisch seine Position vertreten. Notfalls ist hier über die zuständigen Führungskräfte zu eskalieren. Grundsätzlich besteht bei internen Bereichen jedoch eine bessere Möglichkeit organisatorisch auf die Einhaltung vereinbarte Abläufe und Regelungen zu achten, als bei externen.

Die Wahrnehmung dieser Funktion wird insbesondere in der Anfangszeit nach der Einführung des Key Account Managements von besonderer Bedeutung sein. Sowohl die IT-Bereiche, als auch die IT-Kunden müssen sich erst an die veränderten Zuständigkeiten und Abläufe gewöhnen. Diese Gewöhnungsdauer beträgt je nach Unternehmenskultur und Management Attention bis zu zwei Jahren. Anschließend wird der kontinuierliche Bedarf eines „Trouble Shootings" sich auf ad hoc auftretende Probleme, beispielsweise bei der Projektabwicklung, beschränken. Ausnahmen sind organisatorische Fehler, z. B. unklare Definition von Zuständigkeiten, die auch über die Gewöhnungsphase hinaus, immer wiederkehrende Konflikte erzeugen können.

**Abbildung 2.10**   Überblick zu Aufgaben der Trouble Shooting-Funktion

**Wesentliche Aufgaben der Trouble Shooting-Funktion**

- Verhandlung und Schlichtung bei Problemen zwischen den Funktionsbereichen und Kunden
- Lösung von Konflikten in der Zusammenarbeit mit dem Kunden
- Sicherung der Einhaltung der vorgeschriebenen Informations- und Entscheidungswege
- Einwirken auf den Kunden bei nicht regelkonformen Verhalten (z.B. Umgehung des KAMs bei Beauftragungen)
- Einwirken auf die Funktionsbereiche bei nicht regelkonformen Verhalten (z.B. direkte Kundenakquise durch den Funktionsbereich)
- Einschreiten bzw. Einleiten von Eskalationen bei Verstößen gegen vereinbarte organisatorische und vertragliche Regelungen

Quelle: TGCG

## 2.3.2   Anforderungen an IT-Key Account Manager

Die zuvor dargestellten vielfältigen Aufgaben eines Key Account Managers erfordern entsprechende Fähigkeiten und Fachkompetenzen vom Stelleninhaber. Das Anforderungsprofil lässt sich dabei unterteilt nach den einzelnen wahrzunehmenden Funktionen bestimmen.

Aus den dargestellten Aufgaben der Vertriebsfunktion lässt sich ableiten, dass der Key Account Manager zum einen umfassende Kenntnisse über das eigene IT-Leistungsspektrum sowie zum anderen über die Wertschöpfungsprozesse der IT- Kunden besitzen sollte. Insbesondere zur Wahrnehmung seiner Beratungsfunktion ist hier ein Grundverständnis zu den Abläufen und Strukturen der IT-Kunden unerlässlich. Für seine vertrieblichen Aufgaben sind insbesondere ausgeprägte Kundenorientierung sowie Kenntnisse in Verhandlungsführung und Einwandsargumentation wünschenswert. Da die Vermarktung von IT-Dienstleistungen häufig auch betriebswirtschaftliche Aspekte berührt (z. B. Erstellung von Business Cases zur Abschätzung von Kosten- und Nutzenwirkungen), ist ein kaufmännisches Grundverständnis hilfreich.

Zur Wahrnehmung der Betreuungsfunktion sollte der Key Account Manager über gute Kenntnisse zu Strukturen und Abläufe der eigenen IT-Organisation und gute Kenntnisse über das Gesamtunternehmen verfügen. Ein bereits vorhandenes Netzwerk an persönlichen Kontakten, insbesondere zu den Bereichen der IT-Kunden wäre hier von Vorteil. Berufseinsteiger besitzen dieses Netzwerk in der Regel nicht sofort. Da der Key Account Manager im Spannungsfeld zwischen internen IT-Fachbereichen und den zu betreuenden IT-Kunden agiert, sind weiterhin Zuverlässigkeit und Flexibilität wichtige Voraussetzungen für den Erfolg seiner Arbeit.

**Abbildung 2.11**    KAM-Anforderungsprofil für Vertriebs- / Betreuungsfunktion

| Aufgabenbereiche | Abgeleitete Anforderungen |
|---|---|
| Vertriebsfunktion | ▪ Umfassende Kenntnisse des IT-Leistungsspektrums<br>▪ Umfassende Kenntnisse über Wertschöpfungsprozesse des eigenen Unternehmens<br>▪ Kaufmännisches Grundverständnis<br>▪ Kommunikative Ausdrucksfähigkeit<br>▪ Ausgeprägte Kunden- und Vertriebsorientierung<br>▪ Kenntnisse in Einwandsargumentation und Verhandlungsführung |
| Betreuungsfunktion | ▪ Kenntnisse über die interne IT-Organisation<br>▪ Ausgeprägtes internes und externes Networking<br>▪ Gute Kenntnisse über das Gesamtunternehmen<br>▪ Gute Kenntnisse der Unternehmensstrukturen und -prozesse<br>▪ Ausgeprägte Bereitschaft zur internen und externen Zusammenarbeit<br>▪ Zuverlässigkeit und Flexibilität |

Quelle: TGCG

Aus der Projektbegleitungsfunktion lassen sich notwendige Fachkompetenzen im Bereich IT-Projektmanagement ableiten. Der Key Account Manager sollte ein Verständnis für wirtschaftliche Zusammenhänge, als auch ein ausgeprägtes Kostenbewusstsein besitzen, um der Bedeutung von Zeit- und Budgeteinhaltungen gerecht zu werden. Gleichzeitig sollte er über eine positive Einstellung gegenüber der Tätigkeit anderer Kollegen verfügen und empathisch veranlagt sein. Zusätzlich werden bereits hier auch ansatzweise Fähigkeiten abverlangt, die auch der Trouble Shooting-Funktion zuzurechnen sind.

Bedingt durch das Spannungsfeld zwischen IT-Fachbereichen und IT-Kunden sollte der Stelleninhaber für die Funktion des „Trouble Shooting" überdurchschnittlich stressresistent sowie belastbar sein. Als Schlichter zwischen den unterschiedlichen Interessengruppen sollte er über eine gute kommunikative Durchsetzungskraft sowie Durchsetzungsvermögen verfügen. Personen, die Konflikte scheuen und ein ausgeprägtes Harmoniebedürfnis besitzen, werden bei dieser Tätigkeit schnell an ihre Grenzen geführt. Kompetenzen im Konfliktmanagement sind an dieser Stelle unterstützend erforderlich.

Die hier aufgeführten Kompetenzprofile, lassen den Key Account Manager schnell als „Supermann" erscheinen. In der Praxis nutzen zu hohe Anforderungen wenig, wenn keine Person zu finden ist, die diesen Wünschen bezahlbar entspricht. So sind die Anforderungen in ihre Gänze mehr als idealtypische Wegrichtung zu sehen, bei der Abweichungen vom Soll möglich und auch wahrscheinlich sind. Sie dienen keinem absoluten Anspruch im Sinne von K.o.-Kriterien, können aber im Vergleich zwischen Kandidaten eine nützliche Entscheidungshilfe sein.

**Abbildung 2.12**    KAM-Anforderungsprofil für Projektbegleitungs- / Trouble Shooting-Funktion

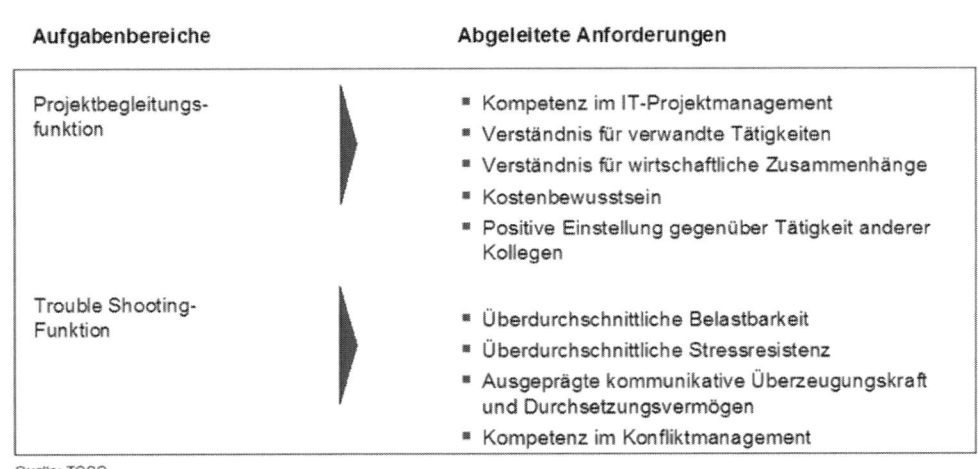

Quelle: TGCG

# 2.4      Organisation des IT-Key Account Managements

## 2.4.1      Einbindung in die IT-Organisation

Die organisatorische Einbindung des IT-Key Account Managements trägt wesentlich zum Erfolg des Ansatzes bei. Aufgrund der Eigenständigkeit der zu erledigenden Aufgaben empfiehlt es sich, einen eigenen organisatorischen Funktionsbereich in die bestehende IT-Organisation zu integrieren. Dies setzt natürlich auch ein entsprechendes Volumen der KAM-Aufgaben voraus. Bei kleineren Unternehmen kann auch die Schaffung einer neuen KAM-Stelle bzw. die Übernahme der KAM-Aufgaben durch bestehende Mitarbeiter ausreichend sein. Bei größeren Unternehmen ist dies i.d.R. nicht der Fall.

Bei häufig funktional gegliederten IT-Bereichen stellt die Schaffung einer neuen funktialen Abteilung bzw. eines neuen Fachbereiches unterhalb der IT-Leitung wohl den pragmatischsten Ansatz dar (siehe dazu auch Abbildung 2.13).

Grundsätzlich können auch komplexere Mehrlinien-Ansätze, wie z. B. die Schaffung einer KAM-Matrixorganisation, angewendet werden. Die damit verbunden institutionalisierten Konflikte erhöhen die Komplexität der Organisationsform und verlaufen in ihrer praktischen Anwendung jedoch oft nicht reibungsfrei.

Bei der Integration des KAM-Bereiches in die bestehende Funktionalorganisation wird das bestehende Organisationsprinzip nicht verändert, sondern nur erweiternd angewendet. Die damit verbunden organisatorischen Irritationen sind als tendenziell als gering einzustufen. Gleichzeitig stellt dieser Ansatz die Bedeutung des Key Account Managements für den IT-Bereich unmissverständlich dar. Die Ausrichtung auf den eigenen IT-Kundenstamm ist damit auch optisch im Organigramm eindeutig manifestiert. Diese „Botschaft" ist gleichzeitig ein wichtiger strategischer Eckpfeiler, für die Ausrichtung der eigenen IT-Aktivitäten und unterstützt zumindest dabei, beratungsresistente Mitarbeiter zum Umdenken anzuregen.

**Abbildung 2.13**    Bsp. für die organisatorische Einbindung des KAM-Bereiches in die funktionale Unternehmensorganisation

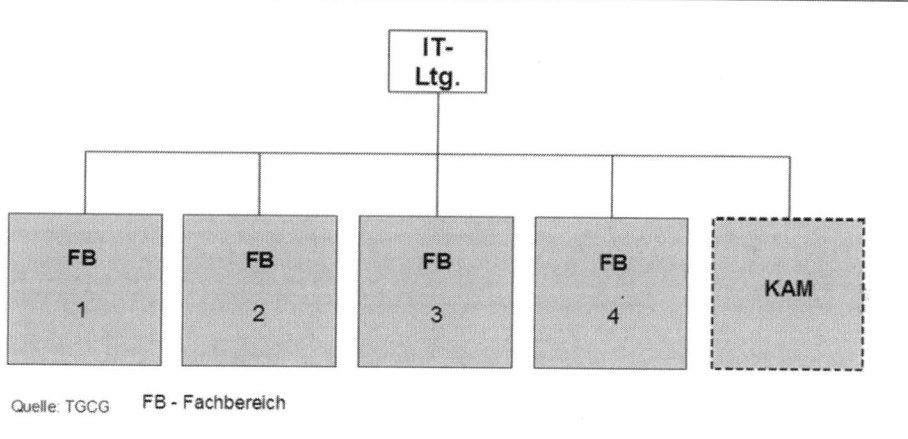

Quelle: TGCG    FB - Fachbereich

Innerhalb des KAM-Bereiches sollte sich die Zuständigkeit der Key Account Manager nach IT-Kunden ausrichten. Je nach Größe und Umfang der Kundenstruktur kann ein Key Account Manager für einen oder mehrere Kunden zuständig sein. Die Abgrenzung von Kunden sollte sich dabei an den bestehenden Unternehmens- bzw. Konzernstrukturen ausrichten. D.h. eigenständige Einheiten, wie z. B. Tochtergesellschaften im In- und Ausland, können als IT-Kunden gesehen werden.

Eine erste Basisstruktur liefert die Einteilung in Muttergesellschaft bzw. Zentrale, Töchter Inland, Töchter Ausland sowie Sonstige Kunden (siehe dazu auch Abbildung 2.14). Diese Struktur kann bei Bedarf weiter verfeinert werden, indem beispielsweise einzelne Tochtergesellschaften aufgrund ihrer Größe einen eigenständigen Kundenstatus mit entsprechendem Key Account Manager erhalten.

Der KAM-Bereich wird durch den Chief Account Officer (CAO) geleitet. Je nach Anzahl der so geschaffenen KAM-Stellen und der damit verbundenen Führungsspanne (span of control) kann die CAO-Funktion entweder durch die IT-Leitung in Personalunion bei geringer Führungsspanne oder durch einen neuen Stelleninhaber bei größerer Führungsspanne erfolgen. Erfahrungen zeigen, dass ab ca. vier bis sechs vollzeitlichen KAM-Stellen eine vollzeitliche CAO-Leitung als empfehlenswert erscheint.

**Abbildung 2.14**    Bsp. für die Gestaltung einer Key Account Management Struktur

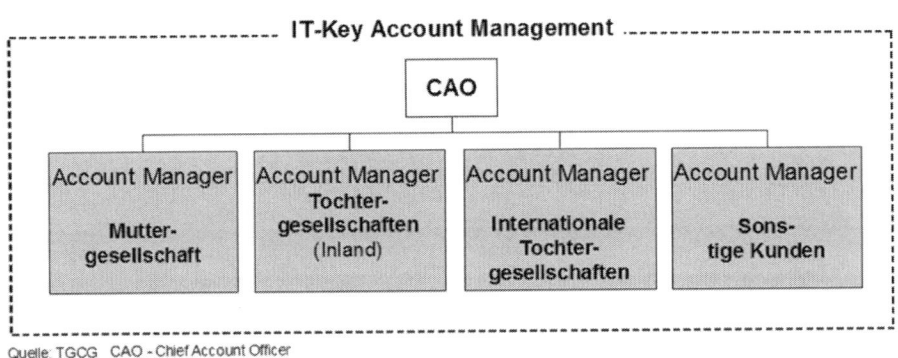

Quelle: TGCG   CAO - Chief Account Officer

Da das Key Account Management zentraler Ansprechpartner für alle Belange des IT-Kunden ist, müssen konkrete Schnittstellen zu den eigenen IT-Funktionsbereichen definiert werden. Dies erfordert ein solides Ansprechpartnerkonzept, dass je nach Aufgabenbereich des Key Account Managers festlegt, welcher Mitarbeiter in den einzelnen IT-Funktionsbereichen als fachlicher Ansprechpartner gegenüber dem Key Account Manager fungiert. Wenn die einzelnen IT-Fachbereiche nach Anwendungssystemen z. B. nach betriebswirtschaftlichen Systemen, Logistiksystemen und Konzernsystemen, organisiert sind, sollte dies bei der Gestaltung des Ansprechpartnerkonzeptes entsprechend berücksichtigt werden.

Die Strukturierung des Ansprechpartnerkonzeptes kann grundsätzlich nach zwei Dimensionen erfolgen. Zum einen kann die Identifikation des zuständigen Ansprechpartners inhaltsbezogen, z. B. nach Reklamation, Serviceanfrage und Projektstatus, und zum anderen IT-systembezogen erfolgen. Somit kann sich beispielsweise für eine Serviceanfrage für Logistiksysteme ein anderer Ansprechpartner, als für eine Serviceanfrage für Konzernsysteme ergeben.

Entscheidend für die Qualität des Ansprechpartnerkonzeptes ist die Vollständigkeit der identifizierten Aufgabenbereiche für die eine Zusammenarbeit mit den IT-Fachbereichen erforderlich ist. Liegen diese vor, sind die IT-Mitarbeiter zu bestimmen, die für die Zusammenarbeit mit dem Key Account Manager zuständig sind. Diese Festlegung sollte offiziellen Charakter haben und dementsprechend auch offiziell kommuniziert werden.

Selbstverständlich sind die entsprechenden IT-Mitarbeiter vorab in Einzelgesprächen über ihre zukünftigen Aufgaben zu informieren und gegebenenfalls zusätzlich vorzubereiten (Entwicklung der Können- & Wollen-Komponente).

**Abbildung 2.15**    Gestaltung des Ansprechpartnerkonzeptes

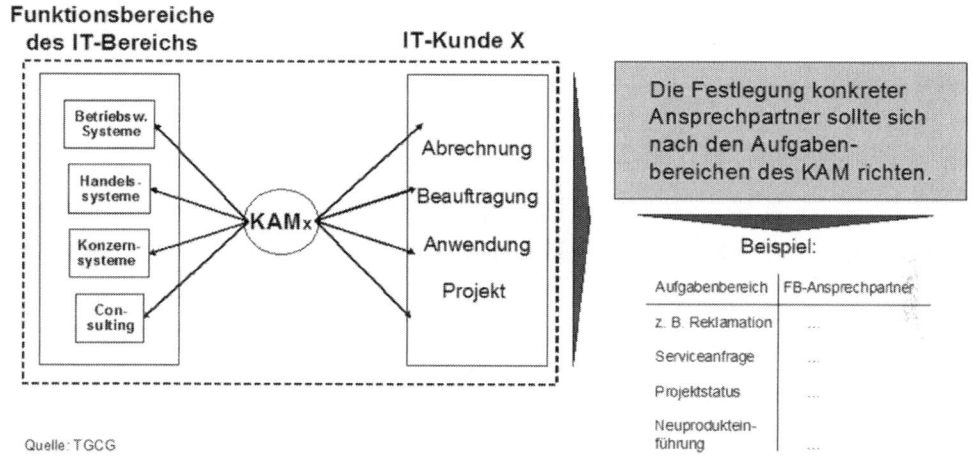

Quelle: TGCG

Der mit der Einführung von Key Account Management umgesetzte „One face to the customer"-Ansatz stärkt das Vertrauensverhältnis zwischen IT-Kunden und IT-Organisation und erleichtert den Aufwand der IT-Kunden bei der Zusammenarbeit mit der IT. Lästiges Suchen nach geeigneten Ansprechpartnern die zuständig und gewillt sind, sich mit den Belangen der IT-Kunden auseinander zu setzen, entfällt. Der Key Account Manager steht dem internen Kunden als zentraler Ansprechpartner zur Verfügung und sollte auch die Interessen des Kunden, quasi als Kundenanwalt, in die IT-Organisation hinein vertreten.

Die Konzentration vielfältiger Aufgabenbereiche auf den Key Account Manager stellt ihn in die Position eines Generalisten. Die Glaubhaftigkeit einer fundierten Fachberatung (Spezialistentum) durch den Key Account Manager ist somit nicht immer gegeben bzw. kann durch objektiv nicht vorhandenes Spezialwissen erst gar nicht erfolgen. Ein kompletter Stab von eigenen Mitarbeitern und Beratern wäre hier möglich, jedoch aus Effizienzgesichtspunkten nur in den wenigsten Fällen sinnvoll. Somit ist der Key Account Manager auf das vorhandene Wissen in der IT-Organisation angewiesen. Zum einen kann sich der Key Account Manager von den IT-Fachbereichen beraten lassen bzw. sich notwendige Informationen beschaffen (Pull-Prinzip). Zum anderen kann es erforderlich sein, das IT-Fachspezialisten zu temporären KAM-Teammitgliedern werden (Push-Prinzip). Praktisch bedeutet dies, dass der Key Account Manager gemeinsam mit Fachspezialisten aus anderen IT-Bereichen beim IT-Kunden vor Ort agiert. Die Fachspezialisten verbleiben grundsätzlich in ihren angestammten IT-Organisationsbereichen und sind nur für eine gewisse Zeit in das KAM-Team integriert. Dafür sind entsprechende Absprachen mit den Vorgesetzten der „ausgeborgten" IT-Fachspezialisten zu treffen.

In der Praxis erfolgt der eigentlich simpel erscheinende Vorgang nicht immer konfliktfrei, da die eigentliche operative Arbeit der IT-Fachspezialisten i.d.R. nicht abgearbeitete wird und sich ein Arbeitsvorrat ansammelt. Die Motivation der betroffenen Mitarbeiter ist somit je nach Auslastungssituation und Umfang der zeitlichen Unterstützung, als eher überschaubar anzusehen. Trotzdem ist die Bedeutung von IT-Mitarbeitern als temporäre KAM-Teammitglieder als hoch einzustufen.

Werden Key Account Manager aufgrund unterstellter fehlender Kompetenz und Glaubhaftigkeit ihrer Aussagen kundenseitig nicht erst genommen, ist dies als großes Hemmnis zur Erreichung der anfangs dargestellten strategischen Ziele des IT-Bereiches zu werten. Der internen Kommunikation dieser Aspekte innerhalb der IT-Organisation ist deshalb im Sinne einer Überzeugungsfunktion große Aufmerksamkeit zu widmen.

**Abbildung 2.16**   Vor- und Nachteile des „One Face to the Customer"-Ansatzes

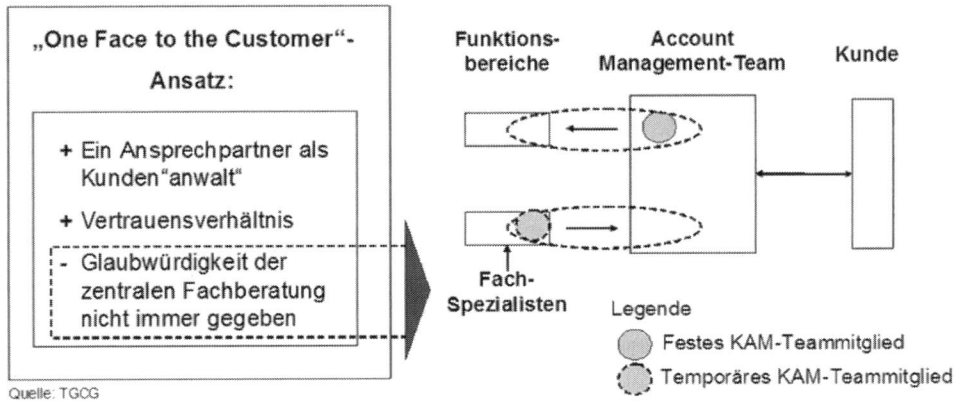

## 2.4.2   Gestaltung des Gremienkonzeptes

Damit die Betreuung der IT-Kunden nicht nur auf operativer Ebene gelebt wird und dabei manchmal „versandet", sollte die Kundenbetreuung selbstverständlich auch „Chefsache" sein. Zur inhaltlichen Ausrichtung und Steuerung der IT-Aktivitäten haben sich in der Praxis Gremienkonzepte bewährt. Über den Informationsaustausch und die Kommunikation innerhalb dieser Gremien, die sich aus den Vertretern der einzelnen Interessengruppen zusammensetzen, erfolgt die Koordination der Aktivitäten von den IT-Fachbereichen über die KAM-Organisation bis hin zur Kundenorganisation.

Ein bewährter 3-Gremien-Ansatz besteht aus dem Supply Management Board (SMB), dem Key Account Management Board (KAMB) sowie dem Demand Management Board (DMB).

Das Supply Management Board dient der Abstimmung zwischen den IT-Funktionsbereichen und dem Key Account Management. Es setzt sich aus IT-Fachbereichsleitern und IT-Key Account Managern zusammen. Das Key Account Management Board dient der Abstimmung der IT-Key Account Manager untereinander. Es setzt sich somit aus den Key Account Managern und dem CAO zusammen. Der Abstimmung mit dem IT-Kunden dient das Demand Management Board. Teilnehmer sind zum einen Vertreter der IT-Kunden, z. B. Abteilungs- oder Bereichsleiter des Unternehmens, und zum anderen die Key Account Manager selbst. Bei Bedarf können zu Spezialthemen auch IT-Fachbereichsleiter an den Gremientreffen teilnehmen.

**Abbildung 2.17** Gestaltung des Gremien-Konzeptes

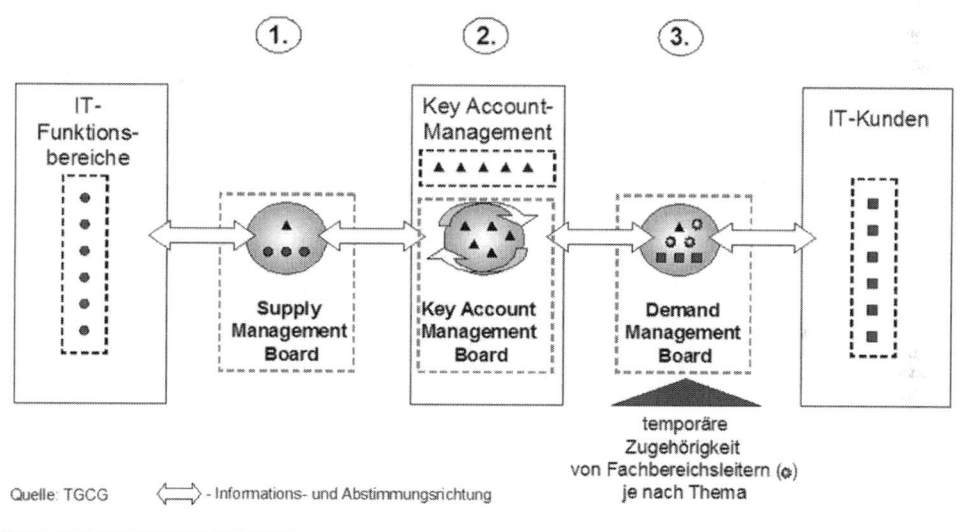

Für eine effektive Gremienarbeit ist es entscheidend, inhaltliche Ausgestaltung und Häufigkeit der Gremientreffen nutzbringend zu gestalten. Der Mehrwert der Gremientreffen für die Teilnehmer wird mittel- und langfristig die Teilnahmedisziplin beeinflussen. Erstes Anzeichen für eine schwindende Begeisterung ist das Entsenden von Vertretern zu den Gremientreffen. Grundsätzlich ist einer Vertretung nicht negativ gegenüberzustehen, wenn es sich dabei um eine „Vollvertretung" handelt. Oft dient jedoch der Vertreter zum einen der „Wahrung des Scheins" und zum anderen der Informationsbeschaffung aus erster Hand für den Vertretenden. Bei zu treffenden Entscheidungen besteht hier die Gefahr, dass sich der Vertretende aufgrund fehlender Befugnisse der Verantwortung entzieht. Somit verliert die Gremienarbeit weiter an Tempo und Schlagkraft. Nicht selten nimmt so im Zeitverlauf die Anzahl der Vertretenen zu.

Im Rahmen des Supply Management Boards werden Projektfortschritt und eingetretene Besonderheiten bzw. technische Probleme besprochen. Dies betrifft sowohl aktuelle Probleme bzw. zukünftige Herausforderungen z. B. aufgrund von absehbaren Kapazitätsengpässen und damit verbunden Projektverzögerungen. Gleichzeitig dient die Arbeit im Rahmen des Supply Management Board der Vorbereitung der regelmäßigen Kundenmonatsgespräche. Das Board tritt monatlich vor dem Kundenmonatstreffen zusammen.

Das Demand Management Board tritt ebenfalls monatlich zusammen. Zentrales Thema ist die Besprechung der aktuellen Bedarfssituation sowie des Umsetzungsstandes von Projekten. Einmal jährlich dient das Treffen dem so genannten Jahresgespräch, auf dem zukünftige operative und strategische IT-Bedarfe geplant und verhandelt werden. Gleichzeitig dient das Gespräch der Beurteilung der Zusammenarbeit im vergangenen Jahr. Die Stimmung im Jahresgespräch ist somit wichtiger Indikator für die Kundenzufriedenheit und die Qualität der Kundenbeziehung.

**Abbildung 2.18**    Übersicht zu Gremien-Aufgaben

| Gremium | Aufgabenbereiche |
|---|---|
| Schnittstelle FB - KAM:<br>**Supply Management Board** | Monatliche Treffen zur Besprechung des Projektfortschritts, eingetretenen Besonderheiten bzw. technischen Problemen beim Kunden. Dient gleichzeitig der Vorbereitung der Kundenmonatsgespräche. |
| Schnittstelle KAM - KAM:<br>**Key Account Management Board** | Quartalsweise Treffen zur Koordination von IT-Initiativen und IT-Vorhaben bei den verschiedenen IT-Kunden zur Nutzung von Synergien (kundenbezogener Informationsaustausch). |
| Schnittstelle KAM - IT-Kunde:<br>**Demand Management Board** | Monatliche Treffen zur Besprechung der aktuellen Bedarfssituation, dem Umsetzungsstand von Projekten etc. Planung und Verhandlung von zukünftigen IT-Aktivitäten; temporäre Zugehörigkeit von FBLs in Abhängigkeit des Fachthemas |

Quelle: TGCG                        KAM - Key Account Management, FB - Funktionsbereiche

## 2.5    Fazit

Die Ausführungen haben gezeigt, dass Key Account Management im IT-Bereich nachhaltig in die eigene IT-Organisation einzubinden ist. Wer Key Account Management in der IT etabliert, ohne organisatorisch-konzeptionelle Vorarbeit zu leisten, wird schnell von der Realität eingeholt.

Der richtigen Integration der IT-KAM-Aufgaben in die Aufbau- und Ablauforganisation sowie der fachlichen und sozialen Kompetenz des Key Account Managers kommt eine wichtige Stellung zu. Deshalb sollte der IT-Bereich sich ausreichend Zeit nehmen, um die entsprechenden organisatorischen Vorarbeiten zu leisten.

Die dargestellten Ansätze für mögliche Ausgestaltungsoptionen haben sich in der Praxis bewährt und können Unternehmen eine Orientierung bei der Ausgestaltung ihrer eigenen IT-KAM-Organisation bieten. Individuellen Besonderheiten ist jedoch immer Rechnung zu tragen. So sind die Empfehlungen in diesem Beitrag als inspirierende „Schablone" und nicht als suggestive „Zwangsjacke" zu verstehen.

Zusammenfassend bietet professionelles Key Account Management im IT-Bereich die Chance, sich besser als interner Dienstleister strategisch aufzustellen. Es wurde gezeigt, dass Key Account Management die Arbeit an der Kundenschnittstelle professionalisiert. Gleichzeitig resultieren aus dieser verstärkten Kundenorientierung auch organisatorische Herausforderungen, die einen personellen und kostenseitigen Mehraufwand verursachen. Diesem zusätzlichen Mehraufwand stehen jedoch auch Kosteneinsparpotentiale durch Koordinations- und Harmonisierungseffekte entgegen. Der intelligenten Nutzung von Ansatzpunkten zum Kostenmanagement im IT-Bereich kommt dabei im Rahmen des Key Account Managements eine wichtige Bedeutung zu.

## Literatur

[1] Biesel, H.: Key Account Management erfolgreich planen und umsetzen: Mehrwert-Konzepte für Ihre Top-Kunden, 2. Aufl., München 2007.

[2] Helmke, S. / Uebel, M. / Dangelmaier, W. (Hrsg.): Effektives Customer Relationship Management, 5. Aufl., München 2012.

[3] Huber, B. M.: Managementsysteme für IT-Serviceorganisationen, Heidelberg 2009.

[4] Lang, M. / Amberg, M. (Hrsg.): Dynamisches IT-Management: So steigern Sie die Agilität, Flexibilität und Innovationskraft Ihrer IT, Düsseldorf 2012.

[5] Likert, R.: The Human Organization: Its Management and Value. New York 1967.

[6] Sieck, H.: Key Account Management: Wie Sie erfolgreich KAM im Mittelstand oder im global agierenden Konzern einführen und professionell weiterentwickeln, 2. Aufl., Norderstedt 2011.

[7] Sidow, H. D.: Key-Account-Management. Geschäftsausweitung durch kundenbezogene Strategien, 8. Aufl., Landsberg am Lech 2007.

[8] Tiemeyer, E. (Hrsg.): Handbuch IT-Management: Konzepte, Methoden, Lösungen und Arbeitshilfen für die Praxis, 3. Aufl., München 2010.

[9] Uebel, M.: Ein Modell zur Steuerung der Kundenbearbeitung im Rahmen des Vertriebsmanagements, Paderborn 2004.

# 3 Demand- und Portfoliomanagement in der Konzern-IT

*Enrico Senger & Michael Nilles*

## 3.1 Einführung

Seit der Auslieferung des ersten kommerziellen Computers im Jahre 1956 nutzen Unternehmen Informationstechnologie, um neue Geschäftsmodelle zu entwickeln, sich vom Wettbewerb zu differenzieren sowie die Effizienz in Unternehmensabläufen und bei der Erstellung von Produkten und Services zu verbessern (vgl. Österle & Senger, 2011).

Der Einsatz von Informationstechnologie in allen Kern- und Supportprozessen der Unternehmung veränderte dabei die Wertschöpfung fundamental. Der Wertbeitrag von IT-Lösungen kann dabei in vier Dimensionen erfolgen:

- *Erhöhung der Effizienz in Geschäftsprozessen* u.a. durch Automatisierung und Standardisierung, Integration über Abteilungsgrenzen hinweg und Transparenz für alle Beteiligten,

- *Differenzierung im Wettbewerb* durch IT-Lösungen, die es dem Unternehmen ermöglichen, Produkte und Dienstleistungen besser und/oder effizienter als die Konkurrenz anzubieten,

- *Strategische Agilität,* d.h. erhöhte Reaktionsfähigkeit auf Veränderung der Rahmenbedingungen wie veränderte Kundenbedürfnisse und Wettbewerbssituationen, neue Geschäftsmodelle oder Zukauf und Verkauf von Unternehmensteilen,

- *Effizienz des IT Betriebs,* u.a. durch Ablösung veralteter IT-Lösungen durch neue, kostengünstigere und leistungsfähigere Technologien.

Die vielfältigen Potenziale der IT, in diesen Dimensionen Geschäftsnutzen zu stiften, führen in global agierenden Konzernen zu einer Vielzahl von Projektideen, die um ein beschränktes Budget für Neuentwicklungen konkurrieren.

Dabei sehen sich global agierende Unternehmen oft mit folgenden Herausforderungen konfrontiert, die zumeist aus einer historisch gewachsenen dezentralen IT-Steuerung entstanden sind:

- Das Management der internen IT-Kunden und ihrer Anforderungen (IT Demand Management) ist oft nur schwach definiert; Rollen und Zuständigkeiten sind unklar oder variieren von Organisationseinheit zu Organisationseinheit,

■ Es existieren keine einheitlichen Standards zur Bewertung und Priorisierung von Projektideen,

■ Eine fehlende Transparenz über Projektideen führt zu Mehrfachentwicklung der gleichen Lösung, oftmals gar auf verschiedenen technologischen Plattformen,

■ Der Nutzen einzelner IT-Projekte entfaltet sich oft nur für einen kleinen Nutzerkreis.

In der Konsequenz kämpfen viele Konzerne mit einer überbordenden Anzahl von IT-Kleinprojekten, ohne dass sich der erwartete Nutzen des IT-Einsatzes für das Gesamtunternehmen einstellt. Die Autoren argumentieren deshalb, dass ein strukturiertes und globales IT-Demand- und Portfoliomanagement eine wesentliche Voraussetzung für den effizienten und effektiven Einsatz der IT im Sinne der Unternehmensziele ist, und stellen nachfolgend „Best Practices" im Aufbau dieser IT-Steuerungsfunktion vor.

## 3.2      Strategische Steuerung der Konzern-IT

### 3.2.1      Aufgaben und Prozesse der IT-Governance

Aufgabe der IT-Governance ist es sicherzustellen, dass die IT einen Wertbeitrag für das Unternehmen stiftet, indem sie die Umsetzung der Unternehmensziele unterstützt, die verfügbaren Ressourcen sinnvoll einsetzt und das Betriebsrisiko der IT (Ausfallsicherheit der Systeme, Schutz vor unberechtigten Zugriffen, Verfügbarkeit der Informationen) angemessen reduziert. Sie ist in die Unternehmenssteuerung eingebettet und umfasst Führungsmechanismen, Organisationsstrukturen (z. B. Entscheidungsgremien) sowie (Management-)Prozesse (vgl. ITGI, 2011), (Weill & Ross, 2004, S. 10f.), (Van Grembergen & De Haes, 2010)).

Kernprozesse der IT-Governance umfassen dabei die Ableitung der IT-Strategie aus der Unternehmensstrategie, die Definition der Prozesse, Applikationen und Intrastrukturkomponenten (IT-Architekturmanagement), die Betreuung der Fachbereiche und ihrer Anforderungen (IT-Demand-Management), die Priorisierung und Steuerung von Projekten (IT-Portfoliomanagement), das Management des IT-Risikos, die Kontrolle des Wertbeitrages der eingesetzten Ressourcen (IT-Controlling & Performance Management) und die Steuerung der Investitionstätigkeit (s. **Abbildung 3.1**).

**Abbildung 3.1**     Kernprozesse der IT-Governance

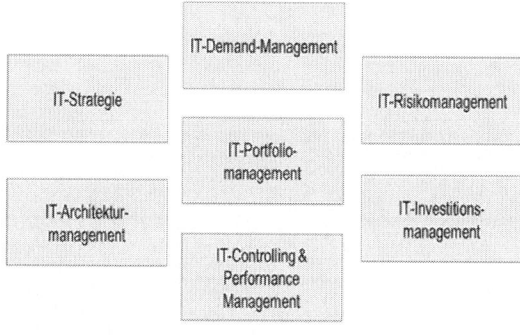

Quelle: eigene Darstellung in Anlehnung an (Bergmann & Tiemeyer, 2009, S. 634 ff.)

## 3.2.2     IT-Demand-Management

*IT-Demand-Management* ist der Prozess der Betreuung der (internen) Kunden der Konzern-IT. Die IT-Demand-Manager sind verantwortlich dafür, die Anforderungen der Fachbereiche[1] aufzunehmen sowie gemeinsam mit dem Fachbereich Prioritäten und Lösungsalternativen zu diskutieren. Die Anforderungen können dabei neue Geschäftslösungen (mit den Komponenten Prozessverschlankung und Unterstützung durch IT-Applikationen), Anpassungen in bestehenden Prozessen und Applikationen sowie Infrastrukturservices betreffen.

Wir betrachten im Folgenden nur jenen Teil des IT-Demand-Managements, der sich mit der Priorisierung und Realisierung von Geschäftslösungen durch IT-Projekte beschäftigt. Anforderungen für neue Projekte können dabei erste Projektideen oder formale Projektanträge (Demands) umfassen.

Im Sinne einer effizienten Steuerung sollten Demands von anderen Unterstützungsanforderungen unterschieden werden. Es hat sich als sinnvoll herausgestellt, eine Untergrenze (z. B. ein Kostenrahmen von 50'000 EUR) zu definieren. Zusätzlich empfiehlt es sich, unabhängig vom jeweiligen Kostenrahmen Projektstudien und den Bezug von Cloud-Services in den Demand Management Prozess zu inkludieren (da beide erhebliche Kostenwirkungen für die Zukunft erzeugen).

IT-Demand-Management ist dabei ein kontinuierlicher Prozess, bei dem ständig Ideen und Prioritäten für zukünftige Geschäftslösungen definiert werden.

---

[1] Unter Fachbereich fassen wir hier vereinfachend sowohl Organisationseinheiten nach fachlich-prozessualer Gliederung (Controlling, HR etc.) als auch nach geographischer Gliederung (Landesgesellschaft, Verkaufsbüro etc.) oder geschäftsmodellbezogener Gliederung (Business Unit, Strategischer Geschäftsbereich etc.) zusammen.

## 3.2.3 IT-Portfoliomanagement

Das *IT-Portfoliomanagement* stellt sicher, dass aus allen Demands die Projekte mit dem höchsten Wertbeitrag für einen Planungszeitraum ausgewählt, budgetiert und realisiert werden. Es besteht aus zwei Teilprozessen, deren Ziele und Instrumente in **Tabelle 3.1**. dargestellt sind:

a. Definition des Projektportfolios für die nächste Planungsperiode, z. B. Geschäftsjahr (*„Idea-to-Budget"*) und

b. Management des aktuellen Projektportfolios (*„Budget-to-Delivery"*).

**Tabelle 3.1** Ziele und Instrumente des IT-Portfoliomanagements

| Ziel | Teilprozess | Instrumente |
|---|---|---|
| Transparenz über Anforderungen der Fachbereiche | a. | – Global einheitlicher Prozess<br>– Zentrale Datenbank als „Single-Source-of-Truth" für Projektideen, Demands, bewilligte und abgelehnte Projekte |
| Projekte mit **höchstem Wertbeitrag** identifizieren | a. | – Einheitliches Bewertungsraster für Geschäftsnutzen<br>– Einheitliches Bewertungsraster für IT-Wertbeitrag |
| Entscheidungsfindung im gesamten Unternehmensinteresse abstimmen | a. | – Regelmäßige und strukturierte Abstimmung der Prioritäten mit den Fachbereichen und auf den übergeordneten Management-Ebenen (Bottom-up und Top-down)<br>– Konzernweites Governance-Gremium auf Vorstandsebene für die finale Entscheidung über das Projektportfolio |
| Projektaufträge bei optimierter **Kapazitätsauslastung** zeitgerecht erfüllen | a., b. | – Herunterbrechen der Planaufwände auf Fähigkeiten (Skills) wie z. B. ABAP-Programmierer<br>– Kapazitätsplanung auf Mitarbeiterebene für laufende Projekte |
| Systematische und effiziente Vorbereitung der Projektimplementierung | b. | – Standardisierte Projektmethodik für verschiedene Projekttypen wie ERP-Rollouts mit Vorgabe von Projektphasen und Normaufwänden (Industrialisierung)<br>– Genehmigung formaler detaillierter Projektanträge für budgetierte Projekte (Project Charter) |
| Systematische Projektfortschrittskontrolle | b. | – Strukturierte und teilautomatisierte Berichtsfunktion für Projektleiter |

Quelle: eigene Darstellung

Im Folgenden konzentrieren wir uns auf den Teilprozess *„Idea-to-Budget"*. Diese Definition des Projektportfolios ist eng mit den Finanzplanungsprozessen verbunden und durchläuft jährlich einen Prozesszyklus.

## 3.3  Prozess des IT-Demand- und Portfoliomanagements

### 3.3.1  Der IT-„Projekttrichter" für die Budgetierung der IT Projekte

Für die Darstellung des Verkaufsprozesses wird oft das Bild eines „Verkaufstrichters" oder „Sales Funnel" verwendet. Das Bild soll illustrieren, dass aus einer Vielzahl von Geschäftsgelegenheiten nur ein bestimmter Prozentsatz schlussendlich in Aufträge mündet. Über den Zeitverlauf werden in verschiedenen Konkretisierungsstufen immer wieder die nicht erfolgreichen Vorgänge aussortiert. Wir übertragen diese Analogie auf das IT-Demand- und Portfoliomanagement (s. **Abbildung 3.2**).

**Abbildung 3.2**    Der „IT-Projekttrichter"

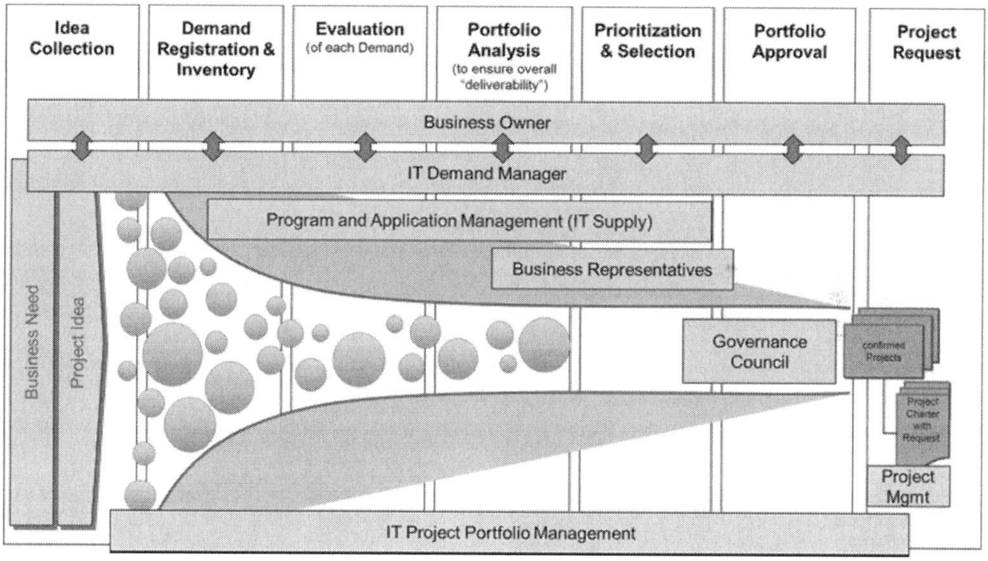

Quelle: eigene Darstellung

Aus einer Vielzahl von Projektideen werden nach Berücksichtigung verschiedener Restriktionen (z. B. Realisierbarkeit, Wertbeitrag, verfügbare Ressourcen) nach unseren Erfahrungen zumeist lediglich 30 bis 50 Prozent realisiert. Es hat sich dabei bewährt, folgende sieben Stufen resp. Prozessschritte zu unterscheiden (s. **Tabelle 3.2**).

**Tabelle 3.2**     Prozessschritte *„Idea-to-Budget"*

| Nr. | Schritt | Beschreibung |
|---|---|---|
| 1 | Ideensammlung | Sammlung von Bedürfnissen und Projektideen der Fachbereiche |
| 2 | Registrierung von Demands (High-Level-Projektanträge) | Systematische Beschreibung des Demands, inkl. Lösungsskizze, Schätzung der benötigten Skills und Kosten, Projektnutzen und Risiken |
| 3 | Evaluation der Demands | Prüfung der einzelnen Demands auf Vollständigkeit und Konsistenz |
| 4 | Portfolioanalyse | Systematischer Vergleich des Wertbeitrags aller Demands mit Hinblick auf<br>– Umsetzung der strategischen Unternehmensziele<br>– Auswirkungen auf die IT-Strukturkosten |
| 5 | Priorisierung und Auswahl | Priorisierung der Demands („Bottom-up") anhand von<br>– Nutzenerwägungen (s. Schritt 4)<br>– Budgetrestriktionen<br>– Verfügbare Skills<br>– Interdependenzen mit anderen Demands und laufenden Projekten |
| 6 | Genehmigung | Freigabe durch die IT-Governance-Gremien auf den unterschiedlichen Hierarchieebenen. Finale Freigabe durch ein Gremium auf Vorstandsebene und Kommunikation in die Organisation |
| 7 | (Detaillierter) Projektantrag / Abruf der freigegeben Mittel | Abruf der genehmigten Projektmittel durch einen detaillierten Projektantrag vor Projektbeginn mit<br>– Detaillierte Lösungsskizze<br>– Detaillierter Projektplan mit Meilensteinen<br>– Detailliertes Projektbudget<br>– Projektorganisation inklusive Mitarbeiter und Steuerungsausschuss<br>Der Projektantrag ist durch die Verantwortlichen des Fachbereichs, der IT-Demand-Organisation und der IT-Supply-Organisation freizugeben. |

Quelle: eigene Darstellung

## 3.3.2     Rollen und Aufgaben

Unabhängig von der organisatorischen Ausgestaltung im konkreten Unternehmen ist für ein professionelles Demand- und Portfoliomanagement das effiziente Zusammenspiel folgender Rollen erforderlich:

■ Der *Fachbereich („Business Owner")* setzt in seinem Aufgabenbereich IT-Lösungen ein. Er definiert Anforderungen und Ideen, wie Prozess- und IT-Lösungen seine Arbeitsabläufe effizienter gestalten oder die Positionierung des Unternehmens im Markt zu verbessern helfen.

- Der *IT-Demand-Manager* ist Ansprechpartner für den Fachbereich. Er sammelt und kanalisiert die Projektideen und berät den Fachbereich bei der Nutzung der Potentiale der Informationstechnologie.

- Der *interne IT-Lieferant* ist für die Implementation genehmigter Projekte verantwortlich. Im Zuge der Portfolioplanung schätzt er Projektaufwände (Kosten, Zeiten, Skills) und entwickelt den Lösungsvorschlag.

- Das *IT-Portfoliomanagement* steuert den Planungs- und Priorisierungsprozess.

- Das *Top-Management* hat Sitz in den Governance-Gremien und entscheidet u.a. hierarchisch über die Bewilligung von Budget für IT-Projekte. Die finale Entscheidung sollte dabei einem Governance-Gremium auf Vorstandsebene vorbehalten sein.

## 3.3.3    Bewertungskriterien für Projektvorschläge

In vielen Konzernen sind etwa 80 Prozent der IT-Kosten Betriebskosten. Aber nur Innovationen – das heißt neue Geschäftslösungen – schaffen Wettbewerbsvorteile, erhöhen die Prozesseffizienz, schaffen strategische Agilität und/oder verbessern die Struktur der IT-Betriebskosten. Für die Bewertung und Priorisierung von Projektvorschlägen sind deshalb folgende Kernfragen relevant:

a. Welcher Nutzen, insbesondere welcher Beitrag zu den strategischen Unternehmenszielen, entsteht dem Unternehmen aus der neuen Geschäftslösung?

b. Welche Strukturkosten für den IT-Betrieb entstehen aus der neuen Geschäftslösung?

### 3.3.3.1    Beitrag zu den strategischen Unternehmenszielen

Gemäß einer Studie der Economist Intelligence Unit erreichen Unternehmen nur etwa 63 Prozent ihrer strategischen Ziele. Zu den Gründen gehören unter anderem unzureichende Ressourcen, unklare Arbeitsanweisungen, fehlende Verantwortlichkeiten und mangelhafte Umsetzungskontrolle (s. Mankins & Steele, 2005).

Zur Steuerung des Wertbeitrags der IT für das Geschäft ist es daher unerlässlich, gezielt zu hinterfragen, in welchem Umfang einzelne Projektideen strategische Unternehmensziele, wie z. B. Eintritt in neue Märkte, Unterstützung organischen und anorganischen Wachstums, Lancierung neuer Produkte, Erhöhung der Prozesseffizienz etc. unterstützen.

Viele Unternehmen definieren dafür über einen Zeitraum von mehreren Jahren laufende strategische Initiativen. Gelingt es, einen Großteil des IT-Projektbudgets mit diesen strategischen Zielen zu verknüpfen, kann ein höherer Wertbeitrag der IT erzielt werden, als wenn alle Unternehmensprozesse, Regionen etc. gleichmäßig mit kleinen Projekten bedacht werden („Gießkannenprinzip"). Die Unternehmen mit der konsequentesten Nutzenbewertung können bis zu 40 Prozent mehr Wert aus ihren IT-Projekten generieren als Wettbewerber mit weniger starkem Business-IT-Alignment (vgl. Weill & Broadbent, 1998).

### 3.3.3.2    Auswirkungen auf die Strukturkosten der Konzern-IT

Bei der Kosten-Nutzen-Betrachtung von IT-Projekten wird oftmals der erwartete Projekt-nutzen mit den geschätzten Projektkosten in Verbindung gesetzt. Dieses Vorgehen ist so gefährlich wie falsch. Die Entwicklung einer neuen Geschäftslösung macht nur etwa 20 Prozent der Lebenszykluskosten aus, etwa 80 Prozent der Kosten liegen im Betrieb der Lösung. Vermeintliche Einsparpotentiale im Projekt (*„Wir kaufen die lokale Lösung XYZ anstatt den teureren Gruppenstandard zu nutzen"*) zementieren oft eine Kostenstruktur, die zu höheren IT-Betriebskosten führt, ohne dass das von den Betriebsverantwortlichen im Nachhinein beeinflussbar wäre.

Die IT-Werttreiber einer Projektidee definieren sich darüber, wie gut eine Lösung sich in das bestehende Lösungsportfolio einpasst (s. **Abbildung 3.3**).

**Abbildung 3.3**    Wertbeitrag von Projekten/Auswirkungen auf die Strukturkosten der IT

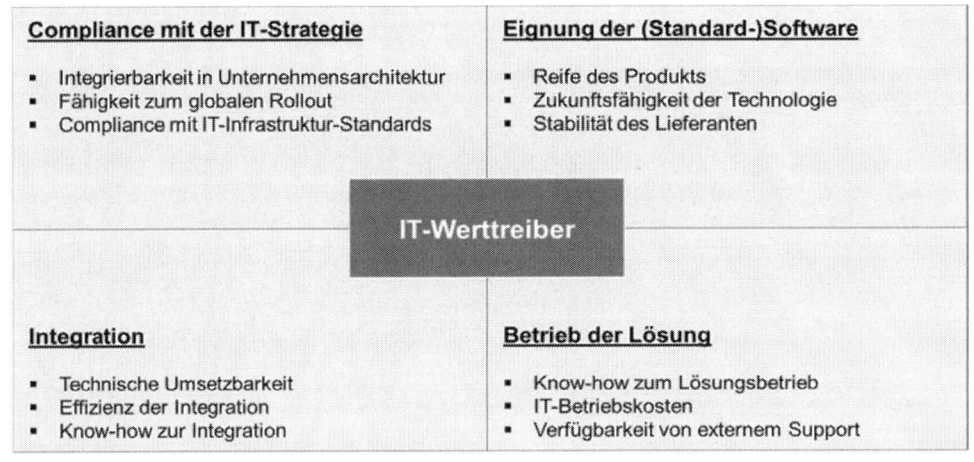

Quelle: eigene Darstellung


Die *Compliance mit der IT-Strategie* stellt sicher, dass neue Geschäftslösungen in das aus der Unternehmensstrategie abgeleitete Lösungsportfolio passen und sich nicht mit anderen Lösungen überschneiden (Stichwort: Unternehmensarchitektur). Global tätige Unternehmen streben globale Lösungen an oder stellen zumindest sicher, dass kleine Lösungen soweit skalieren, dass diese auch global ausgerollt werden können. Vor dem Hintergrund von Kosteneffizienz und IT-Sicherheit muss zudem eine strikte Compliance mit den IT-Infrastruktur-Standards gefordert werden.

Die *Eignung von (Standard-)Software* – seien es Geschäftslösungen wie ERP, Endbenutzer-Werkzeuge wie Textverarbeitungssoftware oder Entwicklungsplattformen – bestimmt sich im Konzernumfeld durch drei zentrale Faktoren. Neben Reife des Produktes selbst sollten auch die Stabilität des Anbieters und Zukunftsfähigkeit der Technologieplattform bewertet werden. Der Einsatz von Open-Source-Lösungen wie OpenOffice im Geschäftsumfeld kann beispielsweise mit dem Risiko verbunden sein, dass sich im Zeitverlauf immer weniger Entwickler dafür begeistern könnten, unentgeltlich an der Weiterentwicklung der Lösung mitzuwirken. Aber auch die erfolgte oder drohende Übernahme eines kommerziellen Anbieters durch einen Konkurrenten führt oft dazu, dass die Software nicht weiterentwickelt wird und dass das Unternehmen eine Migration seiner Lösung planen muss.

Ein wesentlicher Kostentreiber für den IT-Betrieb ist der *Integrationsaufwand*. Sogenannte Best-of-Breed-Ansätze, die von einer beliebigen Kombinierbarkeit der Software verschiedener Hersteller träumten, wurden unter anderem wegen des sehr hohen Aufwands für die Schnittstellen zwischen den einzelnen Systemen aufgegeben. Darüber hinaus wiederholen sich gewisse Aufwände mit jedem Releasewechsel (s. Kagermann & Österle, 2006, S. 228ff.). Um die Integrationsfähigkeit einer neuen Lösung in die bestehende IT-Landschaft zu bewerten, sind die technische Möglichkeit, der mit der Integration verbundene Aufwand und das im Haus vorhandene Know-how zum Schnittstellenbetrieb heranzuziehen.

Die drei vorgenannten Dimensionen wirken mittelbar auf die IT-Betriebskosten. Hinzu kommen einzelne Punkte, die den *Betrieb der Lösung* direkt beeinflussen, etwa der (zeitliche) Aufwand des Lösungsbetriebs oder eventuell anfallende Gebühren für die Software-Wartung. Oft wird übersehen, dass gerade für Legacy-Systeme auch die abnehmende Verfügbarkeit von Know-how im Unternehmen und am Markt zum Problem werden kann, entweder durch steigende Kosten für Mitarbeiter und Berater oder – noch kritischer – steigende Betriebsrisiken durch Ausfall der wenigen Know-how-Träger.

## 3.4    Toolunterstützung

Wenn wir über die Toolunterstützung des IT Demand- und Portfoliomanagements sprechen, gilt auch weiterhin das Bonmot *„A fool with a tool is still a fool"*.

Die Effektivität dieser Prozesse für die Auswahl der „richtigen Projekte" wird weitaus stärker durch die Umsetzung der Prozesse getrieben. Dieser Prozess kann jedoch – wie Geschäftsprozesse auch – durch spezielle Projektportfolio-Software in punkto Effizienz, Geschwindigkeit und Qualität signifikant verbessert werden.

Im Sinne der vorgängig vorgestellten IT-Werttreiber empfiehlt es sich, auch für das IT Demand- und Portfoliomanagement auf Standardsoftwareanbieter mit hohem Funktionsumfang, globaler Präsenz und hoher Stabilität zu setzen.

Einige der vom Analysten Gartner als „Leader" bezeichneten Anbieter (s. **Abbildung 3.4**) bieten dabei inzwischen auch Cloud-Lösungen an, etwa Computer Associates (CA) und Planview.

**Abbildung 3.4**    Gartner IT Projekt- und Portfolio Management Magic Quadrant

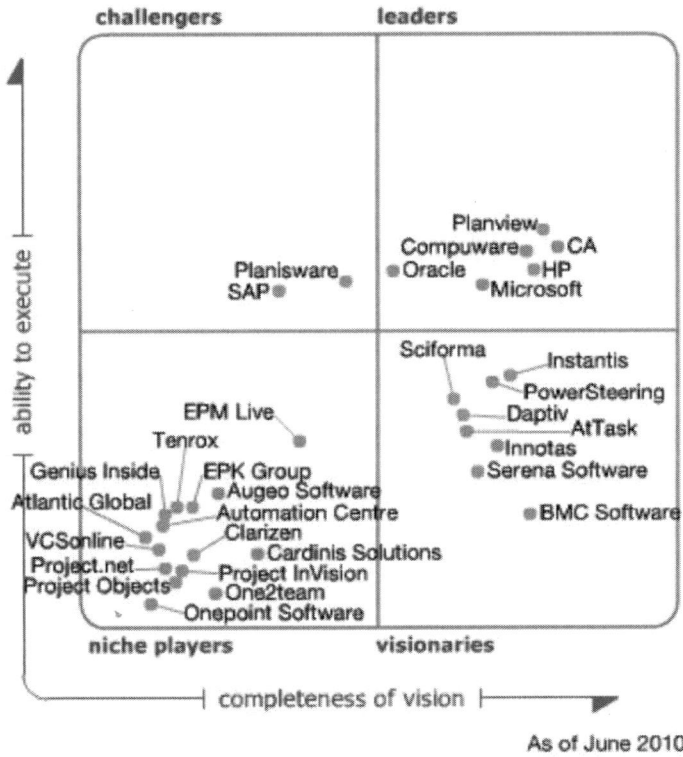

Quelle: Gartner, 2010

## 3.5    Zusammenfassung

IT-Demand-Management und IT-Portfoliomanagement sind zentrale Aufgaben der IT-Governance. Mit der Einführung unternehmensweiter, toolgestützter Prozesse im IT-Demand- und Portfoliomanagement können Unternehmen folgenden Nutzen realisieren:

- Verbessertes Business-IT-Alignment durch systematische und professionelle Betreuung der (internen) Kunden,

- Transparenz über alle Geschäftsanforderungen und Projektideen für neue Geschäftslösungen,

- Verbesserte Entscheidungsgrundlage für die IT-Governance-Gremien durch systematische Untersuchung des Wertbeitrages von beantragten Projekten,

- Erhöhung des Wertbeitrages der IT bei gegebenem Projektportfolio durch Identifikation von und Konzentration auf Projekte mit höchstem Wertbeitrag zu den strategischen Unternehmenszielen,

- Frühzeitige Aussage über die in den Projekten benötigten Fähigkeiten und optimierte Ressourcenallokation.

## Literatur

[1] Bergmann, R., & Tiemeyer, E. (2009). IT-Governance. In E. Tiemeyer, *Handbuch IT-Management* (S. 627-663). München: Hanser.

[2] Gartner. (2010). *IT Project & Portfolio Management 2010 Magic Quadrant.* Abgerufen am 29. November 2011 von http://www.gartner.com/it/content/1383500/1383514/july_15_it_project_mq_dstang.pdf

[3] Kagermann, H., & Österle, H. (2006). *Geschäftsmodelle 2010.* Frankfurt: Frankfurter Allgemeine Buch.

[4] Mankins, M., & Steele, R. (2005). Turning great strategy into great performance. *Harvard Business Review*, 64-72.

[5] Österle, H., & Senger, E. (2011). Prozessgestaltung und IT: Von der Unternehmens- zur Konsumentensicht. *Zeitschrift für Controlling und Management* (Sonderheft 2), 80-88.

[6] The IT Governance Institute (ITGI). (2011). *About IT Governance.* Abgerufen am 8. November 2011 von ITGI: http://www.itgi.org/template_ITGIa166.html?Section=About_IT_Governance1&Template=/ContentManagement/HTMLDisplay.cfm&ContentID=19657

[7] Van Grembergen, W., & De Haes, S. (2010). A Research Journey into Enterprise Governance of IT, Business/IT Alignment and Value Creation. *International Journal of IT/Business Alignment and Governance, 1*(1), 1-13.

[8] Weill, P., & Broadbent, M. (1998). *Leveraging the New Infrastructure – How Market Leaders Capitalize on IT.* Boston: Harvard Business School Press.

[9] Weill, P., & Ross, J. W. (2004). *IT Governance – how Top Performers Manage IT Decision Rights for Superior Results.* Boston: Harvard Business School Press.

# 4 Kundenorientierung der IT in mittelständischen Unternehmen

*Dominik Neuhaus, Stefan Helmke & Matthias Uebel*

## 4.1 Einführung

IT-Organisationen mittelständischer Unternehmen füllen auch heutzutage die Rolle des internen Dienstleisters oft nur rudimentär aus. Kundenorientierung ist zwar fester Bestandteil der meisten IT-Strategien, bei genauerem Hinsehen aber leider oftmals nicht mehr als ein Lippenbekenntnis. Den Anspruch, den Kunden und somit das Geschäft bestmöglich zu unterstützen, sehen viele IT-Verantwortliche mit der Beherrschung der Technik bereits als erfüllt an.

Traditionell beschäftigen diese IT-Organisationen zum Großteil reine IT-Experten, die in der jeweiligen Fachfunktion hochqualifiziert sind und „ihre" Systeme aus dem Effeff kennen.

„Wir sind die Experten – machen Sie sich keine Sorgen, wir wissen schon, was das Beste für Sie ist."

Dieser Satz steht sinnbildlich für den klassischen Konflikt zwischen IT-Organisation und internen Kunden und Anwendern: Das Expertenwissen der IT scheint über jeden Zweifel erhaben; in Diskussionen fühlt sich der Gesprächspartner von Anglizismen und Fachbegriffen eher verunsichert und hat das Gefühl, vom Gegenüber nicht verstanden zu werden. Eine gemeinsame Ebene der Kommunikation existiert kaum. Es wird aneinander vorbei- oder gar nicht mehr geredet. Verhärtete Fronten sind die Folge. Verkrustete Strukturen, langjährige Missverständnisse und fehlende Kommunikationsschnittstellen verstärken noch die Problematik.

Gut gemeinte Versuche, die IT kundenorientiert auszurichten, scheitern oft am zwanghaften Überführen komplexer Rahmenwerke wie z. B. ITIL oder COBIT auf die IT-Organisation. Auch hier gilt: Das Tool ist nicht die Lösung! So wird auch niemand allein durch den Einsatz einer Projektmanagement-Software zu einem besseren Projektleiter.

Handeln ist jedoch dringend angeraten. Ansonsten steigt die Gefahr, dass die IT nachhaltig Fühlung zum Geschäft und den wirklichen Bedürfnissen der Kunden verliert und diese dazu treibt, eigene IT-Lösungen ohne Einbezug der IT zu entwickeln oder einzukaufen (Schatten-IT). Die Reputation der IT nimmt mehr und mehr ab. In der Folge wird sie nur noch als notwendiges Übel und Kostenblock gesehen - und das umso gravierender, je tiefer die IT mit den Kernprozessen des Unternehmens verzahnt ist. Mittel- bis langfristig können hieraus empfindliche Wettbewerbsnachteile oder Umsatzeinbußen entstehen.

Im weiteren Verlauf wird aufgezeigt, welche etablierten Werkzeuge IT-Verantwortlichen zur Verfügung stehen, um erfolgreich eine kundenorientierte IT-Organisation zu schaffen.

# 4.2　　IT Demand Management: Aufbau einer kundenorientierten IT

Hauptziel einer jeden kundenorientierten IT-Organisation ist die Schaffung eines stabilen und systematischen Organisationsinstruments zur effizienten Gestaltung der Schnittstelle zwischen IT-Dienstleister und Kunde.

Zur Erfüllung dieses Ziels stehen IT-Verantwortlichen verschiedene Verfahren zur Verfügung.

Mit der strukturierten und am Kunden ausgerichteten Bearbeitung von Störungen (Incident Management) und Änderungen (Change Management) sind zwei Verfahren bereits in nahezu jeder IT-Organisationen eingeführt und etabliert. Sie werden daher im weiteren Verlauf als vorhanden vorausgesetzt und nicht weiter betrachtet.

Ein ebenso wichtiger Baustein für den Aufbau einer kundenorientierten IT, der hier nicht detaillierter betrachtet wird, ist das IT-Servicekatalogmanagement. Es zeichnet sich für die Erstellung und Pflege eines unternehmensweit gültigen IT-Servicekatalogs verantwortlich und stellt aus Kundensicht das gesamte IT-Leistungsspektrum in Form von IT-Produkten und –Dienstleistungen dar.

Fokus der weiteren Ausführungen ist der Prozess, der den Wandel der IT zum Dienstleister in der jüngeren Vergangenheit maßgeblich mitbestimmt hat und somit eine der wichtigsten Schnittstellen zum Kunden darstellt: das IT Demand Management.

Ziel des IT Demand Managements ist es, eine am Kunden ausgerichtete und systematische Anforderungsaufnahme, Leistungserstellung, Betreuung und Kommunikation zu gewährleisten.

**Abbildung 4.1**     Organisatorische Integration des IT Demand Managements

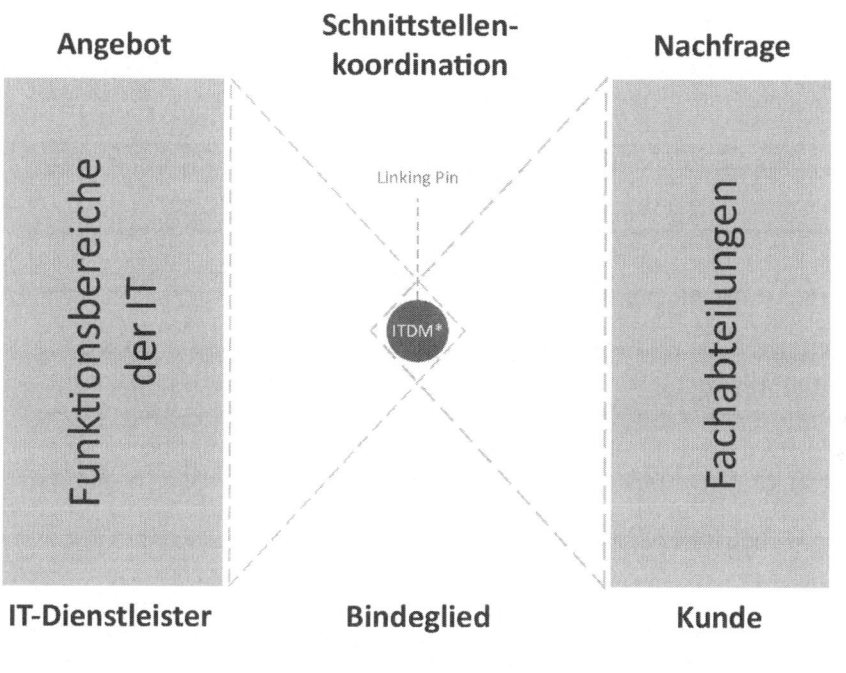

Kritischer Erfolgsfaktor für ein erfolgreiches IT Demand Management ist die verbindliche Umsetzung des „Linking Pin"-Ansatzes, wie **Abbildung 4.1** zeigt. Durch klar definierte Strukturen und Prozesse wird sichergestellt, dass alle Anfragen zentral erfasst, kanalisiert und systematisch bearbeitet werden. Redundante IT-Lösungen durch problemgetriebenes Vorgehen werden somit nachhaltig vermieden.

Mit Hilfe des IT Demand Managements wird die IT vom Kunden als Geschäftspartner auf Augenhöhe wahrgenommen, der die Geschäftsprozesse des Kunden aktiv mitgestaltet sowie Kunden und Anwender durch Bereitstellung optimaler IT-Lösungen mit hohem Automatisierungsgrad soweit entlastet, dass diese sich maximal auf ihr Kerngeschäft konzentrieren können.

Zu den wesentlichen Aufgaben gehören:

- Aktive Ansprache und Beratung der Kunden zum Ausbau der Kundenbeziehung in Abgleich mit der IT-internen Technologie-, Kapazitäts- und Ressourcenplanung

- Betreuungsfunktion zur Umsetzung des „One-Face-to-the-Customer"-Ansatzes in allen Belangen der Zusammenarbeit von der Vorstellung des Leistungsspektrums bis zum Beschwerdemanagement

- Begleitung und Koordination wichtiger Kundenprojekte

- Wahrnehmung der Eskalationsfunktion beim Auftreten von kunden- bzw. IT-seitigen „Störfällen"

- Schnittstelle im Sinne einer Vermittlerfunktion in die einzelnen IT-Funktionsbereiche (IT-Betrieb, IT Service etc.)

Gesprächspartner auf der Kundenseite sind in der Regel die jeweiligen Entscheidungsträger der Fachabteilungen. Die Kommunikation findet somit nicht nur thematisch auf einer ganz anderen Ebene statt als z. B. in der operativen Störungsbearbeitung.

Spätestens jetzt wird offensichtlich, dass die Mitglieder des IT Demand Management-Teams nicht nur IT-Kenntnisse, sondern darüber hinaus insbesondere folgende Fertigkeiten vorweisen müssen:

- Geschäftsprozessverständnis sowie Wissen zu Funktionen und Nutzen der im Unternehmen eingesetzten Geschäftslösungen.

- „Verstehen" der Geschäftsbedürfnisse und „übersetzen" dieser in für das Unternehmen passende, nutzengenerierende und effiziente IT-Lösungen.

- Konzeptionell-analytisches und vernetztes Denken.

- Projektmanagement-Know-how.

Eine Besetzung des IT Demand Management-Teams aus reinen IT-Experten wäre kontraproduktiv. Und genau hier liegt auch eines der Hauptprobleme vieler IT-Organisationen, die zum Großteil aus „Technikern" bestehen. Diese sind in ihrem Auftreten oftmals eher kühl, zurückhaltend und distanzliebend und kommunizieren wenig bis gar nicht.

Der IT-Organisation fehlen oft schlichtweg die für diese Aktivitäten erforderlichen Mitarbeiter, die gerne aktiv kommunizieren, aufmerksam zuhören, eine bildhafte Sprache verwenden und mit Empathie und sozialer Kompetenz bei unterschiedlichsten Gesprächspartnern konstant gute Ergebnisse zu erzielen.

Da es sich bei der Einführung eines systematischen IT Demand Managements um eine tiefgreifende Organisationsänderung handelt, ist die unbedingte Unterstützung der Unternehmensleitung und des/der Top IT-Verantwortlichen sicherzustellen, ergo ist der Erfolg der Einführung direkt abhängig von dem Wissen, Wollen und Vorleben der Leitungsebene.

Bereits im Unternehmen etablierte Antragsverfahren, wie sie z. B. durch ein zentrales Projektbüro vorgegeben sein können, sind bei der Ausprägung der IT Demand Management Prozesse zu berücksichtigen, um innerhalb der Organisation homogene und aufeinander abgestimmte Verfahren anzubieten.

Das IT Demand Management selbst ist eine Ansammlung verschiedener Funktionen mit zahlreichen Unteraufgaben, die im Folgenden skizziert werden sollen.

## 4.2.1    Vertriebs- und Projektbegleitungsfunktion

Die Vertriebs- und Projektbegleitungsfunktion stellt im Rahmen des IT Demand Managements die wichtigste Funktion dar, da sie sich konkret mit den Bedürfnissen des Kunden auseinandersetzt und optimale, nutzenbringende Lösungen hervorbringen soll.

Dazu trifft sich das IT Demand Management Team in regelmäßigen Sitzungen (z. B. quartalsweise oder halbjährlich) mit den Vertretern der Fachabteilungen, um folgende Themen zu behandeln:

1. Status der laufenden Vorhaben.

2. Aufnahme der kurz-, mittel- und langfristigen Kundenwünsche und -herausforderungen mit Fokus auf die Themen, die für das Geschäft relevant sind.

3. Vorstellung des aktuellen IT-Leistungsspektrums mit Fokus auf neue, innovative IT-Produkte und/oder –Dienstleistungen sowie Lösungsansätze zur Verbesserung der kundenseitigen Wertschöpfungsprozesse.

4. Austausch über die Zufriedenheit mit der aktuellen IT-Unterstützung.

Die aus diesen Gesprächen gewonnenen Erkenntnisse versetzen die IT-Organisation in die Lage, aktiv „Tuchfühlung" zum Geschäft zu halten und sich in die Probleme des Kunden hineinzuversetzen.

**Aufnahme und Bearbeitung der Kundenwünsche**
Für die Aufnahme der Anforderungen hat es sich als sinnvoll erwiesen, mindestens folgende Attribute in Form eines Standardformulars abzufragen (dieses Formular kann z. B. auch auf einer Intranet-Seite veröffentlicht werden, so dass auch außerhalb der Regelkommunikationen, Anforderungen in der erforderlichen Qualität erfasst werden können):

- Kurzbezeichnung der Anforderung

- Details zur Anforderung (Beschreibung der erwarteten Ergebnisse, Abgrenzung durch die Angabe von Nicht-Zielen etc.)

- Angabe des zu optimierenden Geschäftsprozesses

- Angabe eines Wunschtermins zur Realisierung

- Angabe des erwarteten Nutzens

Im Anschluss daran erfolgt die weitere Bearbeitung der Kundenwünsche gemäß **Abbildung 4.2**. Dabei stehen die jeweiligen „Gates" für Entscheidungspunkte, in denen beschlossen wird, ob die Kundenanforderung bzw. das Vorhaben weiter zu verfolgen ist.

**Abbildung 4.2**     Prozess zur Bearbeitung von Kundenanforderungen

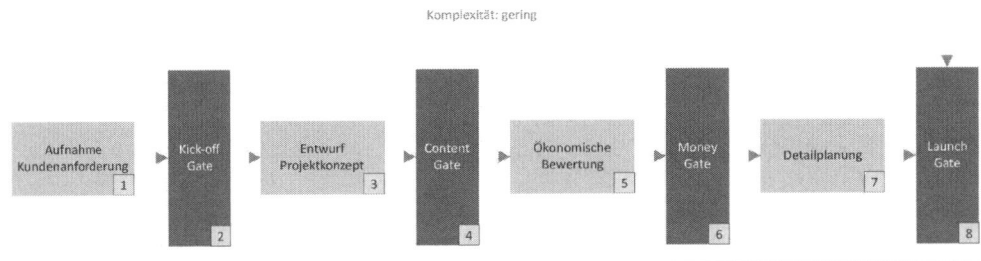

Nach Eingang der Kundenanforderung wird das Vorhaben im ersten Schritt auf Umfang und Komplexität geprüft (1).

Bei einfachen Vorhaben mit geringer Komplexität werden diese zur direkten Umsetzung in Form einer Aufgabe oder eines Standard-Changes in die entsprechenden IT-Funktions- bereiche übertragen („Launch Gate", (8)).

Bei komplexeren Vorhaben (Projekte, Major Changes) ist die Anwendung von Projektma- nagement-Methoden obligatorisch. Im „Kick-off Gate" (2) wird gemeinsam mit dem Kun- den anhand vordefinierter Kriterien entschieden, ob die Kundenanforderung weiter zu verfolgen und in das vorläufige IT-Projektportfolio aufzunehmen ist.

Hierzu hat sich das Arbeiten mit einer standardisierten Checkliste als sinnvoll erwiesen.

Im ersten Teil der Checkliste wird anhand von vier Fragen geprüft, ob das Vorhaben einer besonderen Bearbeitungspriorität bedarf (Muss-Kriterien):

5.   Gibt es gesetzliche Regularien, die eine Umsetzung des Vorhabens erfordern? Beispiel: Einführung des SEPA-Verfahrens

6.   Basiert das Vorhaben auf bereits beschlossenen Vorhaben zwischen Unternehmenslei- tung und Arbeitnehmervertretung? Beispiel: Einführung einer IT-gestützten Zeiterfas- sung

7.   Gibt es unverzichtbare Geschäftsanforderungen? Beispiel: Aufbau einer neuen Ver- triebsorganisation in Russland

8.   Existiert eine technische Notwendigkeit? Beispiel: Auslauf des Supports für Windows XP und Migration auf Windows 8.1

Wird eine dieser Fragen mit „Ja" beantwortet und mit nachvollziehbaren Argumenten gestützt, ist dieses Vorhaben von der IT-Organisation unverzüglich in das vorläufige Pro- jektportfolio zu überführen (Muss-Vorhaben).

Für alle verbleibenden Vorhaben (Kann-Vorhaben) wird mit Hilfe des zweiten Teils der Checkliste das jeweilige Kosten-/Nutzenverhältnis ermittelt, das für die weitere Priorisierung gemäß **Abbildung 4.3** herangezogen wird.

**Abbildung 4.3**     Priorisierung der Vorhaben

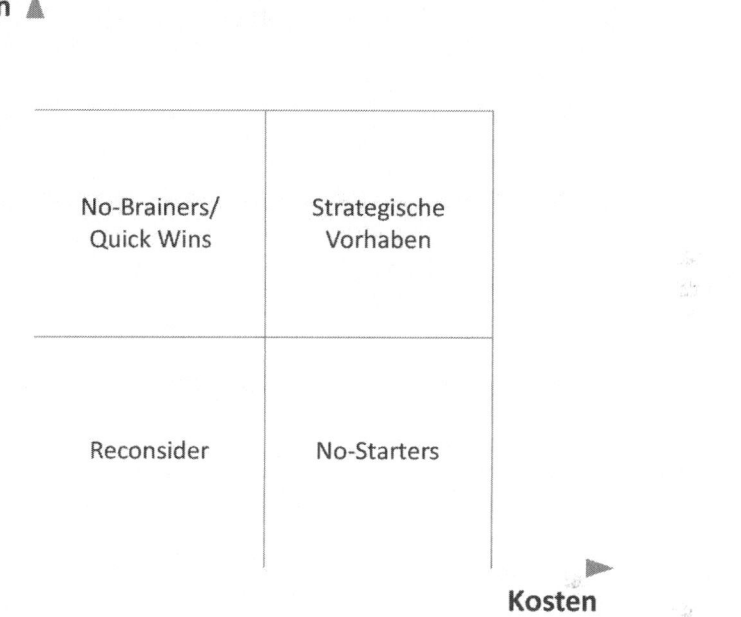

Wie ersichtlich, sind vorrangig Vorhaben der Kategorie „No-Brainers/Quick Wins" und „Strategische Vorhaben" in das vorläufige IT-Projektportfolio zu übernehmen, während die verbleibenden Vorhaben zurückzustellen („Reconsider") oder abzulehnen („No-Starters") sind.

Für die Ermittlung des Kosten-/Nutzenverhältnisses kann die Kostenseite in der Regel relativ gut durch die Angabe der für die Gesamtlaufzeit geplanten externen und internen Kosten ausgedrückt werden, die Angabe des erwarteten Nutzens hingegen stellt für viele Fachabteilungen eine große Herausforderung dar.

Auch um zu vermeiden, dass egoistische Angaben Einzelner das Gesamtbild verzerren, wird der Nutzenbeitrag durch standardisierte Fragen (siehe ◉

**Tabelle 4.1**     Beispiel-Checkliste zur Ermittlung des Nutzwertes eines Vorhabens

) im Multiple-Choice-Verfahren mathematisch ermittelt. Die Fragen sind abhängig von der strategischen Grundausrichtung des Unternehmens und somit individuell und in Abstimmung mit der Unternehmensleitung auszuprägen.

**Tabelle 4.1**        Beispiel-Checkliste zur Ermittlung des Nutzwertes eines Vorhabens

| Thema | Antwort 1 (0 Punkte) | Antwort 2 (1 Punkt) | Antwort 3 (2 Punkte) | Antwort 4 (3 Punkte) | Begründung |
|---|---|---|---|---|---|
| Beitrag zur Steigerung der Kunden-zufriedenheit? | Kein Einfluss | Niedriger Einfluss | Mittlerer Einfluss | Hoher Einfluss | |
| Beitrag für finanzielles Wachstum? | Kein Einfluss | Niedriger Einfluss | Mittlerer Einfluss | Hoher Einfluss | |
| Beitrag zur Prozess-optimierung? | Kein Einfluss | Niedriger Einfluss | Mittlerer Einfluss | Hoher Einfluss | |
| Einfluss auf die Zukunft des Unter-nehmens? | Kein Einfluss | Niedriger Einfluss | Mittlerer Einfluss | Hoher Einfluss | |
| Beitrag zur Anziehungs-kraft/Bindung von Mitarbei-tern? | Kein Einfluss | Niedriger Einfluss | Mittlerer Einfluss | Hoher Einfluss | |
| Potenzielle Nutzungs-dauer des Ergebnisses | < 1 Jahr | 1 – 2 Jahre | 3 – 4 Jahre | > 4 Jahre | |
| Beitrag zur Unterstützung des TOP- | Kein Einfluss | Niedriger Einfluss | Mittlerer Einfluss | Hoher Einfluss | |

| Thema | Antwort 1 (0 Punkte) | Antwort 2 (1 Punkt) | Antwort 3 (2 Punkte) | Antwort 4 (3 Punkte) | Begründung |
|-------|--------------------|-------------------|--------------------|--------------------|------------|
| Projekts [XYZ] | | | | | |
| ... | ... | ... | ... | ... | |

Jede Antwort ist dabei mit einem festen Punktwert belegt. Die Summe aller Punkte ergibt den Nutzenbeitrag des einzelnen Vorhabens.

Zusammen mit den oben ermittelten Kosten wird im Anschluss für jedes Vorhaben das Verhältnis von Kosten zu Nutzen ermittelt.

Abschließend hat der Kunde im letzten Teil der Checkliste die Möglichkeit, je Vorhaben folgende Angaben zu machen, soweit er diese quantifizieren kann:

- Nutzen in Euro pro Jahr (durch Einsparungen oder Gewinnzuwachs)

- Finanzielle Einbuße in Euro bei Nichtdurchführung des Vorhabens

Diese absoluten Werte haben zwar keinen direkten Einfluss auf das errechnete Kosten-/Nutzenverhältnis, können jedoch bei vergleichbaren Werten über den finalen Rang des Vorhabens entscheiden.

Das Ergebnis ist eine nach Priorität sortierte Rangfolge aller Vorhaben ungeachtet der aktuellen Kapazitätssituation der IT-Organisation. Die Muss-Vorhaben belegen dabei automatisch die vorderen Positionen, gefolgt von den Kann-Vorhaben absteigend sortiert nach Kosten-Nutzenverhältnis.

Diese Gesamtvorhabenliste wird in regelmäßigen Abständen (z. B. vierteljährlich) allen Fachabteilungsvertretern in einer gemeinsamen Sitzung vorgestellt. Hier kann sich jede Fachabteilung sowohl über den Status der eigenen Vorhaben informieren als auch über die Vorhaben der anderen Fachabteilungen. Damit wird einerseits eine maximale Transparenz erzeugt und andererseits den Teilnehmern die Möglichkeit eröffnet, bestimmte Vorhaben im Dialog zu diskutieren. Gerade bei abteilungsübergreifenden Vorhaben kann ein Austausch auf Fachabteilungsleiterebene mit unterschiedlichen Sichtweisen oft ganzheitlichere Lösungen hervorbringen als dies durch die isolierte Planung der initiierenden Fachabteilung möglich gewesen wäre.

Überdies können im Rahmen der Diskussion auch die Angaben zu Kosten und Nutzen bestimmter Vorhaben hinterfragt werden. Ergeben sich berechtigte Zweifel an der Richtigkeit, kann in Abstimmung mit dem IT Demand Management und der verantwortlichen Fachabteilung das Kosten-/Nutzenverhältnis entsprechend angepasst und eine Neubewertung der Rangfolge durchgeführt werden.

Ebenso ist es möglich, die Gewichtung einzelner Fragen durch die Unternehmensleitung durchführen zu lassen, um ihren strategischen Fokus nochmals hervorzuheben. Die Gewichtung ist dann auf alle Vorhaben einheitlich anzuwenden. Es wird empfohlen, die Gewichtung maximal einmal pro Jahr anpassen zu lassen.

Für jedes Vorhaben, das in das vorläufige Projektportfolio aufgenommen wird und für das zu diesem Zeitpunkt ausreichende Ressourcen in der IT-Organisation vorhanden sind, erstellt die Fachabteilung in Schritt (3) gemeinsam mit dem IT Demand Management ein Projektkonzept oder idealerweise ein erstes Lastenheft.

Im „Content Gate" (4) bewertet das IT Demand Management das Projektkonzept/Lastenheft hinsichtlich Vollständigkeit und Nachvollziehbarkeit und fordert ggf. ergänzende Informationen ein.

Anschließend überprüft der designierte Projektleiter der Fachabteilung im Rahmen der „Ökonomischen Bewertung" (5) mit Unterstützung des IT Demand Managements, ob die Kosten-/Nutzenangaben aus (2) in der Höhe so noch Bestand haben oder ggf. nach oben oder unten korrigiert werden müssen. Zudem gibt das IT Demand Management eine Empfehlung hinsichtlich des Umsetzungszeitpunktes unter Berücksichtigung der aktuellen Kapazitätssituation ab. Für den Fall, dass IT-Ressourcen nicht im ausreichenden Maße vorhanden sind, ist zu prüfen, ob diese Unterdeckung durch den Einkauf externer Ressourcen kompensiert werden kann.

Gemeinsam mit der Unternehmensleitung wird dann im „Money Gate" (6) entschieden, ob das Projekt final umgesetzt werden soll. Ist letzteres der Fall, erstellt der Projektleiter für das Projekt einen detaillierten Projektplan (7).

Im „Launch Gate" (8) entscheidet das IT Demand Management auf Basis des detaillierten Projektplans, ob das Projekt gestartet werden soll oder ob noch Detaillierungen des Projektplans erforderlich sind. Bei positiver Entscheidung wird das Projekt vom vorläufigen Projektportfolio in das aktuelle Projektportfolio aufgenommen und umgesetzt.

Im weiteren Projektverlauf koordiniert und überwacht das IT Demand Management alle wichtigen Kundenprojekte, indem es an Ergebnispräsentationen und Projektsitzungen teilnimmt und zugesagte Leistungen von den beteiligten IT-Funktionsbereichen aktiv einfordert. Bei absehbaren Überschreitungen von Meilensteinterminen bzw. nicht umsetzbaren Anforderungen informiert das IT Demand Management in Abstimmung mit dem jeweiligen Projektleiter den Kunden unverzüglich.

## 4.2.2    Betreuungs- und Eskalationsfunktion

Im Sinne einer intensiven und nachhaltigen Kundenbindung ist das IT Demand Management auch für die Zufriedenheit der Kunden außerhalb der Anforderungsbearbeitung und Lösungsbereitstellung verantwortlich.

So ist es auch erster Ansprechpartner in allen für den Kunden wichtigen Angelegenheiten und stellt sicher, dass die Kunden in alle wichtigen Aspekte einbezogen werden und angemessene Informationen erhalten.

Dies fängt an bei der Aufnahme und Beantwortung von allgemeinen Kundenanfragen zu Preisen, Abrechnungen, Terminen etc. bis hin zur Aufnahme und Bearbeitung von Kundenbeschwerden und –reklamationen. Gerade letztere bieten für das IT Demand Management immer eine Chance, die Kundenbeziehung zu verbessern.

Darüber hinaus fungiert das IT Demand Management als Sprachrohr und Übersetzer bei der Verhandlung und Schlichtung von Problemen zwischen Kunde und IT-Funktionsbereichen und wirkt bei nicht regelkonformem Verhalten des Kunden (z. B. Bypass des Demand Management bei Beauftragungen) oder der IT-Funktionsbereiche (z. B. Annahme einer direkten Kundenakquise) auf diesen ein.

## 4.3    Fazit

Mit Hilfe des IT Demand Managements steht IT-Verantwortlichen ein Instrument zur Verfügung, mit dem sie auf einfache Art und Weise die IT-Organisation stärker an den Geschäftsprozessen der Kunden ausrichten können.

Grundvoraussetzung für ein erfolgreiches IT Demand Management ist die Besetzung des Teams mit dem richtigen Mix aus vertriebs- und IT-orientierten Mitarbeitern. Nur so kann das IT Demand Management sowohl in Richtung Kunde als auch in Richtung der IT-Funktionsbereiche kommunizieren, übersetzen und Wissen bedarfsgerecht teilen.

Ebenso wichtig wie selbstverständlich ist, dass auch die Leitungsebene selbst mit gutem Beispiel vorangeht und die Kundenorientierung vorlebt, fordert und fördert.

Mit diesen Voraussetzungen, redundanter Kommunikation der strategischen Neuausrichtung in die IT-Organisation und der nötigen Geduld wird es auch traditionell geprägten IT-Organisationen möglich sein, von den Fachabteilungen zukünftig als kompetenter Geschäftspartner wahrgenommen zu werden, der durch gebündeltes Wissen über Prozesse und Technik und intensiver Beratung mit optimalen IT-Lösungen direkt zur Wertschöpfung beiträgt.

# 5 Ausrichtung der IT-Strategie im Kontext einer Serviceorientierung

*Markus Groß*

## 5.1 Einleitung

Die kontinuierlichen Fortschritte in der Informationstechnologie gelten unbestritten als treibende Kraft des Wirtschaftsaufschwungs im zwanzigsten Jahrhundert. Dieser hat den Unternehmen wesentliche Verbesserungen der Produktivität und der Kosteneffizienz erlaubt. Trotz zunehmenden Investitionen in diesem Bereich gelingt es den Organisationen höchst unterschiedlich diese Technologie auch erfolgreich einzusetzen.[1]

„The essence of strategy is choosing *what* **not** to do."[2]

Diese bereits 1996 getroffene Aussage des Managementtheoretikers Porter verdeutlicht, dass es weniger darauf ankommt, welche Ziele in einer IT-Strategie definiert sind, sondern vielmehr was hierbei bewusst ausgeschlossen wird; eine Reduktion auf das Wesentliche. In den letzten Jahrzenten wurden eine Vielzahl von modernen Konzepten und Methoden entwickelt, um die IT bei der Einbindung in die Unternehmensstrategie zu unterstützen. Die Aufgabe des IT-Managements ist es daher, die richtigen Methoden für das jeweilige Unternehmen auszuwählen. Mit der zunehmenden Bedeutung der IT-Systeme wurde also auch die Frage der Wirtschaftlichkeit und des strategischen Potenzials für Unternehmen immer relevanter. Nicht nur die reine Verfügbarkeit von IT-Systemen ist für Betriebe heutzutage von elementarer Bedeutung, sondern vor allem, dass das Kerngeschäft mittels IT adäquat unterstützt wird.[3]

Oftmals existiert in Unternehmen schon heute eine rudimentäre IT-Strategie. In der Praxis ist diese zumeist jedoch nur auf die Bedürfnisse der eigenen IT-Abteilung fokussiert. Das Hauptproblem ist, diese an den unternehmensweiten Zielen auszurichten, denn das Management hat eine andere Sichtweise als die IT auf das Unternehmen. Der bereits 1989 in der ersten Version entwickelte Best-Practice Ansatz von IT-Servicemanagement nach ITIL bietet hier umfangreiche Möglichkeiten, die Leistung der IT für eine Organisation zu messen, dem Management transparent zu machen und letztlich mit der Unternehmensstrategie zu synchronisieren. ITIL stellt in der aktuellen Version Edition v3/2011 eine Reihe von flexiblen Werkzeugen und in der Praxis bewährte Prozesse zur Verfügung.[4]

---

[1] vgl. Veselka, Marco (2008), S. 92f
[2] Porter, Michael E. (1996), S. 70 (Hervorhebung im Original)
[3] vgl. Milzberg/Ghoshal (2003), S. 18f
[4] vgl. van Bon, Jan (2005), S. 37

# 5.2      Umsetzung von IT-Servicemanagement

## 5.2.1     Die IT im organisatorischen Kontext

Die betriebliche Leistungserstellung wird zunehmend durch moderne IT essentiell verändert. Sie hat die gesamte Wertschöpfungskette von Organisationen durchdrungen und hat daher einen elementaren Einfluss auf deren Wettbewerbsfähigkeit. Deutlich wird dies beispielsweise durch die Verbesserung der Produktivität, Erhöhung der Kosteneffizienz sowie dem Anstieg der Qualität von Produkten.[5]

Nicholas G. Carr stellte bereits 2003 im Havard Business Magazine folgende These auf: „Today, no one would dispute that information technologie has become the backbone of commerce."[6] Diese These wird 2005 von Ursula Sury im Informatik Spektrum gestützt: „Der Einsatz von Informationstechnologie ist in der Informationsgesellschaft Basis und Instrument jeglichen unternehmerischen Handelns."[7] Somit gehört für Weill die Ressource „IT" neben den klassischen Produktionsfaktoren wie den Mitarbeitern, dem Kapital sowie dem materiellen und geistigen Eigentum zu den essentiellen Produktionsfaktoren jedes Unternehmens.[8]

Obwohl Abhängigkeit von strukturierten IT-Dienstleistungen einen immer größeren Raum in Unternehmen einnimmt, werden die Bedeutung und Chancen zur Umsetzung und Unterstützung von Geschäftsstrategien häufig nur unzureichend verstanden: „Information and IT are the least understood of the key assets in the enterprise."[9] Diese Worte von Weill/Ross verdeutlichen das überwiegend unzureichend genutzte Potenzial der IT für Unternehmen, da sämtliche geschäftsrelevanten Informationen, der so genannte "genetic Code", mit IT-Systemen verwaltet und gespeichert werden. Ohne IT ist ein Unternehmen heute nahezu handlungsunfähig. Somit ist eine Ausrichtung der IT-Strategie an der Geschäftsstrategie unerlässlich, um die Unternehmensvision zu erreichen.

Die mangelnde Synchronisation liegt zum einen daran, dass dieser Unternehmensbereich größeres technisches Know-how als andere Fachbereiche benötigt. Zum Anderen wird die IT-Abteilung bis heute oft nur als separater Support Prozess verstanden, der nichts zur Wertschöpfung des Geschäftes beiträgt. Daher hat die IT-Abteilung zumeist eine eigenständige, von den Zielen des Unternehmens losgelöste, Strategie. Schließlich verstärkt die zunehmend vernetzte und globale Geschäftätigkeit die Komplexität der IT.[10] Hierdurch wird die Führungslücke zwischen Geschäftsvision und deren Unterstützung durch die IT-Ressourcen größer, da das IT-Personal ungenügend in das Geschäft einbezogen ist. Der IT-Bereich kennt das Geschäftsmodell nicht und spricht nicht dieselbe Sprache wie das Ma-

---

[5] vgl. Pichler, J. Hanns et al. (2000), S. 168 und Pepparda/Ward (2004), S. 168ff
[6] vgl. Carr, Nicholas G. (2003), S. 41
[7] vgl. Sury, Ursula (2005), S. 69
[8] vgl. Weill/Ross (2004), S. 8
[9] Weill/Ross (2004), S. 9
[10] vgl. Foegen, Malte et al. (2008), S. 71f

nagement. Dieses grundlegende Defizit in der Kommunikation auf beiden Seiten verringert die Effizienz und Effektivität in der Unterstützung des Geschäfts bei der betrieblichen Leistungserbringung.[11]

Durch den stetigen technologischen Fortschritt entstehen auch permanent neue Geschäftsrisiken und Abhängigkeiten, die ihrerseits permanent höhere Anforderungen an die IT stellen. So verlangt die Compliance, also die notwendige Einhaltung aller relevanter gesetzlicher Normen und branchenspezifischen Verordnungen, wie beispielsweise SOX, GDPdU oder BASEL2, hohe Unterstützung von der Informationstechnologie. Diese Abhängigkeit fordert – auch vom Gesetzgeber vorgesehen – eine immer stärke Verzahnung von der IT- mit der Geschäftsstrategie.[12]

## 5.2.2 Lösungsansatz Serviceorientierung der IT

Wie dargelegt, haben die IT-Anforderungen einen Punkt erreicht, an dem Schwankungen in der Dienstleistungsqualität den Verlust von Wettbewerbsvorteilen können, die letztlich sogar zum wirtschaftlichen Niedergang führen. Deshalb muss die IT-Strategie zuverlässige, effiziente und effektive Services definieren und gleichzeitig in der Lage sein, agil und flexibel auf neue wirtschaftliche Anforderungen zu reagieren. In dem Maß, in dem die Anforderungen an die IT und die Abhängigkeit von ihr zugenommen haben, hat sich auch die Servicemanagement-Bibliothek ITIL weiterentwickelt. Wurde die IT in der Vergangenheit noch als separater Bereitsteller von einzelnen Services betrachtet, hat sie in inzwischen bei der Strategiebewertung für Unternehmen die Rolle eines Treibers für geschäftliche Services eingenommen. Vor dem Hintergrund der Neubewertung dieser Rolle wird die Bedeutung einer auf die geschäftlichen Anforderungen abgestimmten IT-Servicebereitstellung deutlich. Obwohl mit IT-Servicemanagement ein international erprobter Rahmen für die Abstimmung auf die Geschäftsprozesse bereitgestellt wird, sind nach wie vor präzise auf das Unternehmen definierte Konzepte erforderlich, die diese Ziele unterstützen und erst ermöglichen.

Die Serviceorientierung der IT macht es erforderlich, dass auch das Führungspersonal die Informationstechnologie unter einem neuen Blickwinkel betrachtet, da hierbei der Aufgabenfocus hin zum Dienstleistungsgedanken verlagert wird. Das neue Modell legt einen Schwerpunkt auf die Interaktion der IT mit allen Beteiligten, was einen Wandel in der gesamten Organisation erfordert, wobei sich die IT von einer rein unterstützenden Einheit zu einem Servicepartner entwickelt, der sich an den geschäftlichen Anforderungen ausrichtet. Die Nutzung von IT-Servicemanagement ist zielführend, aber durch die Komplexität der Modelle nicht einfach realisierbar, da es erforderlich ist, dass die IT sich wandelt: „[...] von der reaktiven Bereitstellung von Dienstleistungen zu einem integralen Partner für Business-Lösungen".[13]

---

[11] vgl. Weill/Ross (2004), S. 8
[12] vgl. van Bon, Jan (2002), S. 137f
[13] vgl. Böttcher, Roland (2008), S. 1

### 5.2.3    Kritische Erfolgsfaktoren

Die Ausrichtung (oder Neuentwicklung) einer IT-Strategie zur Erreichung der Unternehmensziele und die Entscheidung, hierfür einen anerkannten Best-Practice Standard wie Serviceorientierung nach ITIL zu nutzen, ist ein wichtiger erster Schritt. Es müssen jedoch zur effektiven und effizienten Verankerung von neuen Verfahren grundlegende Regeln beachtet werden, die die besonderen Aspekte des jeweiligen Unternehmens berücksichtigen. Diese Erfolgsfaktoren gelten generell für tiefgreifende Veränderungsprojekte, jedoch wird hier der Fokus im Besonderen auf den Bereich der serviceorientierten IT-Strategie gelegt.

Zu Beginn eines jeden Strategieprozesses sollten die Ziele klar festgelegt sein. Ein Projekt ohne hinreichende Planung zu initiieren birgt erhebliche Risiken, wenn die geänderten und neuen Vorgehensmodelle langfristig und akzeptiert in der Organisation verankert werden sollen. Generell scheitern viele IT-Strategie Projekte, weil klar messbare Ziele nicht zu Beginn festgelegt worden sind. Hierfür bieten sich die gemein bekannten SMART-Regeln an, nach denen Ziele spezifisch, messbar, annehmbar, realistisch und zeitlich terminiert formuliert werden.[14] Weiche Ziele sind zwar für die Verantwortlichen bequemer, da diese „optisch" eher zu erreichen sind, langfristig bringen solche Ziele aber dem Unternehmen keinen oder nur geringen Mehrwert. Auch sollten die beteiligten Mitarbeiter möglichst früh wissen, woran ihre Leistung zukünftig gemessen wird.[15]

Die Schaffung von Unterstützungsleistung sowohl durch Schulung, als auch durch externe Beratung, sollte immer mit am Anfang eines solchen Vorhabens stehen. Durch geeignete Schulungen werden die eigenen Mitarbeiter in die Lage versetzt, das Neuartige von Anfang an im Ganzen zu verstehen. Für die Verfahren der ITIL-Bibliothek existieren hier standardisierte Schulungs- und Zertifizierungsmodelle, die von vielen Bildungsträgern angeboten werden. Hierbei sollte berücksichtigt werden, dass nicht nur Mitarbeiter aus dem IT-Bereich, sondern explizit auch Multiplikatoren aus den einzelnen Fachbereichen in die Schulungen mit einbezogen werden. Auch ist der Support durch eine erfahrene Unternehmensberatung essentiell. Der finanzielle Aufwand für das Hinzuziehen von solchem Experten Know-how erhöht das Projektbudget in der Initiierung, reduziert jedoch das Risiko des frühzeitigen Scheiterns, da bekannte Fehler nicht noch einmal gemacht werden. Dabei sollte der Berater nicht „von Oben" sein Wissen diktieren und die Organisation nach dem Projekt alleine lassen, sondern als Coach auf lange Sicht für die Mitarbeiter zur Verfügung stehen. Nur hierdurch wird das Know-how des Beraters im notwendigen Maß auf die Organisation übertragen, um so eine reale Akzeptanz für das Vorgehen herzustellen. Wenn die eigenen Mitarbeiter die Sinnhaftigkeit der Vorgaben nicht akzeptieren, werden die Ressourcen ineffizient genutzt und nur unnötig Zeit verschwendet.

Die vom Autor im Jahr 2010 durchgeführte empirische Studie hat ergeben, dass vor der Planung weiterer Schritte zunächst die existierenden Verfahren und Methoden detailliert

---

[14] vgl. Storch, Maja (2009), S. 183
[15] Vgl. Breisig, Thomas (2003), S. 216

untersucht werden sollten. Jede Organisation betreibt bereits in gewissem Maße eine Form von Serviceorientierung im IT-Bereich, auch wenn diese Methoden nicht nach einem Standard wie ITIL im Speziellen ausgerichtet sind. Durch das in den notwendigen Mitarbeiterschulungen angeeignete Verständnis für die Best-Practice Verfahren, können die bestehenden Prozesse abgeglichen werden. Dies schafft weitere notwendige Akzeptanz für die angepasste IT-Strategie, da etablierte und gelebte Verfahren nicht gänzlich der Sinnhaftigkeit entzogen werden.[16]

Einer der nächsten Schritte sollte die Auswahl geeigneter Prozesse für das jeweilige Unternehmen sein. Über die Analyse der ITIL-Verfahren, welche die größten Chancen mit den geringsten Risiken für das Unternehmen bieten, wird ein Set an potenziellen Modulen definiert. Diese sollten nach Dringlichkeit und Aufwand priorisiert werden. Zur zielgerichteten Auswahl bietet sich für solche Unternehmen eine Situationsanalyse der bisherigen Methoden mit einer Betrachtung der Umweltanalyse als exogene Faktoren und der Unternehmensanalyse als endogene Faktoren an. Hierdurch können dann die Stärken-Schwächen, sowie die Chancen-Risiken in Bezug auf eine Prozesseinführung oder -anpassung ermittelt werden. Im Kapitel 1.4 wird ein Set von ITIL-Prozessen für den Projektstart vorgestellt, dass das Ergebnis einer Umfrage unter 500 Unternehmen ist.

Neben der eigenen Analyse empfiehlt es sich, auch die Erfahrung der bereits angesprochenen externen Berater zu nutzen, die solche Prozesse bereits in mehreren Firmen mit ähnlicher Struktur eingeführt haben. Außerdem ist die Auswahl des Implementierungskonzeptes elementar für den Erfolg des gesamten Vorgehens. Somit muss bereits zu Beginn der Planung die richtige Einführungs-Sequenz definiert werden. Hierbei ist eine Entscheidung des phasenweise Vorgehens versus der sequenziellen Prozesseinführung zu treffen. Nicht nur das grundsätzliche Umsetzungsmodell, sondern auch die richtige Reihenfolge bei der Ausgestaltung von ITIL-Methoden ist bei der Implementierung der Verfahren besonders wichtig. Wird beispielsweise zuerst das Problem Management eingeführt, fehlen diesem die notwendigen Informationen aus dem Incident Management und die Effizienz wäre gering.

Die Motivation aller an der Umsetzung Beteiligter muss zwingend von Beginn der Strategiebildung gestärkt werden. Um ein „Commitment" bei den Mitarbeitern zu erreichen, sind die bereits aufgeführten Faktoren „klare Zieldefinition" und „Unterstützungsleistung" unabdingbar. Auch der Nutzwert für das Unternehmen und jeden Mitarbeiter sollte klar frühzeitig kommuniziert werden, um den Personenkreis von den geplanten Aktivitäten zu überzeugen. Fehlender transparenter Nutzwert führt zur Demotivation der betroffenen Mitarbeiter, da der Mehraufwand ohne jeden Nutzen im Mittelpunkt steht. Generell sollten bei Strategie-Projekten immer kurzfristige Erfolge aufgezeigt werden können, da diese sehr perspektivisch sind und der volle Nutzen weit in der Zukunft liegt. Das fördert den Willen und das Durchhaltevermögen der involvierten Personen bei der Umsetzung. Daher sollten größere Vorhaben auch möglichst in kleine übersichtliche Schritte gegliedert werden.

---

[16] vgl. Groß, Markus (2011), S. 63ff

## 5.3    Ausrichtung der IT-Strategie

Die Kernfrage dieses Artikels „Wie lässt sich die IT-Strategie mittels Serviceorientierung effektiv und effizient auf den Bedarf des Unternehmens ausrichten?" kann nicht einheitlich für jede Art und Größe von Organisation beantwortet werden. Abhängig von dem Reifegrad der bereits vorhandenen Prozesse sowie der gesetzten Vision, sind unterschiedliche Vorgehensweisen zielführend. Ausgangspunkt sollte hierbei immer die Analyse des Vorhandenen sein. So ist es zu Beginn zu empfehlen, über einen „Awareness"-Workshop allen Projektmitarbeitern, und letztlich der gesamten Organisation, die Perspektive des IT-Strategie Projektes vorzustellen. Hierbei sollten die grundsätzlichen Ziele und die besonderen Vorteile des IT-Servicemanagements herausgearbeitet werden. Auch dürfen die Risiken des Projektes nicht übersehen und müssen offen kommuniziert werden.

Es ist offensichtlich, dass bei der Implementierung neuer Verfahren – zumindest zunächst – der Mehraufwand an Arbeit und Dokumentation bei den Mitarbeitern steigt. Auch wenn der Leidensdruck den das Unternehmen zu diesem Projekt veranlasst hat, offen kommuniziert wurde, reicht dies oftmals nicht aus. Die Mitarbeiter müssen von dem Vorgehen überzeugt sein. So eignen sich klassische „Klimagespräche", um in kleinen Gruppen über die Ängste vor Veränderungen zu sprechen. Hierdurch können die Potenziale kommuniziert, sowie negative und positive Aspekte erörtert und transparent gemacht werden. Auch sollte der Aspekt der Schulungen für die Mitarbeiter so früh wie möglich initiiert werden. Schulungen fördern nicht nur das Verständnis für die geplanten Maßnahmen, sondern bringen auch persönliche Motivation für jeden Einzelnen und das gesamte Projektteam. Neben der Akzeptanz bei den Mitarbeitern ist aber auch das „Management Commitment", also eine Akzeptanz bei den Führungskräften, essentiell. Wenn sich die Leitungsebene nicht mit den Zielen zur Strategie der IT mit Ihren Prozessen begeistern kann, funktioniert dies auch nicht langfristig bei den Mitarbeitern. So muss das Management von den Vorteilen überzeugt sein und die neue IT-Strategie mittragen. Daneben ist es die Aufgabe des Managements, die notwendige Abstimmung der Geschäftsanforderungen mit den IT-Aufgaben vorzunehmen, da hier die Kernaufgaben zusammenlaufen. Die in **Abbildung 5.1** dargestellte Methodik bietet sich als generisches Vorgehensmodell für die Modulumsetzung aus dem „Prozessbaukasten" ITIL an. Dieser Vorgang kann bei der Einführung eines jeden Prozesses in der Organisation als Leitfaden hinzugezogen und zyklisch wiederholt werden.

**Abbildung 5.1**    Generisches Modell zur Prozesseinführung

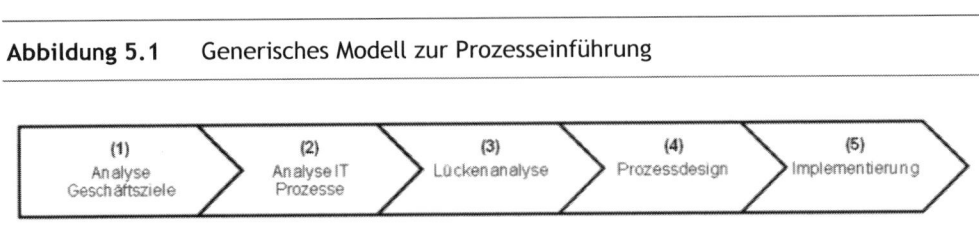

Quelle: eigene Darstellung (2009)

(1) Analyse der Geschäftsziele

Oberstes Ziel sollte immer die Betrachtung der Geschäftsziele sein. Es muss geklärt werden, welche Vision und Mission das Management für das Unternehmen entwickelt hat. Hieran sollte sich das gesamte Unternehmen ausrichten und orientieren. Somit ist dies immer die Basis für weitere Aktivitäten.

(2) Analyse der vorhandenen IT-Prozesse

Danach sollte eine Bewertung aller laufenden Prozesse im Bereich der Informationstechnologie stattfinden. Hierbei sind die vorhandenen Prozesse in Bezug auf den Nutzwert für das Geschäft zu betrachten. Reine IT-internen Prozesse können hierbei vernachlässigt werden.

(3) Erstellung einer Lückenanalyse

Über den Abgleich der Geschäftsziele mit den vorhandenen IT-Prozessen können die Lücken identifiziert werden. Entweder fehlen notwendige IT-Dienstleistungen völlig, oder die erreichten Service Level haben einen zu geringen Nutzwert. In beiden Fällen müssen die notwendigen Anpassungen an den bisherigen Verfahren ermittelt werden.

(4) Planung des Prozessdesigns

Die Ergebnisse der Lückenanalyse sollten die Basis für die Konzipierung von der neuen bzw. angepassten IT-Strategie sein. Diese beinhaltet das Übertragen der ermittelten Prozesse in ein Projekt und der Abgleich mit den Standards aus der ITIL Bibliothek.

(5) Implementierung des (neuen/geänderten) Prozesses

Schließlich sollte dieser Prozess im Unternehmen eingeführt werden. Dies beinhaltet das Implementieren der Anpassung und der identifizierten Verbesserungen, wo es notwendig ist. Dabei sollten die Aspekte des Unternehmens Veränderungsmanagements nicht außer Acht gelassen werden.

# 5.4     Auswahl geeigneter ITIL-Elemente

Wie die Umfrage unter fast 500 deutschen Unternehmen gezeigt hat, sind einige Module der ITIL-Bibliothek für ein Einführungsprojekt zur Erzielung sogenannter „Quick-Wins" besonders geeignet. Es stellte sich heraus, dass vorwiegend die Konzepte des Incident, Problem, Change und Service Level Management als nutzbringend für die Ausrichtung der IT-Strategie in Bezug auf eine Serviceorientierung identifiziert wurden.[17] Die von den Unternehmen typische durchgeführte und hier auch empfohlene Reihenfolge der Prozessimplementierung wird in **Abbildung 5.2** visualisiert. Daneben werden in diesem Kapitel Kenn-

---

[17] vgl. Groß, Markus (2011b), S. 35

zahlen (KPI) vorgestellt, die den Erfolg der umgesetzten IT-Strategie und mögliches Optimierungspotenzial für die Zukunft identifizieren können.

**Abbildung 5.2**     Passende ITIL-Module zur Ausrichtung der IT-Strategie

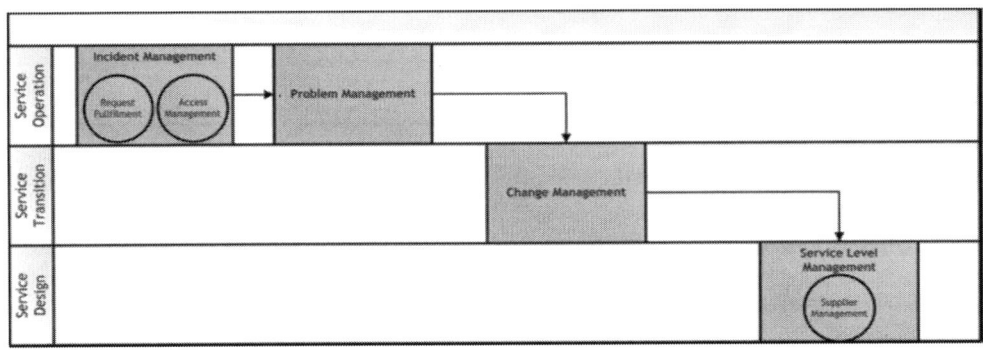

Quelle: eigene Darstellung (2011)

Ausgangspunkt sollte bei Unternehmen zunächst der Bereich des Incident Managements sein. Ein zentraler Service Desk, oft auch als User Helpdesk (UHD) bezeichnet, der koordiniert alle Anforderungen an den IT-Bereich aufnimmt, bietet große Chancen zur effizienten Serviceorientierung des IT-Bereichs bei geringem Risiko. In keinem anderen Bereich lassen sich die Aspekte des ITIL-orientierten Servicemanagements so schnell und gut herausarbeiten. Grundsätzlich sind solche Strukturen schon in vielen Unternehmen in unterschiedlicher Reife vorhanden. Dieser oft vorhandene Benutzerservice sollte zu einem strukturierten Service-Desk umgeformt werden. Wichtig für die Mitarbeiterunterstützung ist es, das Incident Management nicht als Wunderwaffe zur optimierten IT zu deklarieren. Durch die Erfassung von notwendigen Maßnahmen und Veränderungen an einer Stelle können die Prozesse in Zukunft gerichtet auf die Unternehmensziele optimiert werden. Zusammen mit den bisher für die Bearbeitung von Anfragen zuständigen Mitarbeitern sollen die positiven wie negativen Erfahrungen bei den bisherigen Störungsprozessen herausgearbeitet werden.

Wobei hier nicht nur Störungen und Probleme, sondern auch der Wunsch nach Informationen, Schulungen oder angedachte IT-Maßnahmen von den Kunden gemeldet werden. Auch wenn nach ITIL die Prozesse Request Fullfilment (für die Bearbeitung von Standardverfahren wie beispielsweise einer neue Tonerkassette) und das Access Management (für die Kontrolle und Vergabe von IT-Zugriffsrechten) separate Verfahren mit eigenen Strukturen sind, bietet es sich generell zunächst an, diese ebenfalls im Bereich des Service-Desk anzusiedeln. Um diesen Prozess messbar zu machen und die Verfahren zyklisch zu optimieren, eignen sich die in **Tabelle 5.1** dargestellten Messgrößen.

**Tabelle 5.1**     Messgrößen für das Incident Management

| Kennzahl | Beschreibung |
|---|---|
| Erstlösungsquote | Verhältnis der Incident Meldungen die durch den Service-Desk direkt gelöst werden konnten |
| Anwenderzufriedenheit | Messung der Zufriedenheit der Service Desk Kunden mit dem bereitgestellten Servicelevel |
| Durchschnittliche Lösungszeit | Absolute durchschnittliche Zeit, bis ein Incident gelöst werden konnte |

Quelle: eigene Darstellung in Anlehnung an Buchsein et al. (2008), S. 252ff

Der logische nächste Schritt ist die Einführung des Problem Managements, der ebenfalls in der Phase der operativen ITIL-Methoden angesiedelt ist. Wenn möglich sollte dieser Prozess sehr zeitnah oder parallel zum Service-Desk etabliert werden. Hierbei werden die vom Incident Management nicht kurzfristig lösbaren Anfragen strukturiert weiterbearbeitet und dauerhafte Problemlösungen konzipiert. Da, wie die Untersuchung erkennen ließ, das Problem Management nicht zum Grundkanon einer IT-Organisation gehört, bringt dies echte Veränderungen für etablierte Abläufe mit sich. Ziel ist die Erhaltung der Servicequalität zur Unterstützung der Kernprozesse der Organisation. Das Hauptaugenmerk sollte daher immer auf die Entwicklung von dauerhaften Lösungen und nicht auf die Konzeption von Workarounds gelegt werden. Als direkte Schnittstelle des Incident Managements ergänzen sich diese Module der Servicemanagement Bibliothek ideal. Indikatoren für die Messung der Prozessqualität werden in **Tabelle 5.2** aufgeführt.

**Tabelle 5.2**     Messgrößen für Problem Management

| Kennzahl | Beschreibung |
|---|---|
| Verhältnis echte zu gemeldeten Problemen | Echte Probleme sind Störungen, deren Ursache nicht bekannt ist. Somit soll das Verhältnis dieser Störungen zu "bekannten" Problemen gemessen werden |
| Zahl der Workarounds im Verhältnis zu dauerhaften Lösungen | Workarounds sind kurzfristige Übergangslösungen für Probleme. Hier soll das Verhältnis zu den tatsächlichen Fehlerbeseitigungen ermittelt werden |
| Verhältnis reaktiver zu proaktiven Problem-Tickets | Verhältnis von Problemen, die durch proaktive Analyse statt durch Meldungen über das Incident Management gelöst wurden |

Quelle: eigene Darstellung in Anlehnung an Buchsein et al. (2008), S. 260ff

Die aus den Lösungen des Problem Managements erarbeiteten Konzepte in Form von neuen Anwendungssystemen, werden über das Change Management in den produktiven Betrieb überführt. Daher sollte dieses Modul bei einer Servicemanagementeinführung direkt nach dem Problem Management etabliert werden. Auch wenn dieses Modul eine enge Verzahnung mit weiteren Prozessen aus der ITIL-Phase „Service Transition" vorsieht, sollten diese zu Projektbeginn im ersten Schritt vernachlässigt werden. Gerade die Überprüfung der Sinnhaftigkeit und die Bewertung der Quereffekte von angedachten oder notwendigen Änderungen sind von besonderer Wichtigkeit. Oftmals werden IT Verfahren ohne zentrale Kontrolle in die Organisation eingeführt, weil schlicht der Überblick über das Ganze fehlt. Diese Orientierungslosigkeit wird durch ein strukturiertes Veränderungsmanagement effektiv und effizient beseitigt. Alle Änderungen werden an einer Stelle erfasst und von hier die Reihenfolge und die Umsetzung koordiniert. Zur Bewertung der Leistungsfähigkeit dieses Prozesses bieten sich die in **Tabelle 5.3** aufgeführten Indikatoren an.

**Tabelle 5.3**       Messgrößen für Change Management

| Kennzahl | Beschreibung |
|---|---|
| Anzahl der Standard Changes | Standard Changes sind funktionell wie finanziell genehmigte Änderungen gegenüber wirklich neuartiger und genehmigungspflichtiger Änderungen |
| Verhältnis der abgelehnten Changes zur Gesamtanzahl | Das Verhältnis von abgelehnten genehmigungspflichtigen Änderungsanforderungen zu der Gesamtzahl an Änderungen |
| Anteil fehlerfrei durchgeführter Changes | Verhältnis von fehlerfrei umgesetzten Changes, welche zu diesem Fehlverhalten geführt haben |
| Verhältnis von Störungen zur Ausfallzeit durch Changes | Absolut gemessene Zeit, die durch die Umsetzung von Changes durchschnittlich entstanden ist |

Quelle: eigene Darstellung in Anlehnung an Buchsein et al. (2008), S. 239ff

Das Service Level Management ist von den bereits vorgestellten ITIL-Modulen generell als losgelöst zu betrachten. Auch wenn, wie bei allen Servicemanagement Konzepten, Schnittstellen zu anderen Prozessen existieren, wird hier in der Literatur für Organisationen eine Einführung auch losgelöst hiervon empfohlen. In diesem Best-Practice werden die Kriterien, wie Verfügbarkeit und die Kapazität von Services, definiert und zumeist schriftlich fixiert. In der ITIL wird für externe Lieferanten das Konzept eines differenzierten Supplier Managements präferiert, dennoch bietet es sich zu Beginn der Strategieumsetzung an, dies funktionell in einem Prozess zu bündeln und hierin sowohl interne wie externe Lieferanten zu steuern. Ziel ist es immer, die gelieferten Services mit denen von den Geschäftszielen vorgegebenen Bedürfnissen abzugleichen und bei mangelhafter Lieferung zu korrigieren.

**Tabelle 5.4**  Messgrößen für Service Level Management

| Kennzahl | Beschreibung |
|---|---|
| Anzahl von Abweichung von vereinbarten SLA | Absolute wie relative vertragliche Abweichung von definierten SLA |
| Kundenzufriedenheit | Messung der Kundenzufriedenheit mit den vertraglich definierten SLA |

Quelle: eigene Darstellung in Anlehnung an Buchsein et al. (2008), S. 222ff

Es sollte jedoch nicht bei der reinen Verwaltung der Vertragsdaten bleiben. Die Leistung von externen und internen Dienstleistern muss regelmäßig überprüft und gemessen werden. Typische Faktoren beim SLA sind die absolute/relative Anzahl von Abweichungen mit den vertraglich festgelegten Parametern, sowie die Kundenzufriedenheit mit den Lieferanten (**Tabelle 5.4**).

## 5.5  Fazit

Heutzutage sind Unternehmen im immer stärkeren Maße von der IT-Nutzung und Verfügbarkeit abhängig, die auf Grund der zunehmenden Komplexität einer differenzierten Steuerung bedarf. Zur Erreichung dieser Ziele ist eine adäquate IT-Strategie erforderlich, die gleichermaßen mit einer zukunftsorientieren Perspektive konzipiert werden, wie auch dynamisch auf aktuelle Ereignisse flexibel reagieren können muss. Verfolgt wird hierbei immer die Erreichung einer optimalen Unterstützung der Unternehmensstrategie durch den Einsatz von Informationstechnologie, um die mit dem resultierenden Nutzen verbundenen Risiken durch notwendigen Ressourceneinsatz auf ein sinnvolles Maß zu reduzieren.

So führt der Einsatz von strukturierten serviceorientierten Modellen nach ITIL in dem Bereich der Informationstechnologie langfristig zur effizienten Geschäftsunterstützung. Aber auch direkt messbare Faktoren, wie kürzere Reaktionszeiten bei Anfragen an die IT oder Kosteneinsparungen, können hiermit bei Unternehmen in einem überschaubaren Zeitrahmen erzielt werden. Somit kann und sollte bei der Ausrichtung einer neuen IT-Strategie auf das mit fast 30 Jahren Fach Know-how gefüllte serviceorientierte Prozessmodel nach ITIL zurückgegriffen werden.

# Literatur

[1] Böttcher, Roland (2008): IT-Servicemanagement mit ITIL V3, Hannover: Heise Verlag

[2] van Bon, Jan (2002): The guide to IT-Servicemanagement, London: Pearson Education

[3] Buchsein, Ralf/ Victor, Frank/ Günther, Holger/ Machmeier, Volker (2008): IT-Management mit ITIL V3, 2 Aufl., Wiesbaden: Viewg+Teubner

[4] Breisig, Thomas (2003): Entgelt nach Leistung und Erfolg. Grundlagen moderner Entlohnungssysteme, Frankfurt: Bund-Verlag

[5] Carr, Nicholas G. (2003): IT doesn't matter, Harvard Business Review, Bd. 5, S. 41–49

[6] Foegen, Malte/ Solbach, Mareike/ Raak, Claudia (2008): Der Weg zur professionellen IT, Berlin: Springer

[7] Groß, Markus (2011): Einsatzmöglichkeiten von ITIL in KMU – Eine empirische Untersuchung zum IT-Servicemanagement im Mittelstand, Saarbrücken: VDM

[8] Groß, Markus (2011b): Der Mittelstand zögert, Computerwoche, Bd. 31-32, S. 35

[9] Holtz, Bernd (2005): IT Governance auf Basis von ITIL erfolgreich umsetzen, in: Blomer, Roland/Mann, Hartmund/ Bernhard, Martin G. (Hrsg): Praktisches IT-Management, 2 Aufl., Düsseldorf: symposion

[10] Mintzberg, Henry/ Ghoshal, Sumantra (2003): The strategy process, 2 Aufl., Essex: Pearson Education

[11] Porter, Michael E. (1987): From Competitive Advantage to Corporate Strategy, Harvard Business Review, Bd. 65, S. 2–21

[12] Porter, Michael E. (1996): What is Strategy?, Havard Business Review, Bd. 6, S. 70–74

[13] Pichler, J. H./ Pleitner, Hans J./ Schmidt, Karl-Heinz (2000): Management in KMU: Die Führung von Klein- und Mittelunternehmen, 3 Aufl., Bern: Haupt Verlag

[14] Storch, Maja (2009): Motto-Ziele, S.M.A.R.T.-Ziele und Motivation, in: Birgmeier, Bernd (Hrsg.): Coachingwissen. Denn sie wissen nicht, was sie tun?, Wiesbaden: GWV Fachverlage

[15] Sury, Ursula (2005): IT-Governance, Informatik Spektrum, Bd. 23, S. 68–71

[16] Veselka, Marco (2008): Dynamischer Wettbewerb und Unternehmensstrategien, Marburg, Metropolis Verlag

[17] Weill, Peter/ Ross, Jeanne W. (2004): IT Governance: How Top Performers Manage IT Decision Rights for Superior Results, USA Harvard: Harvard Business Press

# 6 Eine Referenzmethode zur IT-Leistungsverrechnung

*Stefan Helmke, Nina Kurscheid & Matthias Uebel*

## 6.1 Ziele und Anforderungen

Dieser Beitrag fasst die Erkenntnisse eines Projektes zur Gestaltung eines Instrumentes für eine kostenbasierte Verrechnung von IT-Leistungen zu einer Referenzmethode zusammen. Der Einsatz der Referenzmethode zielt auf die Erhöhung der Transparenz im Bereich der IT-Kosten sowie IT-Leistungen ab und eröffnet Möglichkeiten einer entsprechenden Steuerung. Die Ziele im Detail verdeutlicht die folgende **Abbildung 6.1**.

**Abbildung 6.1**   Ziele der Referenzmethode zur IT-Leistungsverrechnung

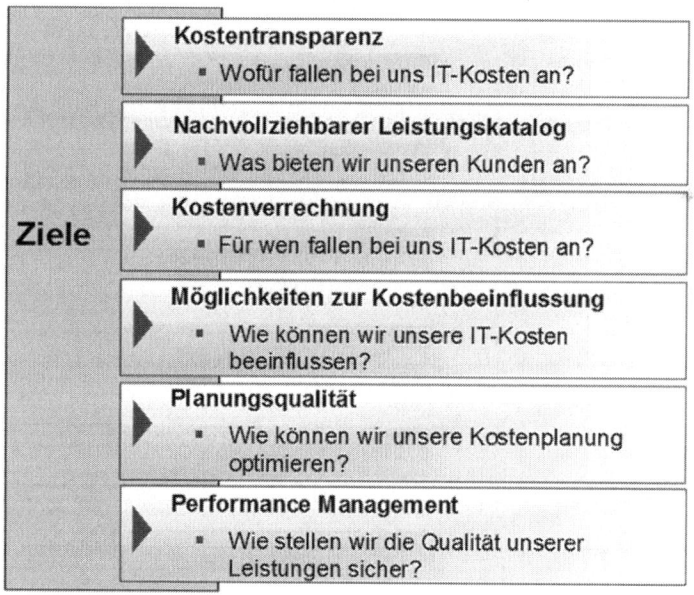

An die Referenzmethode und die Instanzierung der Methode in der unternehmenspraktischen Anwendung sind zudem die folgenden Anforderungen zu stellen:

- Zur Identifikation des optimalen Detaillierungsgrades ist der Aufwand der Detailabbildung mit dem resultierenden Nutzen abzugleichen.

■ Die Methode muss ein hohes Maß an Nachvollziehbarkeit aufweisen. Die Leistungs-empfänger müssen „verstehen", für welche Leistungen Ihnen welche Kosten verrechnet werden.

■ Die Methode muss ein hohes Maß an Flexibilität aufweisen, damit künftige Weiterent-wicklungen, wie z. B. der Aufbau weiterführender Controlling-Instrumente, aufwands-arm integriert werden können.

■ Die Methode muss ein hohes Maß an Bedienerfreundlichkeit aufweisen, damit die Lö-sung möglichst aufwandsarm genutzt werden kann.

## 6.2 Verrechnungsprinzip

Grundsätzlich ist zu klären, nach welchem Verrechnungsprinzip die IT-Leistungen an die Business-Bereiche, die im Folgenden auch als interne Kunden bezeichnet werden, zu ver-rechnen sind. Das Verrechnungsprinzip sollte sich am Organisationsprinzip orientieren. Zu unterscheiden ist, ob der IT-Bereich als Unterstützungsbereich der Wertschöpfungsbereiche des Unternehmens als Cost oder als Profit Center organisiert ist.

Eine Cost Center-Organisation führt zur Verrechnung der IT-Kosten nach Verteilungsre-geln. Diese Verteilungsregeln sind mehr oder minder verursachungsgerecht. Zumeist füh-ren sie letzten Endes zu einer Verrechnung nach dem Tragfähigkeitsprinzip auf Basis der angefallenen Istkosten. Der IT-Bereich wird somit jährlich um seine IT-Kosten entlastet. Wie bereits im Einführungsbeitrag dieses Buches im Rahmen der Erstellung eines Leit- und Leistungsbildes der IT, birgt dies folgende potenzielle Nachteile:

■ Gefahr eines eingeschränkten Kostenbewusstseins in der IT, da Kosten ohnehin an den Kunden verrechnet werden. Kostendruck entsteht lediglich aus Budgetkürzungen, wel-che ggf. die Fähigkeit der zur Wertschöpfung einschränken

■ Gefahr eines eingeschränkten Kostenbewusstseins in den Business-Bereichen, da IT-Kosten pauschal an die Business-Bereiche verrechnet werden (Windfall Costs) und na-hezu nicht beeinflusst werden können

Dieses Verrechnungsprinzip ist nur zu empfehlen, wenn die Produktivitätssprünge der IT für die Business-Bereiche deutlich höher sind als die Möglichkeiten zur Kosten- und Leis-tungsbeeinflussung durch die Business-Bereiche bei einer Organisation der IT als Profit Center.

Im Rahmen der Verrechnung von IT-Serviceleistungen bei einer Organisation der IT als Profit Center erfolgt eine Verrechnung der Services auf Basis des Prinzips:

■ Planpreis x Istmenge

Dies bedeutet, das für IT-Services Planpreise zu kalkulieren sind und Mengen im Ist zu erfassen, gleichwohl aber auch zu planen sind. Denn der Planpreis ergibt sich aus den Plankosten zuzüglich Marge, dividiert durch die Planmenge des Services. Der Planpreis sollte eine Gültigkeit von einem Jahr aufweisen.

Dies bedeutet für das IT-Controlling unterjährig, dass Gesamtabweichungen in Preis- und Mengenabweichungen aufgespalten werden können. Dies ist möglich, sofern die geplanten IT-Kosten je Serviceleistung mit einer entsprechenden unterjährigen Istkostenrechnung verglichen werden. Dies ist für die Steuerung des IT-Bereichs und dessen Serviceportfolios in aller Regel trotz des resultierenden Aufwandes zu empfehlen.

Projekte können in der Regel – insbesondere wenn die IT als eigene Servicegesellschaft organisiert ist aufgrund bilanzieller und steuerrechtlicher Regelungen nur auf Basis von Istkosten verrechnet werden, da ansonsten Gewinnverschiebungen mit steuerlichen Vorteilen einfach möglich wären. Zu unterscheiden sind hier Projekte, die zu einer neuen aktivierungspflichtigen Leistung führen. Hier sind die Projektkosten zu aktivieren und über die resultierenden Abschreibungen für einen zu definierenden Zeitraum in die Servicepreise einzukalkulieren.

Die geplanten Servicepreise und dahinter stehenden -leistungen sind zwischen den internen Kunden, also den Business-Bereichen, und der IT zu verhandeln. Durch das Verhandlungsprinzip wird das Kostenbewusstsein sowohl auf IT als auch auf Kundenseite gefördert. Zum einen entlastet sich der iT-Bereich nicht automatisch um seine Kosten. Zum anderen haben die internen Kunden durch die Verhandlung der Leistungen und Preise sowie durch ihren unterjährigen Mengenkonsum der Servicelistungen, die Möglichkeit ihre IT-Kosten zu beeinflussen. Zudem verbessert sich in der Regel dadurch die Kommunikation zwischen IT- und Business-Bereiche, da transparenter wird, für welche Leistungen welche Kosten anfallen.

Allerdings ist auch bei diesem Verrechnungsprinzip Stilblüten vorzubeugen, wenn der Business-Bereich die an ihn verrechneten IT-Kosten minimiert, aber etwaige anfallende Folgekosten in seinem Bereich nicht berücksichtigt. Zudem können eine zu hohe Marge im IT-Bereich und ein zu hoher Gewinn aus verrechneten Kosten zu Kostendruck in den Business-Bereichen führen. Dies ist insbesondere dann problematisch, wenn in engen Märkten zusätzliche Kosten nicht an den Kunden weitergegeben werden können und dadurch die Wettbewerbsfähigkeit eingeschränkt wird.

Zu klären ist zudem, wer die internen Kunden des IT-Bereichs sind und auf welcher Granularitätsebene, z. B. Kostenstelle oder Kostenstellenbereich, geplant, verrechnet und ausgewertet werden sollen. Dies ist eine unternehmensindividuelle Entscheidung in Abhängigkeit der vorzufindenden Strukturen, des Steuerungsbedarfs und der Komplexität des Unternehmens. Hier ist das organisatorische Kongruenzprinzip Anwendung anzuwenden, dass die Kosten an diejenigen Verantwortlichen der internen Kunden zu verrechnen sind, die die IT-Kosten verantworten und durch einzuleitende Maßnahmen beeinflussen können.

Des Weiteren ist der unterjährige Verrechnungszyklus zu klären. In der Regel ist hier eine monatliche oder quartalsweise Verrechnung der Services zu empfehlen, um ein optimales Verhältnis aus Verrechnungsaufwand und Aktualität der Daten zu erzielen.

Zudem ist zu klären, inwieweit das Verrechnungsprinzip als marktwirtschaftliches offenes Prinzip ausgestaltet werden soll. Dies hat für die Kunden- und die IT-Seite unterschiedliche Konsequenzen.

■ Eine Öffnung auf Kundenseite bedeutet, dass der interne Kunde IT-Leistungen nicht zwangsläufig beim IT-Bereich des Unternehmens beziehen muss. Dadurch scheint auf den ersten Blick ein Anreiz für eine besonders kostenwirtschaftliche Leistungserbringung aufgrund des resultierenden Wettbewerbs geschaffen. Auf der anderen Seite kann dies schnell zu einer unkontrollierbaren Schatten-IT führen, so dass die Vorteile und Synergien einer einheitlichen IT-Strategie und eines entsprechenden IT-Alignments nicht mehr nutzbar sind. Zudem können dadurch für das Gesamtunternehmen gewinnschmälernde Leerkosten entstehen, wenn der interne Kunde IT-Leistungen bei einem externen Dienstleister und nicht beim IT-Bereich bezieht und die entsprechenden Ressourcen im IT-Bereich unausgelastet sind.

■ Eine Öffnung auf IT-Seite bedeutet, dass der IT-Bereich am Markt auch anderen Unternehmen seine Leistungen anbieten kann. Dies hat auf den ersten Blick den Vorteil, dass der IT-Bereich zusätzliche tatsächliche Gewinne am externen Markt für das Unternehmen und nicht nur Gewinne aus der internen Verrechnung erzielt. Allerdings kann dies dazu führen, dass IT-Services und -Projekte für interne Kunden nachrangig priorisiert werden und die angestrebten Wertschöpfungsverbesserungen für die Business-Bereiche nicht oder verspätet realisiert werden. Dies ist insbesondere als problematisch einzustufen, wenn diese Wertschöpfungsvorteile deutlich höher sind als die durch den IT-Bereich am Markt erzielten Gewinne.

Die Unternehmenspraxis zeigt, dass eine Öffnung sowohl auf IT-Seite als auch auf Kundenseite aufgrund der dargestellten Nachteile nicht anzustreben ist. Möglich ist dies nur, wenn eindeutige Regularien im Detail ausgestaltet werden, die die Öffnung im Grunde wieder konterkarieren.

Insgesamt führt das Verrechnungsprinzip auf Basis Planpreis x Istmenge zu einem Interessenausgleich zwischen dem IT-Bereich und den Business-Bereichen. Dies verdeutlicht die folgende **Abbildung 6.2** im Detail.

**Abbildung 6.2** IT- & Business-Interessen im Rahmen der IT-Leistungsverrechnung

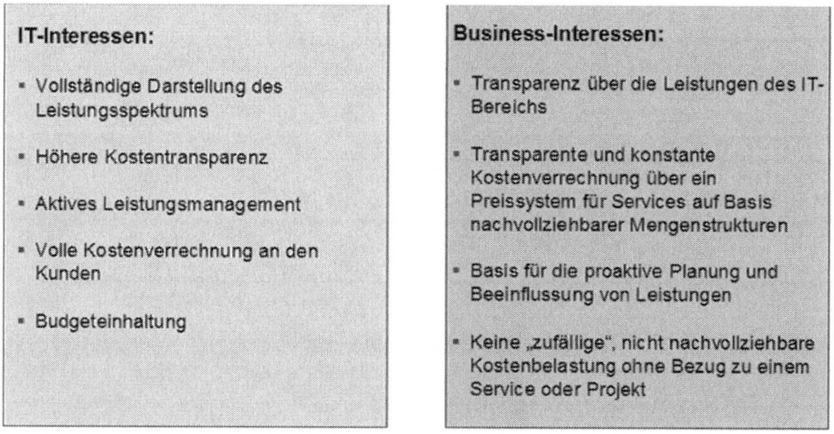

IT-Interessen:
▪ Vollständige Darstellung des Leistungsspektrums
▪ Höhere Kostentransparenz
▪ Aktives Leistungsmanagement
▪ Volle Kostenverrechnung an den Kunden
▪ Budgeteinhaltung
Business-Interessen:
▪ Transparenz über die Leistungen des IT-Bereichs
▪ Transparente und konstante Kostenverrechnung über ein Preissystem für Services auf Basis nachvollziehbarer Mengenstrukturen
▪ Basis für die proaktive Planung und Beeinflussung von Leistungen
▪ Keine „zufällige", nicht nachvollziehbare Kostenbelastung ohne Bezug zu einem Service oder Projekt

## 6.3 Aufbau des Servicekataloges

Ein Service ist die Kombination aus Sach- und Dienstleistungen zur regelmäßigen Unterstützung eines oder mehrerer Geschäftsprozesse eines oder mehrerer Kunden.

Davon abzugrenzen sind Projekte. Projekte dienen zu Entwicklung einer Lösung, die zu einer Verbesserung eines Services oder zu einem neuen Service führen kann. Ein Projekt ist nach DIN 69902 durch eine begrenzte Dauer mit einem Start- und einen Endtermin, durch ein definiertes Projektziel, durch eine einmalige Durchführung und einem oder mehreren Auftraggebern gekennzeichnet. Projekte treiben somit Services, was die **Abbildung 6.3** visualisiert. In den folgenden Ausführungen wird auf die Gestaltung und die Kalkulation der Services fokussiert.

**Abbildung 6.3** Abgrenzung Projekt und Service

Projekt
• In Entwicklung
• Ein oder mehrere Auftraggeber
• Start- und End-Datum
Life Cycle
Service
• In Betrieb
• Viele Nutzer
• kontinuierlich
Entwicklung
Bereitstellung

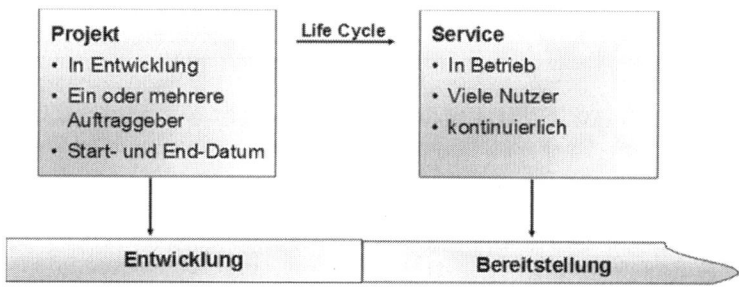

Die Gestaltung des Servicekataloges mit seinen Services sollte sich an der Wertschöpfungskette des Unternehmens orientieren und damit das Sachziel der IT einer wertorientierten Unterstützung reflektieren. Dies führt zu der häufigen Forderung der Gestaltung eines IT-Servicekataloges entsprechend Geschäftsprozesse. Dieses Reinprinzip ist in der Praxis aus verschiedenen Gründen, wie z. B. bereichsübergreifende Geschäftsprozesse oder auch eingeschränkte Dokumentation, kaum oder nur mit sehr hohem, oftmals unverhältnismäßig hohem Aufwand realisierbar.

In der Praxis sich hat sich deshalb eine Gestaltung des IT-Servicekataloges anhand der wesentlichen Business-Applikationen der IT, wie z. B. Warenwirtschaftssystem, Business Warehouse, Produktionsplanungs- & -steuerungssystem, und generellen Basisservices mit Querschnittsfunktion zu orientieren. Dies fördert aufgrund des eindeutigen IT-Bezuges die Transparenz und das Verständnis der internen Kunden für die IT-Services. Zu generellen Basisservices zählen Services wie z. B. Bereitstellung, Inbetriebnahme und Betreuung von PC- und Notebook-Arbeitsplätzen, Telekommunikationsdienstleistungen oder allgemeiner Helpdesk-Support.

Ein wesentlicher Erfolgsfaktor ist die passende Granularität des Servicekataloges. Hierfür gibt es keine generelle Formel. Generell sind Einzelleistungen sinnvoll zu Services zusammenfassen. Auch wenn dies vermeintlich damit beabsichtigt wird, führt eine höhere Granularität des Servicekataloges nicht zu einer höheren Transparenz, sondern fördert vielmehr Intransparenz aufgrund des Atomisierungseffektes. Ein negatives Beispiel hierfür ist die Aufspaltung des PC-Services ins eine Komponenten Maus-, Tastatur, Rechner- und Monitor-Breitstellung oder die Verrechnung einzelner Detailfunktionen von Applikationen. Ein Service sollte also ein relevantes Kostenvolumen auf sich vereinen sowie management- und kundenorientiert eine plausible Zusammenfassung technischer Einzelleitungen liefern.

Zudem ist bei der Gestaltung des Servicekataloges auf eine relative Gleichgewichtung des Kostenvolumens zu achten. Ein Servicekatalog, bei dem ein Service 80% der Kosten verursacht und die restlichen 30 Services die verbleibenden 20% an Kosten verursachen, wird offensichtlich nicht die Transparenz steigern und auch nicht für die Akzeptanz auf der Business-Seite förderlich sein.

Für jeden einzelnen Service ist eine managementorientierte Servicebeschreibung auszugestalten, welche die Inhalte des Services ohne Überbetonung technischer Details darstellt und den Mehrwert des Services für die internen Kunden und damit für das Gesamtunternehmen verdeutlicht. Rein für spätere kunden- und managementorientierte Auswertungen empfiehlt es sich, jeden Service einer Servicegruppe zuzuordnen. Die Servicegruppen sollten sich neben den beschriebenen generellen Basisservices für die Applikationsservices an der Wertschöpfungskette des Unternehmens orientieren. Eine exemplarische Servicebeschreibung verdeutlicht Abbildung 6.4.

Häufig wird die Forderung postuliert, für jeden Service ein Service Level Agreement (SLA) festzulegen. SLAs sind grundsätzlich definiert als verpflichtende Konkretisierung des Erbringers von IT-Services hinsichtlich Funktion, Menge, Qualität und / oder Preis gegenüber dem Kunden.

Hierbei ist jedoch zu beachten, dass SLAs nur Sinn machen, wenn deren Einhaltung messbar sowie beiderseitig kontrollierbar ist und die Nichteinhaltung zu Konsequenzen führt. Dabei ist zu beachten, dass SLAs zu höheren Kosten führen, da eine höhere Leistung für einen Service erbracht wird. Die ist dem internen Kunden zu verdeutlichen. Deshalb sollte nicht im Sinne einer Anspruchsinflation jeder Service mit einem SLA versehen werden, sondern auf geschäftskritische SLAs fokussiert werden. Der zusätzliche Nutzen aus einem SLA ist mit den zusätzlichen Kosten abzuwägen. Zusammenfassend sind folgende Anforderungen bei der Ausgestaltung von SLAs zu berücksichtigen:

- Möglichkeit der stückbezogenen Abrechnung

- Durchführbarkeit nachvollziehbarer Qualitätskontrollen

- Messung mit vertretbarem Aufwand

- Technikneutrale, kundenfreundliche Beschreibung

**Abbildung 6.4** Auszug einer exemplarischen Servicebeschreibung

**Service-Beschreibung: Messaging (Auszug)**

| Service-Beschreibung: | | Service-Manager/Kontakt: |
|---|---|---|
| Bereitstellung und Betrieb der Infrastruktur, Mailbox-Server, Fax-, Telex- und Internet-Gateways | | Peter Muster: Tf. 040/454'54'65 |

| Verfügbarkeit: | Leistungsfähigkeit: | Benutzer-Support / Wartung |
|---|---|---|
| Verfügbar an 24 Stunden, 7 Tagen in der Woche und 365 Tagen im Jahr | •Mail-Grösse: < 4 Mbytes<br>•Lokal: < 1 Min<br>•Kontinental: < 5 Min.<br>•Weltweit: < 15 Miin | Regelmässig System-Wartung (ohne System-Unterbruch) und Hotline während länderspez. Bürozeit |
| **Verrechnung/Kostenansatz:**<br>EUR. 29.--/Monat und Account | **Besondere Services/Add-Ons:**<br>Einmalgebühr für Erst-Registrierung : EUR 150.-- | **Störungsbehebungen:**<br>•Lokale Störungen: 30 Min<br>•Kontinental: 2 Stunden<br>•Weltweit: 4 Stunden<br>•10 % Penalty bei Verstoß |

Die Servicegestaltung erfolgt durch die designierten Serviceverantwortlichen in Abstimmung mit den internen Kunden. Für die Abstimmung des Servicekataloges , der Servicebeschreibungen und der Servicepreise mit dem Kunden – insbesondere auch für den späteren Regelbetrieb – sind in der IT-Governance des IT-Bereichs entsprechende Personalressourcen vorzuhalten. Diese Funktion wird häufig auch als KAM (Key Account Manager) oder IT-Demand-Manager bezeichnet. Um den Abstimmungsaufwand im Rahmen zu halten, sind auf Kundenseite ebenfalls entsprechende Ansprechpartner als Pendant zu definieren. Im späteren Regelkreis ist die Aufnahme neuer Services und die Abschaltung veralteter Services zu planen

Für jeden einzelnen Service ist eine Verrechnungseinheit zu bestimmen- Die Verrechnungseinheiten dienen zur Verrechnung der Services an den Kunden. Die Verrechnungseinheit
ist diejenige Maß- oder Mengeneinheit, wie z. B. Anzahl User, mit welcher der Verbrauch
der Kunden in der Istmenge gemessen wird und durch den Serviceverantwortlichen zu
planen ist.

Die Verrechnungseinheiten sind unter Berücksichtigung der folgenden Kriterien zu bilden:

- **Messbarkeit**

  Dies stellt das Basiskriterium dar. Ohne eine messbare Verrechnungseinheit ist auf Basis
  des dargestellten Verrechnungsprinzips eine Verrechnung an den Kunden nicht möglich.

- **Verursachungsgerechtigkeit**

  Die Verrechnungseinheit soll verursachungsgerecht den Kostenanfall des Services abbilden. Dabei ist der resultierende Messaufwand zu berücksichtigen. Dies verdeutlicht
  die **Abbildung 6.5**. In der Abbildung wird der kombinative Ansatz ggf. eine höhere ge-
  ringfügige Genauigkeit des Kostenanfalls widerspiegeln. Allerdings ist der Erhebungsaufwand deutlich höher und die Nachvollziehbarkeit für den Kunden und damit die
  Transparenz deutlich geringer. Entsprechend der praktischen Anwendung ist hier das
  plausible Maß an Detaillierung zu finden. Eine extreme Detaillierung der Verrechnungseinheiten mit dem Ziel einer vermeintlich höheren Verursachungsgerechtigkeit
  führt in der Regel lediglich zu Scheingenauigkeiten, welche den höheren Aufwand
  nicht rechtfertigen. Zudem fördert die höhere Komplexität gerade nicht die Transparenz der Leistungsverrechnung, was auch zu Lasten des folgenden Kriteriums geht.

- **Nachvollziehbarkeit**

  Die Verrechnungseinheiten sollen für den internen Kunden nachvollziehbar ausgestaltet sein.

- **Verbrauchsabhängigkeit**

  Die Verrechnungseinheiten sollen ein Mengengerüst widerspiegeln, das der interne
  Kunde durch seinen Verbrauch beeinflussen kann, damit der interne Kunde durch sein
  Verhalten die optimalen Verbrauchsmengen und somit Kosteneffizienz erzielen kann.

**Abbildung 6.5** Erhebungsaufwand und Genauigkeit von Verrechnungseinheiten

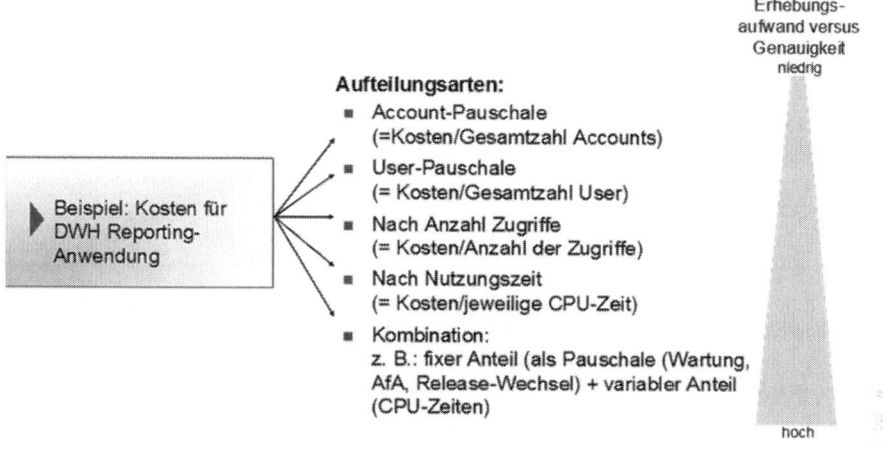

Im Rahmen der Services ist zwischen externen und internen Services zu unterscheiden. Die externen Services werden unmittelbar an den Kunden verrechnet. Interne Services werden zunächst innerhalb des IT-Bereichs an einen externen Service verrechnet, bevor die Kosten an den Kunden über den jeweiligen externen Service verrechnet werden. Klassisches Beispiel für interne Services sind die Services des Rechenzentrums. Dies betrifft. B. Serverkapazitäten, auf denen verschiedene externe Services betrieben werden.

Grundsätzlich ist bei der Servicegestaltung auf das organisatorische Kongruenzprinzip zu achten. Das bedeutet, dass jeder einzelne Service genau einem Verantwortungsbereich zugeordnet werden kann. Zusätzlich ist für jeden Service ein Serviceverantwortlicher zu definieren. Die Verantwortung beschränkt sich dabei nicht auf die Erbringung, sondern auch auf die Steuerung des Services. Diese Verantwortungen sind im Einzelnen:

- Bereitstellung und Erbringung des IT-Services, ggf. Entsprechend definierter Service Level Agreements

- Erstellung und Pflege der Servicebeschreibung

- Planung und Kalkulation der Servicekosten

- Planung und Kalkulation der Servicemengen

- Sicherstellung der Erhebung der Istverbrauchsmengen je Kunde und Service

- Verfolgung der resultierenden Istkosten des Services und Vergleich mit den geplanten Kosten

- Identifikation und Umsetzung von Verbesserungsmaßnahmen zur effizienteren und effektiveren Bereitstellung und Erbringung des IT-Services

Für jeden Service des Servicekataloges sind somit folgende Basisattribute zu definieren.

- Service-ID
- Name (Bezeichnung des Services),
- Servicebeschreibung
- Verantwortlicher Organisationsbereich
- Serviceverantwortlicher
- Servicegruppenzugehörigkeit
- Unterscheidung in externen / internen Service
- Verrechnungseinheit

# 6.4     Kalkulation der Services

## 6.4.1     Kalkulationsschema

Zur Erzielung einer hohen Transparenz sind die Services in einem für alle Services einheitlichen standardisierten Kalkulationsschema im Sinne einer Kostenträgerrechnung durch den jeweiligen Serviceverantwortlichen zu kalkulieren. Da die Services die „Produkte" der IT darstellen, empfiehlt es sich die Services analog zum industriellen Zuschlagskalkulationsschema zu kalkulieren. Einen referenziellen Vorschlag der Anpassung auf die Kalkulation von IT-Services liefert Abbildung 6.6.

Die Positionen des Kalkulationsschemas stellen die Kostenelemente eines Services dar. Interne und externe Services sind im gleichen Kalkulationsschema zu planen. In der praktischen Anwendung sind sämtliche in Kostenarten gesammelten Kostenpositionen der Kostenstellen des IT-Bereichs auf Services oder Projekte zu transferieren. Ist keine unmittelbare Zuordnung zu einem Projekt oder einem Service möglich, so stellen diese Kosten Overhead-Kosten dar, die indirekt auf die Services zu verteilen sind.

Die Kostenarten der Kostenstellen sind in der Regel wesentlich detaillierter in Konten aufgebaut. Die Zusammenfassung dieser Kostenarten im Rahmen der Kostenträgerrechnung erhöht wie in der klassischen Kalkulation von Produkten die Transparenz. Eine Zuordnung der Kostenarten zu den Positionen des Kalkulationsschemas der Kostenträgerrechnung ist pro Kostenposition notwendig. Um die Serviceverantwortlichen bei der Kalkulation der Kosten zu unterstützen, empfiehlt es sich, grundsätzliche Regeln bezüglich der Zuordnung von Kostenarten auf die Kostenträgerpositionen vorzuschlagen, die aber im Einzelfall abweichen können. Übergeordnet ist zu sicherzustellen, dass Kostenpositionen der Kostenstellenrechnung nicht doppelt auf Services kalkuliert werden.

**Abbildung 6.6** Referenzielles Kalkulationsschema für IT-Services

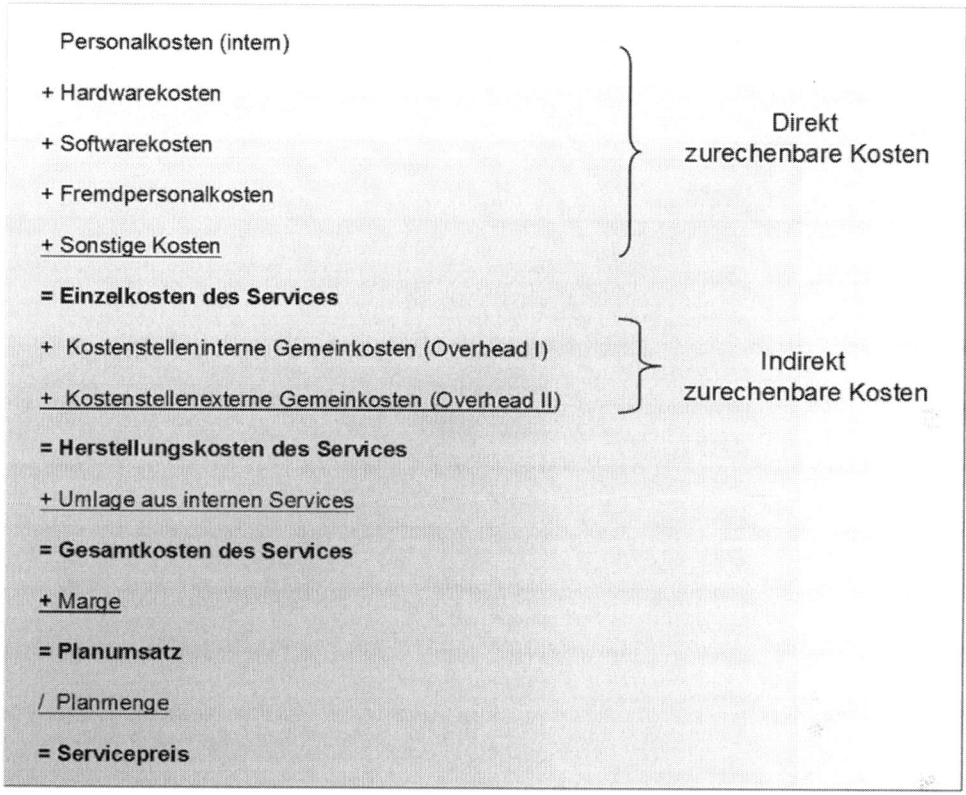

Es empfiehlt sich ein Trockenlauf im Sinne eine Probekalkulation aller Services durchzuführen, z. B. auf Basis der aktuellen Kostenstellenplanung des laufenden Geschäftsjahres, um z. B. die Ausgewogenheit des Kostenanfalls, die im vorherigen Kapitel als Anforderung an den Servicekatalog formuliert worden ist, zu überprüfen. Ggf. sind hier Nachjustierungen notwendig, bevor Servicekatalog und Kalkulation final dem Kunden präsentiert werden.

Das Kalkulationsschema unterscheidet zwischen direkt einem Service und indirekt einem Service zurechenbaren Kosten (Overhead). Im Rahmen der direkt zuordenbaren Kosten ist zwischen internen Personalkosten und Sach- und Kapitalkosten zu unterscheiden.

## 6.4.2 Kalkulation der Personalkosten

Die internen Personalkosten sind über das Vehikel einer Personalstundenplanung und eines Personalstundensatzes auf die Services zu transferieren.

Dazu sind Stunden- oder alternativ Tagessätze zu kalkulieren. Aufgrund unterschiedlicher Personalkostenstrukturen in der IT, empfiehlt es sich, die Kalkulation der Stundensätze je Organisations- oder Abteilungsbereich durchzuführen. Für die Ermittlung empfiehlt sich das Vorgehen, das in der **Abbildung 6.7** dargestellt ist. Die Abkürzung FTE (Full-time Equivalent) steht für die Anzahl an durchgerechneten Vollzeitkräften bzw. dem Vollzeitäquivalent, das sich aus den Personalressourcen der Mitarbeiter inkl. Voll- und Teilzeitkräften ergibt. Zwei halbtägig beschäftigte Mitarbeiter entsprechen also einer Vollzeitkraft bzw. einem FTE.

**Abbildung 6.7**     Kalkulation von Stundensätzen

| Personal- & Personalnebenkosten (PK) | 6.000.000 |
|---|---|
| Anzahl Mitarbeiter in FTE | 80,25 |
| PK pro Mitarbeiter | 74.766 |
| Anzahl Arbeistage pro Jahr | 220 |
| Tagessatz | 340 |
| Anzahl Arbeitsstunden | 8 |
| Stundensatz | 42,48 |

Für jeden Service ist der geplante jährliche Ressourcenverbrauch in Personenstunden oder alternativ -tagen durch den Serviceverantwortlichen zu planen. Die Personenstunden bzw. -tage sind mit dem errechneten Stundensatz bzw. -tagessatz zu multiplizieren, um die Personalkosten für den jeweiligen Service zu ermitteln. Zudem ist eine weitere Differenzierung der Personalstunden nach Tätigkeitskategorien ggf. nutzbringend. Zu unterscheiden sind hier Tätigkeitskategorien wie:

■ Anwenderbetreuung

■ Fehlerbehebung

■ Kleinere Anpassungen (< 20 Arbeitsstunden, da es sich sonst ggf. um Anpassungen handelt, die als Projekt zu betrachten sind)

■ Wartung

Sinnvoll ist der Abgleich bzw. Plan-/Ist-Vergleich zwischen Planstunden und geleisteten Iststunden, um die Kalkulationsgrundlage für Services weiter zu verbessern und Hinweise für verbesserungspotenziale zu erhalten. Zu berücksichtigen ist beim Abgleich zwischen Plan-. und Iststunden, dass sie Mitarbeiter ihre Stunden monatlich in einem Stundenplanungstool erfassen müssen. Dies kann zu Widerstand aufgrund des zusätzlichen Aufwandes oder aus Angst vor Kontrolle führen. Ebenso ist es nicht nützlich, wenn die Mitarbeiter die Ist-Stunden vermeintlich politisch opportun analog zu den Plan-Stunden in das Stundenplanungstool. Durch Change Management und Aufklärung über Ziele und Zweck der Stundenerfassung kann das Auftreten dieser Probleme behoben werden.

## 6.4.3    Kalkulation der Sachkosten

Für die Sachkostenpositionen sind in der Planung je Kostenart einzelne Kostenpositionen zu hinterlegen, um die spätere Istkostenrechnung sinnvoll und möglichst aufwandsarm zu ermöglichen.

■ Kalkulation der Software- und Hardwarekosten

Im Rahmen der Hardware- und Softwarekosten sind kontinuierlich anfallende Kosten für Wartungen, Updates etc. von den Abschreibungen aus aktivierungspflichtigen Investitionen zu unterscheiden. Im Rahmen der Kostenplanung ist bei den Investitionen zwischen Ist-AfA und Plan-AfA zu unterscheiden.

Die Ist-Afa ist die fortgeschriebene AfA aus den in der Vergangenheit für diesen Service erbrachten Investitionen. Sie stellen somit Fixkosten dar und somit für die Zukunft nicht mehr veränderbar. Die Plan-AfA ist die resultierende zusätzliche AfA aus für das folgende Geschäftsjahr geplanten Investitionen.

■ Kalkulation der Fremdpersonalkosten

In dieser Position kalkuliert der Serviceverantwortliche die Kosten aller Leistungen kalkuliert, die von externen Dritten für den jeweiligen IT-Service erbracht werden sollen. Die Fremdpersonalkosten können dabei weiter nach Leistungskategorien unterschieden werden, um differenzierte Auswertungsmöglichkeiten zu erhalten. Dies sind beispielsweise:

– Operative Unterstützung, wie z. B. Useradministration

– Technical Consulting, wie z. B. Programmierung, Fehlerbehebung etc.

– Business Consulting, wie z. B. konzeptionelle Weiterentwicklung des Services etc.

■ Kalkulation der sonstigen Kosten

In dieser Position werden alle sonstigen Kosten kalkuliert, die dem jeweiligen Service direkt zuordenbar. Dies können beispielsweise Kosten für Verbrauchsmaterialien, servicebezogene Schulungen etc. sein.

## 6.4.4    Kalkulation der Overhead-Kosten

Die Overhead-Kosten sind als Gemeinkosten sämtliche Kosten der Kostenstellenkosten, die nicht unmittelbar einem Service zugeordnet bzw. nicht servicespezifisch geplant werden können. Zu unterscheiden ist grundsätzlich zwischen kostenstelleninternen und -externen Gemeinkosten.

Overhead-Kosten können sowohl Personal- als auch Sachkosten sein. Personalkosten des Overheads sind z. B. die Personalkosten der Geschäfts- oder Abteilungsleitung, Kosten für serviceunabhängige Schulungen etc. Sachkosten des Overheads sind z. B. Raummieten, Verbrauchsmaterialien, Kfz-Kosten, Gebäudereinigung.

Für die Schaffung einer differenzierten Auswertungsmöglichkeit empfiehlt es sich, die Overhead-Kosten in verschiedenen Ebenen abzubilden, die Organisationsstruktur abbilden können. So kann die Aufteilung in Overhead I und Overhead II weiter untergliedert werden. Eine weitere Differenzierung ist sinnvoll beim Vorhandensein eines nennenswerten Kostenanfalls sinnvoll, aus dem Steuerungsimplikationen abgleitet werden können.

- Overhead I:

  Kosten der Kostenstelle oder des Abteilungsbereichs, der den Service verantwortet, die nicht unmittelbar einem Service zugeordnet werden können

- Overhead II:

  Kosten der Organisationsbereichs, zu dem der Abteilungsbereich gehört, der den Service verantwortet und nicht unmittelbar einem Service zugeordnet werden können

- Overhead III:

  Kosten der Geschäftsleitung, die nicht unmittelbar einem Service zugeordnet werden können

Die Overhead-Kosten sind anteilig auf die Services nach Verteilungsregeln, z. B. nach der Höhe der jeweiligen Personalkosten oder der Herstellkosten des Services zu verteilen. Die Kosten des Overhead I sind im obigen Beispiel jeweils nur auf die diesem Abteilungsbereich zugeordneten Services zu verteilen. Entsprechend sind die Kosten des Overheads II zweistufig nur auf die dem Organisationsbereich zugehörigen Abteilungsbereiche und dann auf die jeweiligen Service zu verteilen. Der Overhead III ist auf sämtliche Services zu verteilen.

Es empfiehlt sich, klare und einfach nachvollziehbare Overhead-Verrechnungsregeln aufzustellen. Beispielsweise wäre in diesem Beispiel eine Verrechnung des Overhead I und des Overhead II anteilig der Personalkosten der Services und die Verrechnung des Overhead III nach den Herstellkosten des Services plausibel.

## 6.4.5    Servicepreisermittlung

- Marge

  Für jeden Service ist eine adäquate Marge unter Berücksichtigung steuerrechtlicher Aspekte einzuplanen. Diese beläuft sich in der Regel auf ca. 3- 6 % der Gesamtkosten des Services.

■ Mengenplanung

Für jeden Service ist für jeden einzelnen internen Kunden dessen Mengenverbrauch in der definierten Verrechnungseinheit für das Geschäftsjahr zu planen, z. B. durchschnittliche Anzahl User über das Jahr, Gesamtanzahl verarbeiteter Beleg, Anzahl betreuter PC-Arbeitsplätze. Je Service sind die Verbrauchsmengen in der Verrechnungseinheit über die einzelnen internen Kunden zu einer Gesamtmenge aufzuaddieren.

■ Servicepreisermittlung

Der Servicepreis für jeden einzelnen Service errechnet sich, indem die kalkulierten Gesamtkosten des Services zuzüglich der Marge durch die geplante Gesamtmenge des jeweiligen Services zu dividieren sind.

Im Rahmen des bereits erwähnten Trockenlaufs sollten die initial ermittelten Servicepreise nochmals einer kritischen Reflexion unterzogen werden, um etwaige Kalkulationsfehler auszuschließen und ggf. notwendige Anpassungen vorzunehmen. Dies ist umso wichtiger, das Fehler in der Kalkulation mit der Folge im Nachhinein anzupassender Servicepreise die Akzeptanz der internen Kunden beeinträchtigen.

## 6.5    Verrechnung der Services

Die Verrechnung der Services erfolgt nach dem dargestellten Verrechnungsprinzip Planpreis x Istmenge im quartalsweisen oder monatlichen Rhythmus. Es empfiehlt sich zur Förderung von Transparenz und Kostenbewusstsein in der Regel eine monatliche Rhythmisierung trotz des größeren Aufwandes. Das Grundprinzip verdeutlicht die folgende **Abbildung 6.8**.

**Abbildung 6.8**    Verrechnung der Services

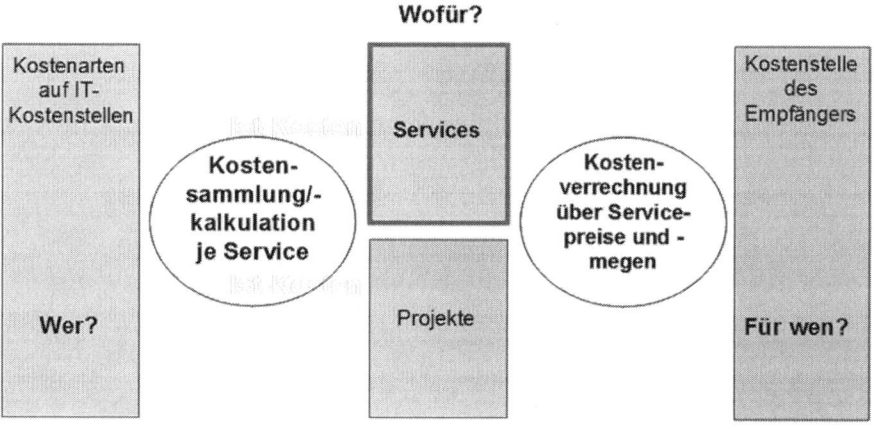

Dazu sind monatlich die Ist-Verbrauchsmengen je Service zu erheben, während die Planpreise für das Geschäftsjahr konstant bleiben. Die Leistung wird also auf Basis der monatlich ermittelten Ist-Verbrauchsmengen in der definierten Verrechnungseinheit eines externen Services verrechnet. Das Verrechnungsvolumen ergibt sich je Service je internem Kunden saus den ermittelten Ist-Verbrauchsmengen der Verrechnungseinheit, multipliziert mit dem Planpreis. Die Leistungsverrechnung hinsichtlich der kostenrechnerischen Verbuchung an den internen Kunden bzw. die Business-Bereiche erfolgt auf Basis der definierten Granularitätsebene.

Die Kunden erhalten eine monatliche Abrechnung über die Gesamtkosten der von Ihnen beanspruchten Service-Leistungen, mit Angabe der Ist-Verbrauchsmengen je Service in der jeweiligen Verrechnungseinheit, den für das Geschäftsjahr fixen Servicepreisen sowie den resultierenden verrechneten Kosten pro Service. Die Klassifizierung von externen Services zu Servicegruppen dient zur übersichtlicheren Information der Kunden. Organisatorisch erfolgt die Verrechnung über eine zentrale Stelle im IT-Controlling.

Am Endes Jahres wird sich aus dem Vergleich der an die internen Kunden verrechneten Kosten mit den in der IT angefallenen ein Gewinn oder Verlust für den IT-Bereich ergeben. Da interne Bereiche in der Regel nicht nach dem erwerbswirtschaftlichen Prinzip agieren, sondern nach dem Wirtschaftlichkeitsprinzip, sollte dieser die angestrebte Marge nicht überschreiten. Für die detaillierte Auswertung und notwendige Anpassungen der Plankalkulation der Services für das Folgejahr sit eine monatliche Istkostenrechnung für jeden einzelnen Service erforderlich.

## 6.5.1    Istkostenrechnung

Die Istkostenrechnung ermöglicht eine servicebezogene Istkostenermittlung, um ein Controlling insbesondere hinsichtlich der ermittelten Plankosten zu ermöglichen. Darüber hinaus soll der Plan-Ist-Vergleich eine unterjährige Kostenkontrolle ermöglichen und die Grundlagen für eine Optimierung der Planung in den Folgejahren liefern. Des Weiteren ist die Istkostenrechnung ein Basiselement für den Aufbau eines umfassenden IT-Controllings. Die Istkostenrechnung ist für die Services spiegelbildlich zum dargestellten Kalkulationsschema aufzubauen.

Für eine Istkostenrechnung ist – wie bereits erwähnt – eine monatliche, servicebezogene Stundenerfassung unerlässlich. Diese sind über den jeweiligen Stundensatz als Istkosten auf den jeweiligen Service zu transferieren.

Des Weiteren ist durch den Serviceverantwortlichen sicherzustellen, dass eingehende Sachkostenrechnungen neben der Verbuchung auf Kostenstellen auf den einzelnen Service – bei eingeplanten Kosten gegen die korrespondierende Planposition – gebucht werden.

Zudem erfolgt jeweils zum Monatsende die Verrechnung der internen Services an den oder die externen Services. Dazu erfolgen eine Ertragsbuchung auf dem internen Service und eine Kostenbuchung auf dem externen Service.

Des Weiteren sind die aufgelaufenen Overhead-Kosten entsprechend der prozentualen Planverteilungsschlüssel automatisiert auf die Services zu verteilen. Hier ist zu betonen, dass die Planverteilungsschlüssel verwendet und nicht die Istkostenverhältnisse, das es ansonsten aufgrund eines zufällig ungleichmäßigen Kostenanfalls zu Verzerrungen kommen kann, welche die Aussagekraft der Istkostenrechnung beeinträchtigen.

Für die resultierenden Istkosten ist eine entsprechende Hochrechnung zu erstellen. Dies kann linear auf Basis eine proportionalen Hochrechnung der bisher aufgelaufenen Servicekosten erfolgen oder differenziert durch den Serviceverantwortlichen auf Basis der Anpassung der einzelnen dem Service in der Planung zugeordneten Kostenpositionen.

Die aus der Istkostenrechnung resultierenden Abweichungen zur Planung sind unterjährig und am Ende des Geschäftsjahres zu analysieren. Organisatorisch sollte der Prozess der Abweichungsanalyse durch den für das IT-Controlling verantwortlichen Bereich initiiert und methodisch gestützt werden. Die Aufgabe der Analyse der Abweichungen je Service sowie der Identifikation entsprechender Maßnahmen sollte in Zusammenarbeit zwischen dem jeweiligen Serviceverantwortlichen und dem Bereich IT-Controlling erfolgen.

Einen ersten aggregierten Gradmesser liefert die Bestimmung des Servicepreises im Vergleich zum verrechneten Planpreis. Der kalkulatorische Istservice"preis" ergibt sich aus den Istkosten des Services zuzüglich der Marge, dividiert durch die Istverbrauchsmenge des Services. Diese Abweichungen sind weiter zu analysieren.

Positive oder negative Abweichungen vom Plangewinn je Service können aus einer Mengenabweichung und / oder einer Kostenabweichung resultieren. In einem nächsten Schritt sind die Uraschen der Kosten- und Mengenabweichungen zu analysieren- Für die Kostenabweichung eines Services ist im Detail zu prüfen, welches Kostenelement des Kalkulationsschemas zu den Abweichungen geführt hat. Im Rahmen der Analyse der Mengenabweichung ist zu analysieren, welche internen Kunden in ihren Istverbrauchsmengen von den Planverbrauchmengen in welchem Maße abweichen.

Die Erkenntnisse und identifizierten Maßnahmen aus der Servicepreis-, Kosten- und Mengenabweichungsanalyse sind im Sinne einer kontinuierlichen Verbesserung in den Planungsprozess des Folgejahres zu integrieren.

Darüber hinaus empfiehlt es sich, neben Sonderanalysen und der Ergänzung der einzelnen Kalkulationsschemata um die Istkosten und Istmengen zur Ermöglichung von servicebezogenen Plan-/Ist-Vergleichen die folgenden Basisreports monatlich zu erstellen. Der Begriff Erlöse ist hier mit den an die internen Kunden verrechneten Kosten gleichgesetzt.

- Gesamtkosten und Gesamterlöse je Service

- Kosten und Erlöse je Service (monatlich – aufgelaufen – jährlich),

- Servicekosten der Abteilungs-/Organisationsbereiche (monatlich – aufgelaufen – jährlich),

- Reports zu Plan-Ist-Abweichungen.

- Erträge pro Leistungsempfänger, differenziert nach Services

- Plan-/Ist-Vergleich der Erträge pro Leistungsempfänger

- Plan-/Ist-Vergleich der Erträge pro Service

- Plan-/Ist-Vergleich der Erträge pro Leistungsempfänger pro Service

- Hochrechnung der Erträge pro Leistungsempfänger

- Hochrechnung der Erträge pro Service

- Plan-/Ist-Vergleich der Mengen pro Service

- Plan-/Ist-Vergleich der Mengen pro Leistungsempfänger

- Gesamt Plan/Ist-Vergleich der Erträge

- Plan/Ist-Vergleich der Erträge je Service pro Kunde

## 6.6    Fazit

Die vorgestellte Referenzmethode zur Leistungsverrechnung der IT erhöht die Transparenz zu Kosten und Leistungen sowohl auf der Business- als auch auf der IT-Seite. Das Grundprinzip der Verrechnung „Planpreis x Istmenge" fördert auf beiden Seiten das wirtschaftlich rationale Denken und Handeln, um eine höhere Bedarfsgerechtigkeit der IT zu erzielen.

Die höhere Bedarfsgerechtigkeit führt zu nachhaltigen Kosteneinsparungen und Leistungsverbesserungen, die den höheren Aufwand der Verrechnung im Vergleich zu einer Gemeinkostenverrechnung in der Regel deutlich überkompensieren. Für die Umsetzung ist die Kommunikation mit den internen Kunden im Sinne eines zielgerichteten Key Account bzw. Demand Managements eine wesentliche Voraussetzung.

# 7 Erfolgsfaktoren an IT-Kennzahlensysteme

*Stefan Helmke, Matthias Uebel, Jan Helmke & Yannick Helmke*

## 7.1 Einführung

IT-Kennzahlen liefern im Rahmen der IT-Governance ein wesentliches Instrument zur Steuerung des IT-Bereichs.

Im den folgenden Abschnitten 7.2 und 7.3 werden Grundlagen zur Steuerung mit IT-Kennzahlen und IT-Kennzahlensystemen vorgestellt. Diese bilden eine wesentliche Basis für das Verständnis des in diesem Buch folgenden Artikel dargestellten Prozesses zur Ableitung von IT-Kennzahlen.

Die Bedeutung von IT-Kennzahlen ergibt sich insbesondere aus den in der Praxis existierenden Defiziten zwischen Unternehmensstrategie und ihrer Umsetzung in den operativen Einheiten. Oftmals fehlt im IT-Bereich ein gemeinsames Grundverständnis über Unternehmensleitbild und Unternehmensstrategie. So bestehen in den einzelnen IT-Teilbereichen teilweise einzelne strategieorientierte „Insellösungen", denen es an einer einheitlichen Ausrichtung fehlt und die zukünftig zu beschreitenden Stoßrichtungen des IT-Bereichs unterschiedlich interpretieren. Auf der anderen Seite äußert sich oft die fehlende Verzahnung zwischen IT-Strategie und operativer Umsetzung in Kennzahlen, die ohne Strategiebezug und deshalb auch ohne Implikation ermittelt werden.

Ein weiteres Problem entsteht durch die oftmals fehlende Verknüpfung der Strategie mit den Zielvorgaben für Abteilungen und Mitarbeiter. Die so entstehenden Leerräume bieten einen vorzüglichen Nährboden für eine inhaltliche Beliebigkeit der durchzuführenden Unternehmensaktivitäten und Maßnahmen. Bei diesem wenig abgestimmten Vorgehen, sind Doppelarbeiten und konkurrierende Zielsetzungen sowie unnötiger Ressourceneinsatz kaum zu vermeiden. So ist es nicht verwunderlich, dass dann auch Entscheidungen bezüglich der Ressourcenverteilung im Unternehmen ad hoc und undifferenziert getroffen werden.

---

**Abbildung 7.1**   Mögliche Probleme bei der Umsetzung der IT-Strategie

- Vision und Strategie sind nicht dokumentiert und kommuniziert.
- Vision und Strategie sind nicht handhabbar bzw. operationalisierbar.
- Strategie ist nicht mit den operativen Bereichs- und Individualzielen abgestimmt.
- Strategie ist nicht mit der Ressourcenverteilung abgestimmt.
- Strategische Rückkopplung ist nicht vorgesehen.

---

# 7.2      IT-Kennzahlen

## 7.2.1     Ziele und Funktionen

IT-Kennzahlen bezeichnen quantitative Informationen, die als bewusste Verdichtung der komplexen Realität über zahlenmäßig erfassbare betriebswirtschaftliche Sachverhalte informieren sollen. Sie dienen dazu, schnell und prägnant über ein Aufgabenfeld der IT zu informieren.

IT-Kennzahlen, zusammengefasst in einem IT-Kennzahlensystem, stellen ein wichtiges Hilfsmittel der IT-Governance dar und spielen bei der aggregierten Aufbereitung und Darstellung der aktuellen Situation im IT-Bereich eine bedeutende Rolle. Eine sinnhafte und zielorientierte Analyse und Bewertung von IT-Kennzahlen setzt entsprechende Vergleichsmaßstäbe voraus. Ohne diese Vergleichsmöglichkeiten sind IT-Kennzahlen wenig aussagekräftig. Sie sind aufgrund ihrer numerischen Dimension von quantitativer Natur und können entsprechend nach der Art ihrer Bildung aus absoluten Zahlen (Einzelzahlen, Summen, Differenzen) oder aus Verhältniszahlen (Beziehungszahlen, Gliederungszahlen, Indexzahlen) bestehen.

IT-Kennzahlen dienen der schnellen und gezielten Information des Managements und leisten gleichzeitig eine wichtige Hilfestellung in allen Phasen des Managementprozesses. Die wesentlichen Funktionen von IT-Kennzahlen fasst die Abbildung 6.2 zusammen:

**Abbildung 7.2**    Funktionen von Kennzahlen

So kann die Bildung von IT-Kennzahlen zur Operationalisierung von Zielgrößen und Ziel-werten genutzt werden (Operationalisierungsfunktion). Darauf aufbauend können sie für die genaue und unmissverständliche Vorgabe von zukünftig zu erreichenden Zielwerten ihre Verwendung finden (Steuerungs- und Vorgabefunktion).

Gleichzeitig können IT-Kennzahlen nach der Durchführung von Aufgaben zur Identifizie-rung von bestehenden Soll-Ist-Abweichungen dienen und ermöglichen so eine Bewertung des Zielerreichungsgrades (Kontrollfunktion).

Die Bestimmung von Soll-Ist-Abweichungen ist dabei die notwendige Voraussetzung, um darauf aufsetzend die Ursachen der Abweichungen detailliert analysieren zu können. IT-Kennzahlen sind somit ein unverzichtbares Instrument für die Planungs- und Kontrollpro-zesse in Unternehmen. Aber auch bereits während der Durchführung von Aufgaben kön-nen sie für die Erkennung bestehender Auffälligkeiten und Veränderungen genutzt wer-den. Sie können so bereits frühzeitig über abzusehende Zielabweichungen informieren und als Auslöser von einzuleitenden Gegenmaßnahmen dienen (Anregungsfunktion).

Zudem sind IT-Kennzahlen ein wesentliches Instrument zur Kommunikationsunterstüt-zung in der IT, um als objektivierte Basis den Dialog innerhalb der IT und der IT mit den internen Kunden anzuregen (Kommunikationsfunktion).

## 7.2.2    Anforderungen

Für IT-Kennzahlen gelten grundsätzlich die gleichen Bewertungskriterien wie für Informationen. Die Qualität von Informationen und somit auch die von IT-Kennzahlen entscheidet über die Verwendbarkeit zur Lösung von betrieblichen Aufgaben. Wesentliche Beurteilungskriterien sind dabei:

- Zweckeignung (Grad der Eignung der Kennzahl zur Lösung einer Aufgabe)

- Genauigkeit (Präzision und Abbildungsgenauigkeit einer Kennzahl)

- Aktualität (Zeitnähe, Betrachtungshorizont)

- Kosten-Nutzen-Verhältnis (Gegenüberstellung des Nutzens der IT-Kennzahl mit den durch die Ermittlung der Kennzahl verursachten Kosten)

Neben diesen Basiskriterien muss gewährleistet sein, dass die durch die IT-Kennzahlen erfassten Merkmale den betrachteten Sachverhalt hinreichend abbilden (Aussagefähigkeit und Konsistenz). Der abzubildende Sachverhalt muss dabei nach einem durchgängigen Prinzip gemessen werden (Einheitlichkeit und Konstanz). Die Erhebungsmethoden sollten weiterhin ausreichend gegen Verfälschungen gesichert sein (Verlässlichkeit). Gleichzeitig sollte ein stabiles Erfassungssystem die dauerhafte Aufnahme, Verarbeitung und Bereitstellung der IT-Kennzahlen gewährleisten (Funktionsfähigkeit).

**Abbildung 7.3**    Qualitäts- und Bildungskriterien von IT-Kennzahlen

- Zweckeignung
  (Problemwahrnehmung, Aufgabendefinition, erforderlicher Informationsbedarf)
- Genauigkeit
  (Quantifizierbarkeit, Skalenniveau, Messmethode)
- Aktualität
  (strategisch, operativ, Stichtag, Zeitraum, Vergangenheits- oder Zukunftsbezug)
- Kosten-Nutzen-Relation
  (Beschaffungs-, Aufbereitungs-, Bereitstellungskosten, Unsicherheit, Werttreiber)

- **Aussagefähigkeit und Konsistenz**
  Bilden die angedachten zu erfassenden Merkmale den abzubildenden Sachverhalt genügend ab?
- **Einheitlichkeit und Konstanz**
  Wird der Sachverhalt nach einem durchgängigen Prinzip gemessen?
- **Richtigkeit**
  Sind die ausgewiesenen Werte richtig verdichtet?
- **Verlässlichkeit**
  Sind die Erhebungsmethoden ausreichend gegen Verfälschungen gesichert?
- **Funktionsfähigkeit**
  Lässt sich ein stabiles Erfassungssystem implementieren?
- **Zeitnähe**
  Sind die Kennzahlenwerte ausreichend aktuell?

IT-Kennzahlen, wie Kennzahlen auch, besitzen in der Regel einen unselbständigen Erkenntniswert. Dies bezeichnet die Tatsache, dass nur aus der Betrachtung einer Kennzahl selbst keine Erkenntnis im Sinne einer Beurteilung möglich ist. Ausnahmen bilden hier IT-Kennzahlen, die als inner- oder außerbetriebliche, unbeeinflussbare Entscheidungsbedingungen vorgegeben sind. Beispiele finden sich hier im Bereich von betrieblichen Vorgabewerten oder technischen Spezifikationen.

Bei IT-Kennzahlen mit unselbständigem Erkenntniswert ist eine Beurteilung der Kennzahl ohne einen expliziten oder auch rein gedanklichen Vergleich mit einer Bezugsgröße nicht möglich. So erlaubt beispielsweise die alleinige Information eines Verhältnisses der IT-Kosten zum Umsatz von 2,5 % keine Aussage darüber, ob dieses Ergebnis als gut, durchschnittlich oder schlecht zu bewerten ist. Eine Beurteilung ist erst bei Nutzung eines Vergleichsmaßstabes möglich. Erst die Gegenüberstellung mit einer Zielgröße bzw. die Vornahme eines inner- oder zwischenbetrieblichen Vergleiches gestattet eine wertende Beurteilung des IT-Kennzahlenergebnisses. Die Ursachen für die Ergebnisse können wiederum auch nicht aus der Kennzahl selbst, sondern nur durch weitere Analyse der relevanten Einflussfaktoren gewonnen werden.

Im Bereich der IT-Kennzahlen sind zwei wesentliche Fehlerkategorien zu unterscheiden. Diese beziehen sich zum einen auf den formalen Aufbau von IT-Kennzahlen und zum anderen auf die IT-Kennzahlenermittlung.

Fehler im Bereich des Formalaufbaus von IT-Kennzahlen entstehen, wenn die Struktur bzw. die Konstruktion der Kennzahl nicht geeignet ist, den als wichtig erachteten Sachverhalt, der für die Lösung einer Aufgabe genutzt werden soll, richtig abzubilden. In diesem Fahl liefert die Kennzahl eine Information, die zur Fehlinterpretation des zugrunde liegenden Objektes führt. Hier muss überprüft werden, ob es für das spezifische Problem eine oder mehrere besser geeignete IT-Kennzahlen existieren oder ob es für das Problem keine Möglichkeit einer geeigneten Quantifizierung gibt.

Fehler bei der Ermittlung von IT-Kennzahlen entstehen durch Mängel bei der Erhebung oder Aufbereitung von IT-Kennzahlen. Hier stimmen die wiedergegeben Dimensionen bzw. Ausprägungen nicht mit der tatsächlichen Wirklichkeit überein. An dieser Stelle ist zu überprüfen, inwieweit sich mögliche Fehler gegenseitig kompensieren oder sich beispielsweise durch Aggregation verstärken. Anhand des Fehlerausmaßes muss über die Einleitung von Korrekturmaßnahmen entschieden werden.

Effizienz („die Dinge richtig tun") und damit Effizienzkennzahlen beziehen sich auf die Wirtschaftlichkeit von Instrumenten bzw. Maßnahmen während Effektivitätskennzahlen („die richtigen Dinge tun") deren Wirksamkeit abbilden. Der Unterschied dieser IT-Kennzahlentypen wird deutlich am Beispiel von IT-Kennzahlen, die zur Leistungsmessung für IT-Hotline zur Lösung von Anwenderproblemen eingesetzt werden können. Effizienzkennzahlen wären hier z. B. die durchschnittliche Dauer der Bearbeitung eines Tickets oder die Anzahl der bearbeiteten Tickets pro Tag. Dies sagt noch nichts über die Wirksamkeit der IT-Hotline aus, also inwieweit die auftretenden Anwenderprobleme auch tatsächlich gelöst worden sind. Entsprechende Effektivitätskennzahlen wäre beispielsweise die Kundenzufriedenheit mit der Hotline oder der prozentuale Anteil gelöster Tickets pro Monat. Wichtig für die Praxis ist es daher, ein ausgewogenes Verhältnis aus Effizienz- und Effektivitätskennzahlen im betrachteten Steuerungsbereich zu gestalten.

IT-Kennzahlen verdichten bewusst die komplexe betriebswirtschaftliche Realität. Diese auf der einen Seite positiv zu wertende Eigenschaft führt jedoch auf der anderen Seite auch zwangsweise zu einer begrenzten Aussagekraft einer einzelnen Kennzahl. Um diesen

Nachteil entgegenzuwirken, bietet es sich für die Abbildung komplexer Sachverhalte an, mehrere mit einander in Beziehung stehende IT-Kennzahlen zu verwenden.

IT-Kennzahlensysteme umfassen dementsprechend zwei oder mehrere Einzelkennzahlen die miteinander entweder rechentechnisch verknüpft oder durch einen Systematisierungs-zusammenhang inhaltlich miteinander verbunden sind. Es werden dabei die so genannten Rechensysteme und die Ordnungssysteme unterschieden. Während sich bei einem Rechen-System eine Kennzahl aus zwei oder mehreren IT-Kennzahlen im Rahmen einer IT-Kennzahlenzerlegung ermitteln lässt, sind bei Ordnungssystemen die IT-Kennzahlen über einen Sachzusammenhang, der als Ordnungsmerkmal herangezogen wird, miteinander verknüpft. Die in einem IT-Kennzahlensystem aufzunehmenden IT-Kennzahlen sollten sich gegenseitig ergänzen und erklären sowie gemeinsam auf einen einheitlichen Sachverhalt ausgerichtet sein.

## 7.3      Erfolgsfaktoren von IT-Kennzahlensystemen

Bei der Gestaltung von IT-Kennzahlensystemen sind verschiedene Erfolgsfaktoren zu berücksichtigen. Diese werden im Folgenden unter Reflexion des Ansatzes der Balanced Scorecard erläutert.

Worauf zu achten ist, wird deutlich, wenn man betrachtet, welche Schwachstellen Informationssysteme heutzutage häufig aufweisen. Viele ambitionierte Projekte zur Schaffung von Informationssystemen zeichnen sich dadurch aus, dass eine fast vollständige Datenbasis der im Unternehmen anfallenden Daten geschaffen wird. Leider ist dieser Vorteil häufig auch das Problem, wenn die Entscheidungsrelevanz der einzelnen Informationen hinsichtlich unterschiedlicher Anwender vernachlässigt wird. Dann verkommen Informationssysteme zu Sammelbecken, aus denen kaum Nutzen gezogen wird. Neben den technischen Herausforderungen ist insbesondere darauf zu achten, dass eine durchgängige Informationsstrukturierung hinsichtlich der Steuerungsziele im Vorfeld der technischen Umsetzung konzipiert wird. Dazu ist es von fundamentaler Bedeutung, die Informationsbedürfnisse der einzelnen Anwendergruppen – also deren Anforderungen an das Informationssystem – aufzunehmen. Erst dann gelingt es auf dieser Basis, den Nutzen von Informationssystemen voll auszuschöpfen.

**Abbildung 7.4**    Zusammenhang zwischen Informationsangebot, -bedarf und -nachfrage

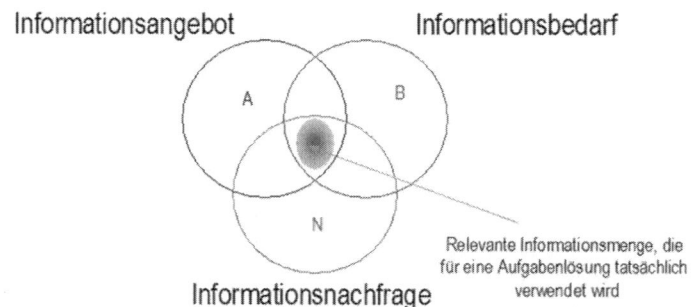

Bei der Gestaltung des IT-Kennzahleneinsatzes sollten möglichst alle kritischen Erfolgsfaktoren des IT-Bereichs einbezogen und kennzahlentechnisch abgebildet werden. Der realitätsnahen Priorisierung von IT-Kennzahlen kommt dabei eine besondere Bedeutung zu. Diese Priorisierung hat dabei zum einen funktionsbereichsspezifisch und zum anderen hierarchisch über die einzelnen Managementebenen des Unternehmens hinweg zu erfolgen.

Der Forderung nach möglichst wenigen und damit überschaubaren IT-Kennzahlen mit hoher Aussagekraft steht in der Praxis oftmals die Komplexität der vielfältigen IT-Aktivitäten gegenüber. Je weniger Kernkennzahlen zur Steuerung der Unternehmensaktivitäten verwendet werden, desto stärker ist die Verdichtung der zugrunde liegenden Information und die damit verbundene Gefahr der Verschleierung wesentlicher Einflussfaktoren und Ursachenquellen. Auf der anderen Seite führen „Zahlenfriedhöfe" zu einer unüberschaubaren und wenig aussagekräftigen Informationsbasis, die die Konzentration auf wichtige Bereiche erschwert. Dieses Spannungsfeld kann in der Praxis nur unternehmensindividuell unter Beachtung der Unternehmenssituation gelöst werden. Eine an dieser Stelle pauschalisierte Antwort kann somit den konkreten Erfordernissen im Einzelfall nicht gerecht werden.

Rein finanzielle IT-Kennzahlen beschränken sich ausschließlich auf die Abbildung finanzieller Ergebnisdimensionen. Diese IT-Kennzahlen liefern zwar Kerninformationen bezüglich der zu erreichenden finanziellen Zielwerte, geben aber keinen Aufschluss darüber, wie diese Ziele zu ereichen sind. Des Weiteren bilden sie zwar die finanziellen Ergebnisse ab, geben jedoch keinen direkten Auskunft darüber, welche Aktivitäts- und Leistungsaspekte zu möglichen Abweichen geführt haben.

Die ausschließliche Betrachtung finanzieller Ergebnisdimensionen führt gleichzeitig dazu, dass Fehlentwicklungen erst identifiziert werden können, wenn sie sich in den finanziellen Erfolgsgrößen im Sinne einer Ursache-Wirkungs-Kette bereits manifestiert haben. Sie bieten dementsprechend für das frühzeitige Erkennen von negativen Entwicklungen bei der Umsetzung von Strategien nur ein sehr geringes Unterstützungspotenzial.

Daraus resultiert die Forderung nach der Berücksichtigung wichtiger Leistungstreiber in den Steuerungsinformationen des Unternehmens. Leistungstreiber sollen als vorlaufende Indikatoren bereits frühzeitig auf bestehenden Schwächen aufmerksam machen und gleichzeitig Hinweise auf die aus der Strategie resultierende Ausrichtung und Ausgestaltung der Unternehmensaktivitäten geben.

---

**Abbildung 7.5**    Vorteile nicht-finanzieller IT-Kennzahlen

---

Nicht-finanzielle Kennzahlen messen direkt am Objekt (z.B. Prozess) die Leistung, welche zur Wertschöpfung beiträgt

- Nicht-finanzielle Kennzahlen sagen den zukünftigen Erfolg besser vorher
- Nicht-finanzielle Kennzahlen geben erste Auskunft über die direkten Ursachen von Zielabweichungen

---

Wichtig die erfolgreiche Ableitung von Kennzahlen ist die Kenntnis der Ursache-Wirkungsbeziehungen im eigenen IT-Bereich. Dabei hilft als grundsätzlicher Orientierungsrahmen der Ansatz der Balanced Scorecard mit seinen klassischen vier Kennzahlenperspektiven:

- Finanzen

- Kunde

- Prozesse

- Mitarbeiter

Die Perspektive Kunde ist in ihrer Bezeichnung treffender als „Interner Kunde zu bezeichnen". Damit sind die Business-Bereiche gemeint, die im Sinne eines internen Kunden Leistungen vom IT-Bereich beziehen.

Die in der BSC einbezogenen nicht finanziellen IT-Kennzahlenperspektiven stellen jeweils einen Teil einer Ursache-Wirkungs-Kette dar, die in ihrem Ergebnis in die finanzielle Zieldimension münden. Sie sind somit nicht als voneinander isolierte IT-Kennzahlenbereiche zu verstehen, sondern vermitteln vielmehr, wie sich die Ursachen und Wirkungen in den einzelnen Perspektiven über eine Argumentationskette auf die finanzielle Erfolgssituation des Unternehmens auswirken.

Die Mitarbeiterperspektive bildet in diesem Kausalzusammenhang den Ausgangspunkt der Betrachtungen. Das Fachwissen und die Motivation der Mitarbeiter und die damit verbundene Mitarbeitertreue und -produktivität wirken direkt auf die interne Prozessebene ein. Sie

bestimmen die Quantität und Qualität der durchzuführenden Arbeitsprozesse. Die Prozessebene beeinflusst in ihrem Ergebnis die Zielereichung in der Kundenperspektive. Die Qualität
der kundenbezogenen Wertschöpfung steht hier in direktem Zusammenhang mit Zielgrößen
wie der Kundenzufriedenheit. Diese Aspekte besitzen wiederum direkten Einfluss auf die
finanzielle Erfolgssituation des Unternehmens. Im Ergebnis wirken sich alle zuvor genannten
Ebenen als Vorsteuergrößen auf die finanzielle Unternehmenssituation aus, und sind demzufolge in den Steuerungs- und Überwachungsprozess einzubeziehen.

**Abbildung 7.6**     Verbindungen zwischen den BSC-Perspektiven

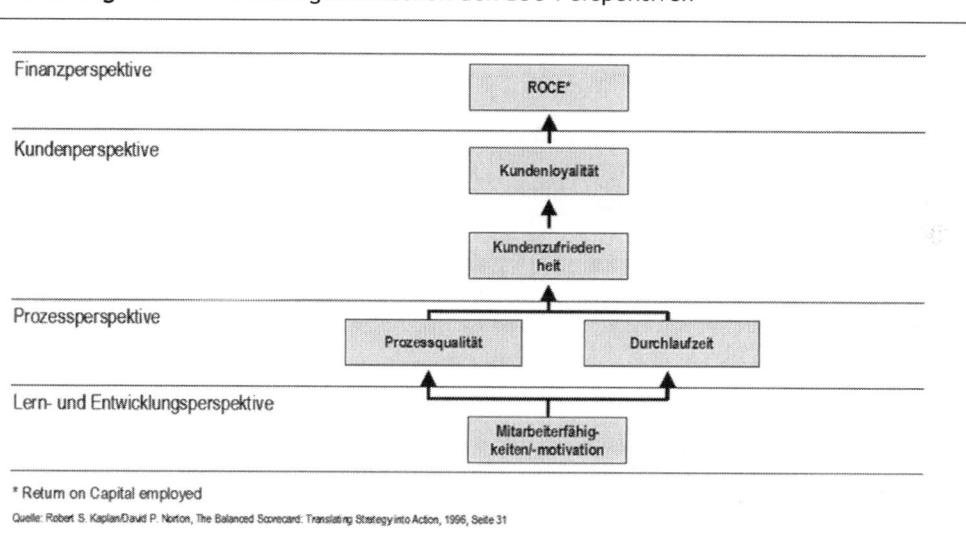

Für jede der vier BSC-Perspektiven sind Zieldimensionen festzulegen. Die Qualität der als
wichtige erachteten Zielbereiche bestimmt dabei die Leistungsfähigkeit der BSC in ihrer
Gesamtheit. Jede der einbezogenen Zieldimensionen ist darauf aufbauend mit einer oder
mehreren IT-Kennzahlen zu operationalisieren. Die IT-Kennzahlen dienen als Mess- und
Beurteilungskriterium für die Definition und Bestimmung der Zielerreichung.

Um den damit verbundenen Soll-Ist-Vergleich überhaupt durchführen zu können, ist für
jede Kennzahl ein entsprechender Vorgabewert festzulegen. Er kennzeichnet das An-
spruchsniveau in den einzelnen Zieldimensionen. Mit Hilfe dieser Sollvorgaben kann Art
und Umfang der in den einzelnen Perspektiven durchzuführenden Maßnahmen konfiguriert und justiert werden. Sie dienen als Stellschrauben, um die einzelnen Perspektiven
aufeinander abzustimmen und einheitlich auszurichten.

Je stärker die Ist-Werte von den Soll-Werten dabei abweichen, umso notwendiger ist die
Aufstellung von entsprechenden Maßnahmenplänen. Sie sollen planerisch die notwendigen Aufgaben und Aktivitäten beschreiben, die zur Erreichung des Zielwertes erforderlich
sind.

Wesentliche Kerninhalte sind mit der Festlegung von Zieldimensionen, IT-Kennzahlen und Zielvorgaben für das eigene Unternehmen zwar bestimmt. Um jedoch das IT-Kennzahlensystem tatsächlich nutzbringend im Unternehmen einzusetzen, muss dieses IT-Kennzahlensystem auch tatsächlich seine aktive Verwendung finden.

Neben der Integration in das Reporting sollte eine entsprechende Akzeptanz auf Seiten der Mitarbeiter gewährleistet sein. Nur ein IT-Kennzahlensystem, dessen Ergebnisse auch handlungswirksam eingesetzt und deren Daten im Zeitablauf sorgfältig gepflegt werden, bietet ein wirkungsvolles Unterstützungspotenzial bei der Bewältigung der Unternehmensaufgaben.

Häufig werden IT-Kennzahlensysteme nur als strukturierter Ansatz für die Abbildung erfolgsrelevanter IT-Kennzahlen gesehen. Diese Betrachtungsweise greift an dieser Stelle jedoch zu kurz. IT-Kennzahlensysteme bilden bei entsprechender Anwendung auch das Bindeglied zwischen der Unternehmensstrategie, der IT-Strategie und ihrer operativen Umsetzung.

Das IT-Kennzahlensystem sollte auch für die Unterstützung der Steuerung von der Strategiekonkretisierung bis hin zum Handeln von Entscheidungsträgern ihre Anwendung finden. Dieser Aspekt wird in der Praxis oftmals unterschätzt und führt dazu, dass das IT-Kennzahlensystem nicht sein volles Potenzial entfalten kann. Neben der dargestellten Kennzahlenfunktion liefert das IT-Kennzahlensystem somit auch einen inhaltlichen Managementansatz, der den Planungsprozess im Unternehmen strukturiert und ein Vorgehensmodell für die Zielfindung und Zieldurchsetzung liefert.

IT-Kennzahlensysteme sind vor diesem Hintergrund nicht nur als ein statisches Instrument zur IT-Kennzahlenbestimmung, sondern auch als dynamisches Instrument aufzufassen. Dieser dynamische Aspekt unterstützt als prozessuale Komponente, die sinnvolle und unternehmensnahe Ausübung der statischen IT-Kennzahlenfunktionen.

IT-Kennzahlensysteme werden häufig als reine Kontrollsysteme aufgefasst, die dadurch zum Teil auf Reaktanz bei einigen Mitarbeitern stoßen. Deshalb ist es umso wichtiger, dass das Management den Nutzen, die Notwendigkeit und die motivatorischen Aspekte von IT-Kennzahlensystemen klar und zielgerichtet kommuniziert.

Zu unterscheiden sind zwei positive Effekte auf die Mitarbeitermotivation, die durch das IT-Kennzahlensystem ausgelöst werden.

Zum einen wird dem Mitarbeiter durch das IT-Kennzahlensystem transparenter, welchen eigenen Beitrag er für den Unternehmenserfolg leistet. Dies erhöht die Identifikation der Mitarbeiter mit der Aufgabe, was sich in der Regel positiv auf die Mitarbeiterzufriedenheit auswirkt, die wiederum positiv über Ursache-Wirkungs-Beziehungen den Unternehmenserfolg beeinflusst.

Zum anderen liefern die für die einzelnen IT-Kennzahlen vorgegebenen Zielvorgaben motivatorische Leistungsanreize. Diese sind umso größer, je stärker die Einhaltung von Zielvorgaben mit finanziellen Anreizen verbunden ist. In der Regel ist dies in deutschen Unternehmen zu schwach ausgeprägt, da der variable finanzielle Anteil in der Regel nur einen Bruchteil im Vergleich zum Fixum darstellt. Zudem empfiehlt es sich, finanzielle Anreize nach Möglichkeit nicht individuell, sondern für ein Team von Mitarbeitern in Aussicht zu stellen, da sich daraus fördernde gruppendynamische Effekte ergeben.

Zentrale Schwäche vieler IT-Kennzahlenprojekte in der Praxis ist die fehlende Unterstützung des Top-Managements. Fehlt diese so genannte Top-Management-Attention, wird das Projekt im Unternehmen in seiner Bedeutung verkannt, und der Willen zur Erarbeitung und Nutzung des IT-Kennzahlensystems ist bei den Mitarbeitern und Führungskräften oftmals entsprechend gering. Dieser Widerstand wird durch eine fehlende frühzeitige Information der Mitarbeiter über Ziel und Nutzen des IT-Kennzahlensystems zusätzlich verstärkt.

Ein weiteres Manko besteht in der häufig anzutreffenden unzureichenden Planung der einzelnen Phasen des Einführungsprozesses. Diese fehlende Strukturierung der Vorgehensweise anhand der speziellen Unternehmenssituation sowie die vernachlässigte klare Zuordnung von Verantwortlichkeiten verhindern in vielen Fällen eine zielführende und möglichst effiziente Aufgabenbewältigung. Die fehlende Definition zentraler Begrifflichkeiten führt oftmals zu Missverständnissen und Abstimmungsproblemen in den Projekt- und Arbeitsgruppen. Falsch verstandener Stolz, der die frühzeitige Einbindung externer Spezialisten zur Überwindung von "Betriebsblindheit" verhindert, kann zu kritischen Situationen führen, in denen externe Hilfe erst angenommen wird, wenn ein Scheitern des Projektes fast unausweichlich erscheint.

---

**Abbildung 7.7**    Wesentliche Faktoren für den Projekterfolg

---

- Top Management Attention
- Genaue Planung der einzelnen Phasen des Einführungsprozesses
- Strukturierung der Vorgehensweise anhand der speziellen Unternehmenssituation
- Einbindung externer Spezialisten zur Überwindung von "Betriebsblindheit"
- Klare Begriffsdefinitionen zur Vermeidung von Missverständnissen
- Klare Zuordnung der Verantwortung

# 7.4    IT-Kennzahlensysteme als Managementansatz

IT-Kennzahlensysteme liefern einen wesentlichen unterstützenden Managementansatz für die IT, um die IT unternehmerisch zu steuern.

Ein Managementansatz stellt ein Konzept für die dem Management obliegenden Gestaltungs- und Lenkungsaufgaben dar. Er bildet die Gesamtheit des Instrumentariums, der Regeln und Prozesse, mit denen die Managementfunktion erfüllt werden soll. Ein wesentlicher Aspekt auf den hier fokussiert werden soll, ist die Gestaltung des Planungs- und Kontrollsystems im Unternehmen. Dies betrifft insbesondere den Aspekt der Willensbildung und Willensdurchsetzung im Rahmen der Managementaufgaben. Ein Managementkonzept vermittelt darüber Soll-Vorstellungen, wie sich „Management" im Unternehmen vollziehen soll. Dabei sollte ein Managementkonzept Antworten und Lösungsvorschläge für typische organisatorische Problemsituationen bereitstellen und die Gestaltungs- und Lenkungsprozesse aktiv unterstützen.

Das IT-Kennzahlensystem muss dementsprechend einen Beitrag zur Lösung der dargestellten Aufgabenbereiche leisten und systematisch typische Handlungsbereiche der Managementfunktion inhaltlich unterlegen. Dazu ist es notwendig, dass das IT-Kennzahlensystem Unterstützungspotenzial bei der Lösung häufig auftretender Defizite in Unternehmen bietet.

**Abbildung 7.8**     Steuerungskreislauf von IT-Kennzahlensystemen

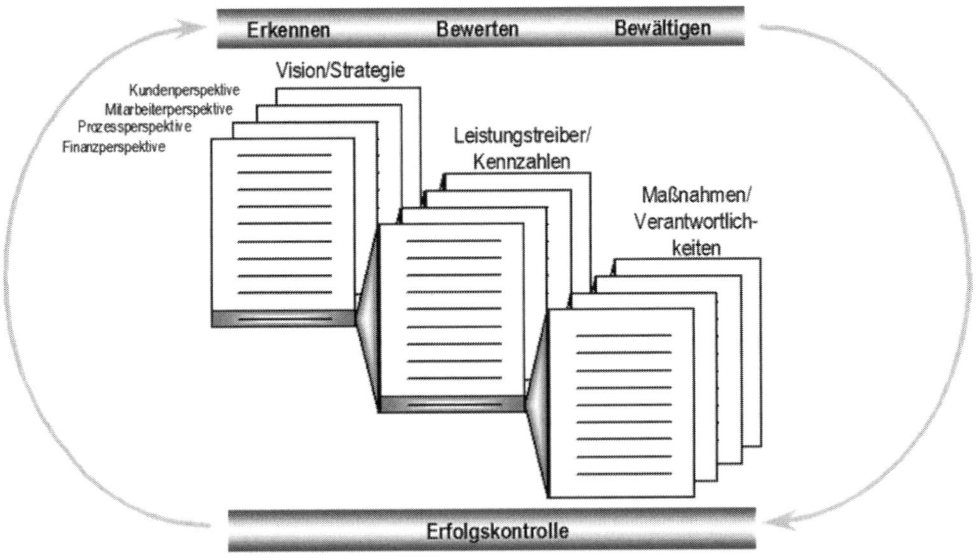

IT-Kennzahlensysteme als Managementkonzept können bei richtiger Anwendung Unternehmen in die Lage versetzen, bestehende Defizite im IT-Bereich zu reduzieren bzw. zu beseitigen. Der Entwicklungsprozess des IT-Kennzahlensystems dient dabei der Klärung und Konsensfindung im Hinblick auf die strategischen Stoßrichtungen.

Weiterhin leistet das IT-Kennzahlensystem einen wesentlichen Beitrag zur einheitlichen Zielausrichtung der Aufgabenträger im Unternehmen. Dies geschieht neben dem Einbezug von bereichs- und mitarbeiterbezogenen Zielen durch die Verknüpfung mit Anreizsystemen. Gleichzeitig wird im Rahmen von Kommunikationsprogrammen Transparenz über das Zielsystem des Unternehmens geschaffen. Darauf aufbauend können so auch finanzielle und personelle Ressourcen besser auf die einzelnen Teilbereiche verteilt werden.

Dazu muss sich der Budgetierungsprozess an den Ergebnissen des IT-Kennzahlensystems ausrichten und auf strategisch bedeutsame Initiativen fokussieren. Die kontinuierliche Überwachung der erzielten Erfolge bietet im Rahmen von Feed-forward-Schleifen die Möglichkeit, die Richtigkeit der eingeschlagenen Strategie zu bestätigen oder zu verwerfen. Diese Rückkopplung unterstützt einen aktiven strategischen Lernprozess. Im Ergebnis bietet das IT-Kennzahlensystem umfassende Hilfestellung für den Prozess der Strategieentwicklung, -umsetzung und -kontrolle.

Das IT-Kennzahlensystem ist mit der IT-Strategieentwicklung, -umsetzung und -kontrolle simultan und interdependent verknüpft.

Im Bereich der Strategieentwicklung dient das IT-Kennzahlensystem dazu, das vorhandene Wissen in den Köpfen des Managements aktiv für den Erstellungsprozess zu nutzen. An dieser Stelle kann das IT-Kennzahlensystem dazu genutzt werden, dieses implizite Wissen des Managements für die Formulierung bestehender Ursache-Wirkungsbeziehungen zu verwenden.

Das IT-Kennzahlensystem regt in diesem Zusammenhang dazu an, die eigene Sicht der Dinge explizit zu formulieren und sich dem kritisch-konstruktiven Diskurs im Managementteam zu stellen. Dieser Prozess trägt so einerseits dazu bei, unterschiedliche Sichtweisen und Erfahrungswerte kennen zu lernen, und andererseits können kritische Aspekte konstruktiv diskutiert werden. Dieser Informationsaustausch mit Lerncharakter trägt dazu bei, die verschiedenen Zukunftsbilder des Unternehmens kritisch zu hinterfragen und die Aufmerksamkeit auf bestehende Zielkonflikte zu lenken. Bei diesem Prozess stellt der Weg das eigentliche Ziel dar.

Im Rahmen der Strategieumsetzung leistet das IT-Kennzahlensystem eine wichtige Kommunikationsfunktion. Hier dient das IT-Kennzahlensystem dazu, ein gemeinsames strategisches Grundverständnis über Hierarchie- und Bereichsebenen hinweg zu erzeugen. Das IT-Kennzahlensystem wird dazu genutzt, eine gemeinsame Sprache aufzubauen und diese auch managementorientiert für die Business-Bereiche zu übersetzen. Durch die Verknüpfung der Strategie mit individuellen Zielvorgaben soll ein einheitliches Verständnis und ein gemeinsames zielgerichtetes Engagement der Mitarbeiter erreicht werden.

Ziel soll es dabei sein, die Aktivitäten jedes Mitarbeiters an übergeordneten IT-Zielstellungen auszurichten. Dazu ist es notwendig, dass über die Komponenten der Strategie entsprechend informiert wird und diese im Unternehmen verinnerlicht werden. Besteht darüber Transparenz, müssen die strategischen Ziele auf bereichs- oder auch mitarbeiterbezogene Zielsetzungen übertragen werden. Diese Ziele sollten dann mit den Zielvorgaben und Kennzahlen des IT-Kennzahlensystems verknüpft werden und anerkannte Beurteilungsmaßstäbe darstellen. Jeder Mitarbeiter sollte im Ergebnis seinen Betrag für die Erreichung wichtiger Unternehmensziele kennen und bei Ausübung seiner Tätigkeit bewusst sein. Eine flankierende Verbindung mit Anreiz- und Vergütungssystemen rundet diesen Gestaltungsprozess ab.

Die strategische Kontrolle umfasst sowohl eine Durchführungs- als auch eine Prämissenkontrolle. Im Rahmen der Durchführungskontrolle wird beurteilt inwieweit die durchgeführten strategischen Maßnahmen in der Lage waren, die strategischen Zielanforderungen zu erreichen. Hier müssen Entscheidungen bezüglich der Eignung von einzelnen strategischen Maßnahmen oder Aktionsprogrammen getroffen werden.

Im Bereich der strategischen Prämissenkontrollen werden hingegen die Annahmen und Prämissen, die der strategischen Planung zugrunde liegen, hinterfragt. Ist absehbar, dass die angestrebte finanzielle Zielsetzung mit dem bisherigen Vorgehen nicht erreicht werden kann, ist es notwendig, die konzeptionelle Gesamtsicht neu zu überdenken. Bestehende kognitive Begrenzungen erschweren die Durchsetzung des Bewusstseins, dass auch mühsam erarbeitete und durchgesetzte Konzepte stets im Zeitablauf kritisch zu hinterfragen sind. Sie begünstigen die Konzentration auf traditionelle Erfolgsmuster und hemmen den kritischen Diskurs.

Die einem IT-Kennzahlensystem zugrunde liegenden Kausalketten verdeutlichen hier auftretende Fehlleistungen explizit und bringen Führungskräfte spätestens dann in Erklärungszwang.

## Literatur

[1] Amberg, M./Lang, M.: Erfolgsfaktor IT-Management: So steigern Sie den Wertbeitrag Ihrer IT, Düsseldorf 2011.

[2] Buchsein, R./Victor , F./Günther, H./Machmeier, V.: IT-Management mit ITIL® V3. Strategien, Kennzahlen, Umsetzung, Wiesbaden 2007.

[3] Gadatsch, A./Mayer, E.: Masterkurs IT-Controlling, Wiesbaden 2010.

[4] Groll, K.-H.: IT-Kennzahlen für das wertorientierte Management, München, Wien 2003.

[5] Helmke, S./Uebel, M.F.: Von Zahlen und Visionen – Balanced Scorecard, in: Business User, 2000, H. 6, S. 68-69.

[6] Huber, B. M.: Managementsysteme für IT-Serviceorganisationen, Heidelberg 2009.

[7] Kaplan, R.S./Norton, D. P.: Balanced Scorecard – Strategien erfolgreich umsetzen, Stuttgart 1997.

[8] Kaplan, R.S./Norton, D. P.: Die strategiefokussierte Organisation. Führen mit der Balanced Scorecard, Stuttgart 2001.

[9] Kütz, M.: IT-Controlling für die Praxis, Heidelberg 2003.

[10] Kütz, M.: Kennzahlen in der IT, Heidelberg 2010.

[11] Meyer, C.: Betriebswirtschaftliche IT-Kennzahlen und IT-Kennzahlensysteme, 2. Aufl., Stuttgart 1994.

[12] Preißner, A.: Balanced Scorecard anwenden, München, Wien 2003.

[13] Reichmann, T.: Controlling mit IT-Kennzahlen und Managementberichten. Grundlagen einer systemgestützten Controlling- Konzeption, 6. Aufl., München 2001.

[14] Thome, R./Herberhold, C./Gabriel, A./Habersetzer, L.: 100 IT-Kennzahlen, Wiesbaden 2011.

[15] Weber, J./Schäffer, U.: Balanced Scorecard und Controlling, 3. Aufl., Wiesbaden 2001.

[16] Weber, M.: IT-Kennzahlen – Unternehmen mit Erfolg führen, 3. Aufl. Freiburg 2002.

# 8 Gestaltung von IT-Kennzahlensystemen

*Stefan Helmke, Matthias Uebel & Dörte Brinker*

## 8.1 Einführung

Aufbauend auf den im vorherigen Artikel dargestellten Grundlagen, liefert der folgende Beitrag einen praxisbewährten Ansatz, wie erfolgreich IT-Kennzahlen im Unternehmen im Rahmen eines Projektes abgeleitet, eingesetzt und etabliert werden können. Der dargestellte Prozess stellt einen Referenzprozess dar, während sich das Ergebnis des Prozesses, also die abgeleiteten IT-Kennzahlen, zusammengefasst in einem IT-Kennzahlensystem, unternehmensindividuell ergibt.

Neben dem Begriff „Kennzahl" hat sich in den letzten Jahren der Begriff KPI (Key Performance Indicator) im Sprachgebrauch von IT-Abteilungen eingebürgert. Letzten Endes stellt ein KPI auch eine Kennzahl dar, die als Schlüsselkennzahl eine besondere Bedeutung aufweisen soll. Im folgenden Beitrag werden sie Begriffe Kennzahl und KPI synonym verwendet.

Dazu sind die IT-Kennzahlen mit der IT-Strategie unmittelbar und damit auch mittelbar mit der Unternehmensstrategie auf der einen Seite und mit einzuleitenden Steuerungsmaßnahmen auf der anderen Seite zu verknüpfen. In der Praxis zeigt sich häufig, dass bezüglich der Gestaltung von Kennzahlen häufig einfach auf Referenzkennzahlen zurückgegriffen wird. Für eine individuelle Steuerung und Verknüpfung mit der IT-Strategie ist diese allerdings nicht ausreichend. IT-Kennzahlen sollen dazu diesen, als quantifizierte Größen Hinweise für den Grad der IT-Strategieumsetzung des IT-Bereichs in einem Unternehmen zu geben.

Ein Rückgriff auf Referenzkennzahlen kann lediglich eine Orientierung geben, auf deren Basis das unternehmensindividuelle Kennzahlensystem auszugestalten ist. Erfahrungen anderer Unternehmen sowie Empfehlungen der Literatur geben erste Anhaltspunkte für als sinnvoll zu erachtende IT-Kennzahlen. Dies ist insbesondere dann der Fall, wenn im eigenen Unternehmen nur ein geringes Erfahrungspotenzial im Hinblick auf Leistungstreiber und entsprechenden Steuerungskennzahlen vorliegt. In diesem Fall dienen diese Beispiele dazu, sich im Unternehmen ein Grundverständnis über Ursache-Wirkungsketten und die entsprechende Abbildung in Form von IT-Kennzahlen anzueignen.

Eine einfache unreflektierte Übernahme dieser IT-Kennzahlen in den eigenen Steuerungsansatz wird jedoch kaum zu überdurchschnittlichen Leistungssteigerungen führen. Dies hängt dabei natürlich vom qualitativen Ausgangsniveau der bestehenden Steuerungsprozesse im Unternehmen ab. Der Nutzen der eingesetzten IT-Kennzahlen steigt mit der Individualität und der Berücksichtigung der konkreten Unternehmenssituation. Durchschnittslösungen führen eben auch nur zu durchschnittlichen Ergebnissen. Ein Wettbewerbsvorteil ergibt sich nur, wenn ein Unternehmen besser als die Konkurrenz in der Lage ist, sein Business zu verstehen. Ein IT-Kennzahlensystem ist nur so gut, wie die in ihr dargestellten Inhalte, die getroffenen Annahmen sowie die einfließenden Kenntnisse und Erfahrungen.

## 8.2    Zielsetzung

Im Rahmen der Entwicklung eines IT-Kennzahlensystems für ein Unternehmen sind die Zielsetzungen festzulegen. Grundsätzlich ist das Kennzahlensystem mit der IT-Strategie zu verzahnen. Darüber hinaus sind grundsätzliche Referenz-Zielsetzungen zu beachten, welche die **Abbildung 8.1** verdeutlicht.

**Abbildung 8.1**    Referenz-Zielsetzungen von IT-Kennzahlensystemen

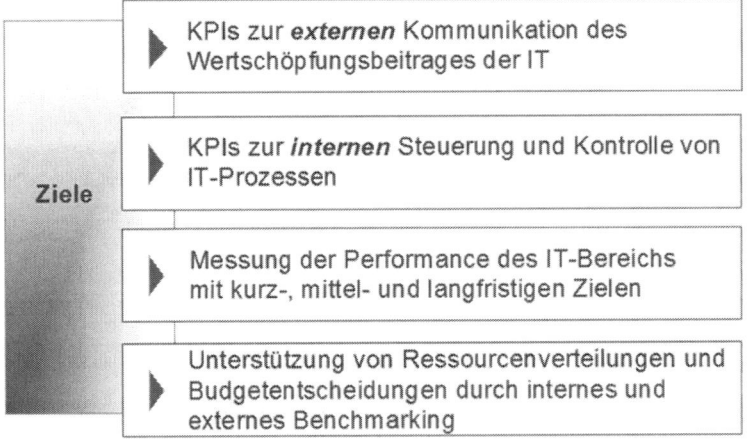

Diese Referenz-Zielsetzungen sind bei der weiteren Strukturierung des Kennzahlensystems und der Herleitung der konkreten Kennzahlen unter Einsatz von Ursache-Wirkungs-Diagrammen zu berücksichtigen. Das dritte Ziel der Performance-Messung geht auf in die beiden erst genanten Ziele zur Darstellung des Wertschöpfungsbeitrages der IT und der internen Steuerung und Kontrolle von IT-Prozessen.

Zur Emanzipation des IT-Bereichs ist die externe Kommunikation von entscheidender Bedeutung, um den relevanten Anspruchsgruppen wie die Geschäftsführung oder die Business-Bereiche als interne Kunden den Mehrwert der eigenen IT-Leistung zu verdeutlichen. Hier ist es wichtig, Kennzahlen zu finden, die für die genannten Anspruchsgruppen nachvollziehbar sind und eine managementorientierte Kommunikation ermöglichen.

Das vierte Ziel ist bedeutend, um die Kennzahlen mit der Strategiebildung der anschließenden jährlichen Budgetbestimmung und einer unterjährigen Steuerung zu verknüpfen.

# 8.3 Kennzahlenstrukturierung

Grundsätzlich kann im Rahmen der Kennzahlen zwischen Standard- und Individualkennzahlen unterschieden werden, die sich in ökonomische Kernkennzahlen und technisch-prozessuale Kennzahlen weiter untergliedern lassen. Die Kennzahlen sind in einem Strukturierungsrahmen einzubetten. Dazu werden drei mögliche Ansätze vorgestellt: Kennzahlenpyramide, RGT-Metrik und eine adjustierte IT-Balanced Scorecard.

## 8.3.1 Standard- vs. Individualkennzahlen

Im Rahmen der Kennzahlenbildung sind verschiedene Bereiche zu unterscheiden. Wie bereits dargestellt worden ist, ist das IT-Kennzahlensystem entsprechend der individuellen Steuerungsbedürfnisse des IT-Bereichs auszugestalten. Daneben existieren einige IT-Standard-Kennzahlen, für die grundsätzlich überprüft werden sollte, ob sie in das individuelle IT-Kennzahlensystem des jeweiligen IT-Bereichs aufgenommen werden sollten.

Diese IT-Standard-Kennzahlenbereiche, für die im Folgenden wesentliche Beispiele gegeben werden, sind auf oberster Ebene zu unterscheiden in ökonomische Kernkennzahlen und technisch-prozessuale Kernkennzahlen. Tendenziell eigenen sich die ökonomischen Kernkennzahlen besser zur Erfüllung des im vorherigen Kapitel zuerst genannten Zieles der Kommunikation des Wertschöpfungsbeitrages des IT-Bereichs im Unternehmen. Die technisch prozessualen Kennzahlen eignen sich tendenziell besser zur Erfüllung des zweitgenannten Zieles der internen Steuerung und Kontrolle von IT-Prozessen.

Neben diesen IT-Standardkennzahlen sei auf generische Unternehmenskennzahlen verwiesen, die grundsätzlich auch in ein IT-Kennzahlensystem aufgenommen werden können, aber keine IT-Spezifität aufweisen. Dies sind beispielsweise Krankenstände der Mitarbeiter, Fortbildungsbudget pro Mitarbeiter etc.

Für diese IT-Standardkennzahlen ist zu ermitteln, welche Bedeutung sie für die Sicherstellung der IT-Strategieumsetzung aufweisen. Das Ziel besteht nicht darin, besonders viele Kennzahlen zu erheben, sondern sich auf die besonders geeigneten zu fokussieren. Daneben sind individuelle Kennzahlen zu definieren, die auf bestimmte Aspekte der IT-Strategieumsetzung fokussieren. Diese Kennzahlen bzw. KPIs werden auch als Hot Topic-KPIs bezeichnet, z. B. Entwicklung der Kosten einer bestimmten Hotline oder die Realisierung spezifischer Einsparungsziele.

Für jede dieser Kennzahlen ist die genaue Erhebungsvorschrift inklusive des Erhebungsprozesses zu definieren, falls die Kennzahl in das IT-Kennzahlensystem aufgenommen werden soll.

Es kann nicht verallgemeinert werden, ob grundsätzlich Standard- oder Individualkennzahlen besser zur Steuerung geeignet sind. Vielmehr ist für jede Kennzahl deren Zweckeignung hinsichtlich des jeweiligen Steuerungszieles zu hinterfragen.

Auf den ersten Blick erscheinen Standardkennzahlen insbesondere für ein externes Benchmarking besser geeignet zu sein. Allerdings ist hier regelmäßig die Erhebungsmethode zu hinterfragen, damit auch tatsächlich gleiche Sachverhalte miteinander verglichen werden. Die IT-Budgets zweier grundsätzlich gleich strukturierter Unternehmen werden erheblich auseinanderklaffen, wenn beispielsweise in dem einen Unternehmen die IT selbst Eigentümer der PCs und Notebooks ist und im anderen Unternehmen dies die Business-Bereiche sind.

Für jede Standard- und Individualkennzahl sind als Basis zumindest die folgenden Attribute zu definieren:

- Steuerungsziel
- Erhebungsmethode inklusive Erhebungsvorschrift und Erhebungsprozess
- Zeitliche Aktualisierung
- Verantwortlichkeit
- Zielwert

## 8.3.2 Ökonomische Kennzahlen vs. technisch-prozessuale Kennzahlen

### Ökonomische Kennzahlen

Die ökonomischen Kennzahlen können jeweils als absolute Größe oder in Relation zu einer inhaltlichen oder zeitlichen Bezugsgröße gesetzt werden. Sinnvolle inhaltliche Bezugsgrößen sind z. B. die Anzahl Mitarbeiter des Gesamtunternehmens oder der Umsatz des Gesamtunternehmens. Die zeitliche Bezugsgröße wird in der Regel über die prozentuale Veränderung der Kennzahl über einen bestimmten Zeitraum definiert.

Es zeigt sich, dass sich viele Freiheitsgrade bei der Bildung der Kennzahlen ergeben. Sinnvoll ist es dabei ausdrücklich nicht, alle Kennzahlen in allen Bezugsdimensionen abzubilden, da darunter die Übersichtlichkeit leidet und diese Kennzahlen Redundanzen aufweisen. Das bedeutet, dass sich bei Kennzahlen mit prinzipiell gleichem Aussagewert und entsprechend gleichen Implikationen für eine Variante zu entscheiden ist. Welche Bezugsvariante am besten geeignet ist, sollte mit dem Management diskutiert und verabschiedet werden. Grundsätzlich kann jede dargestellte Inhaltsgröße mit jeder Bezugsgröße kombiniert werden. Um die Lesbarkeit im Folgenden zu vereinfachen, ist hier jeweils die in der Praxis für diese Kennzahl gängigste Bezugsgröße angegeben.

■ Overall-Targets

- Absolutes IT-Kostenbudget

- IT-Profit: Umsätze aus Kosten und Projekten – IT-Kosten

- Prozentuale Veränderung des IT-Kostenbudgets im Plan und im Ist

- Prozentuale Budgetüber-/-unterdeckung: Ist-IT-Kosten / Plan-IT-Kosten

- IT-Kostenbudget / Umsatz des Gesamtunternehmens

- IT-Kostenbudget / Gesamtanzahl Mitarbeiter des Unternehmens

- Anzahl IT-Mitarbeiter in FTE (Full Time Equivalents)

- Investitionen

- IT-Mitarbeiterintensität: Anzahl IT-Mitarbeiter / Gesamtanzahl Mitarbeiter

- etc.

■ Kostenintensitäten

- nach Funktionskosten in % der Gesamtkosten oder pro Anwender, z. B.

  - SAP-Kosten
  - PC-Kosten
  - Security-Kosten
  - BI-Kosten
  - Wartungskosten
  - Kosten des Warenwirtschaftssystems
  - Kosten des Rechenzentrums
  - etc.

- nach Kostenarten in der Regel in % der Gesamtkosten

  - Interne Personalkosten
  - Externe Personalkosten, differenziert nach operativen Unterstützungskräften (z. B. Hotline), Programmierern, Business Consultants
  - Hardware-Kosten
  - Software-Kosten
  - Abschreibungen
  - Verbrauchsmaterialien
  - Overhead
  - etc.

■ Wertschöpfung

- Service-/Projektkostenverhältnis

- Anteil CAPEX / OPEX / STRATEX am Gesamt-IT-Budget

- Anteil Run-/Grow-/Transformkostenquote am Gesamt-IT-Budget

- Grow Cost-Quote: Entwicklung der Grow-Kosten / Umsatzwachstum des Gesamtunternehmens

- Wertschöpfungsbeitrag aus Projekten in EUR, kalkuliert aus Business Cases

- Wertschöpfungsverhältnis (Wertschöpfungsbeitrag / Projektkosten)

- Realisierte Kosteneinsparungen

- Anzahl neuer Services

- Aufteilung des Projektkostenkostenverhältnisses nach Projekttypen

- Kunden- bzw. Anwenderzufriedenheit

- Wertschöpfung und Projektkosten zurückgestellter Projekte

- Diverse Kennzahlen aus dem IT-Einkauf, z. B. Entwicklung der Einstandspreise

- etc.

## Technisch-prozessuale Kennzahlen

Die technisch-prozessualen Kennzahlen können nach den verschiedenen Anwendungsbereichen gegliedert werden. Für den unternehmenspraktischen Einsatz ist hier das organisatorische Kongruenzprinzip zu beachten. Das bedeutet, dass für die jeweilige Kennzahl in der Regel eine eindeutige organisatorische Verantwortung zuzuordnen ist. Das ITIL-Framework gibt mannigfaltige Hinweise für mögliche technisch-prozessuale Standardkennzahlen. Die folgende Auflistung liefert Kennzahlen, die besonders gängig in der Unternehmenspraxis sind. Wiederum können ebenso wie bei den ökonomischen Kennzahlen Bezugsgrößen hinzugezogen und vielfach variiert werden.

- ■ Incident Management

  - Anzahl gelöster Tickets

  - Tickets je Priorität in %

  - Tickets je Applikation und Kategorie in %

  - Tickets nach Bearbeitungsstatus

  - Durchschnittliche Lösungszeit pro Ticket

  - Lösungsrate 1st / 2nd /3rd-Level-Support

  - Durchschnittlicher Arbeitsvorrat an noch zu bearbeitenden Tickets

  - Prozentuale Entwicklung Neue Tickets (Arbeitsvorrat)/ Tickets in Bearbeitung

  - etc.

- ■ Change Management

  - Changes je Applikation und Kategorie in %

- Changes mit Störungen nach Durchführung in %

- Changes mit Nacharbeit in %

- Istaufwand / Planaufwand für Changes, differenziert nach Applikationen

- Durchschnittlicher Arbeitsvorrat an noch zu bearbeitenden Changes

- Prozentuale Entwicklung Neue Changes (Arbeitsvorrat)/ Tickets in Bearbeitung

- etc.

■ Rechenzentrum

- Verfügbarkeit bestimmter Systeme

- Wiederherstellzeiten bestimmter Systeme

- Serverkapazitäten

- Festplattenkapazitäten

- Energieverbrauch


■ Security

- Anzahl externer Angriffe

- Anzahl erkannter Sicherheitslücken

- Anzahl geschlossener Sicherheitslücken

- ROSI (Return on Security Invest)

Wichtig ist, dass durch die Kennzahlen das richtige Signal gesetzt wird. Eine falsch formulierte Zielsetzung oder Erhebungsmethode kann das grundsätzlich zu steuernde Sachziel der IT-Kennzahl konterkarieren. Beispielsweise wäre das Ziel einer möglichst kurzen Bearbeitungszeit je Ticket kontraproduktiv, wenn nicht gleichzeitig die Lösungsqualität gemessen wird.

## 8.3.3     Kennzahlenpyramide

Im Rahmen der Kennzahlenpyramide wird zwischen der strategischen Kennzahlenebene und der operativen unterschieden. Das Grundprinzip verdeutlicht die **Abbildung 8.2**.

**Abbildung 8.2**    Grundprinzip der Kennzahlenpyramide

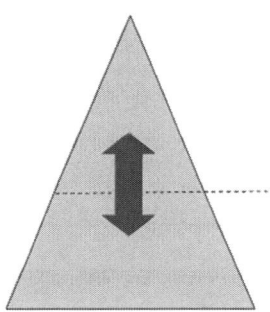

**Strategische Ebene – Beispiele**
- IT-Budget (insgesamt, pro Anwender etc.)
- Verhältnisse zwischen OPEX CAPEX, STRATEX
- Verhältnis zwischen Service- und Projektkosten

**Operative Ebene – Services und Projekte**
Kombination technischer und ökonomischer Kennzahlen
- IT-Input
  - z. B. Security-Kosten pro User
- IT-Throughput
  - z. B. Overall-Governance-Index
- IT-Output
  - z. B. Anzahl abgewehrter Angriffe pro Periode

Die Kennzahlen der strategischen Ebene dienen zur Messung der Erfüllung der IT-Strategie und der Einhaltung der IT-Roadmap. Sie sind zudem ein wesentliches Kommunikationsinstrument sowohl zwischen IT-Controlling und IT-Governance mit dem IT-Management als auch zwischen dem IT-Management und der IT-Geschäftsführung.

Die strategische Ebene und die operative Ebne sind eng miteinander verknüpft. Abweichungen von Zielwerten der Kennzahlen in der strategischen Ebene haben Frühwarnfunktion und erfordern eine detaillierte Ursachenanalyse in der operativen Ebene, wobei dafür die Istwerte dieser Kennzahlen in Abweichung zu deren Zielwerten wesentliche Anhaltspunkte geben. In der strategischen Ebene sind tendenziell eher ökonomische Kernkennzahlen abgebildet.

Die dargestellte Unterscheidung zwischen OPEX, CAPEX und STRATEX liefert hierzu ein zentrales Element. OPEX (Operational Expenditures) bilden die operativen Ausgaben ab. Im CAPEX (Capital Expenditures) werden die Investitionen abgebildet, die notwendig für Ersatzinvestitionen, Erneuerungen, Innovationen und Weiterentwicklungen sind, um den Fortbestand der IT auf zumindest gleichem Niveau sicherzustellen. Ist das Unternehmen im CAPEX-Holiday, also liegt der CAPEX nahe Null, so wird die IT schleichend veraltern. Traditionelle bilden OPEX und CAPEX die TOTEX (Total Expenditures). Um auch die strategische Weiterentwicklung der IT voranzutreiben, sollten neben OPEX und CAPEX STRATEX (Strategic Expenditures) eingeplant werden. Der STRAETX sollte als fixe Größe in das Budget eingehen und mit Themen zur strategischen, wertorientierten Weiterentwicklung der IT und des Einsatzes der IT in den Business-Bereichen fundiert werden.

Die Kennzahlen der operativen Ebene beziehen sich auf Services und Projekte. Dabei ist zwischen Kennzahlen zu unterscheiden, welche die Leistung im IT-Input, im IT-Throughput und im IT-Output messen. In der operativen Ebene sind sowohl ökonomische Kernkennzahlen als auch technisch-funktionale Kennzahlen abgebildet.

## 8.3.4   RGT-Metrik

Die RGT-Metrik[1] ist ein Ansatz zur Kennzahlenstrukturierung, der ökonomisch geprägt ist und insbesondere die Gesamtsteuerung des IT-Bereichs unterstützt und die ökonomische Leistungsfähigkeit der IT verdeutlichen sollen. Voraussetzung für die Anwendung des Ansatzes ist die Unterscheidung der IT-Kosten in Run-, Grow- und Transform-Costs.

■ Run-Kosten

Unter Run-Kosten sind diejenigen Kosten zu verstehen, die für den derzeitigen Betrieb der IT bzw. IT-Services anfallen. Dies sind beispielsweise Rechenzentrumskosten, Kosten für Basisservices oder die Kosten für den Betrieb zentraler Applikationen.

■ Grow-Kosten

Unter Grow-Kosten – auch als Grow-Effekte zu bezeichnen – sind diejenigen Kosten bzw. Kostensteigerungen zu verstehen, die aus wachstumsbedingten Leistungssteigerungen als notwendige Unterstützung des Unternehmenswachstums resultieren

■ Transform-Kosten

Unter Transform-Kosten – auch als Transform-Effekte zu bezeichnen – sind diejenigen Kosten bzw. Kostensteigerungen zu verstehen, die aus inhaltlichen Leistungssteigerungen hinsichtlich Effizienz, Effektivität sowie neuer Leistungen der IT resultieren. Hier hinter stehen Projektkosten für neu zu entwickelnde Services und die Kosten für neue Services.

Diese Unterscheidung ist beispielsweise zentral bedeutend bei der Erfüllung von Einsparungszielen zur Erhöhung der Effizienz des IT-Bereichs. Eine höhere Effizienz ergibt sich nur bei Einsparungen bei den Run-Kosten und mit Einschränkungen bei den Grow-Kosten, falls das Wachstum kostengünstiger erzielt werden kann. Bei einer pauschalen Einsparungsforderung können beispielsweise kontraproduktiv Einsparungen bei den Transform-Kosten sogar Kostensteigerungen in den Run-Kosten überkompensieren, um dennoch das vermeintlich richtige Ziel zu erreichen. Die Transform-Kosten stellen ein wichtiges Maß für die Innovationskraft und Wertschöpfungsorientierung der IT dar. Dies erfordert natürlich als hinreichende Nebendingung den nutzbringenden Einsatz der hinter den Transform-Kosten stehenden Ressourcen, was in einer entsprechenden Aufteilung der Transform-Kosten auf Projekte und Services mit nachvollziehbaren Business Cases zu dokumentieren ist.

Im Vorgriff auf das folgende Kapitel zur Ableitung von Kennzahlen liefert die Aufteilung der IT-Kosten in Run-, Grow- und Transform-Kosten bereits aus den resultierenden strategischen Implikationen und Zielen Ansätze für geeignete Kennzahlen und die zugehörigen unternehmensindividuell und situativ festzulegenden Kennzahlenwerte. Dies verdeutlicht die **Abbildung 8.3.**

---

[1]   in Anlehnung an Gartner 2008

**Abbildung 8.3**     Kostenverteilung nach der RGT-Metrik

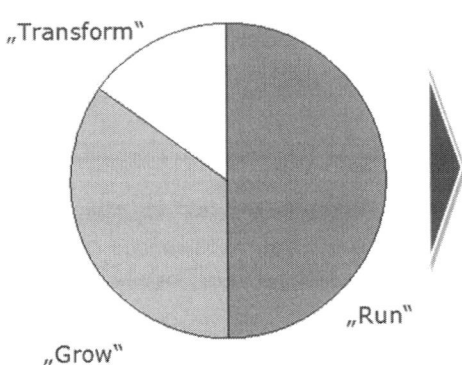

Für die grundsätzlichen Ziele sind zur Messung der Zielereichung Kennzahlen zu definieren und in einem zweiten Schritt Zielwerte festzulegen. Die exemplarische Kennzahlenbestimmung nach der RGT-Metrik verdeutlicht die **Abbildung 8.4**.

**Abbildung 8.4**     Kennzahlenableitung nach der RGT-Metrik

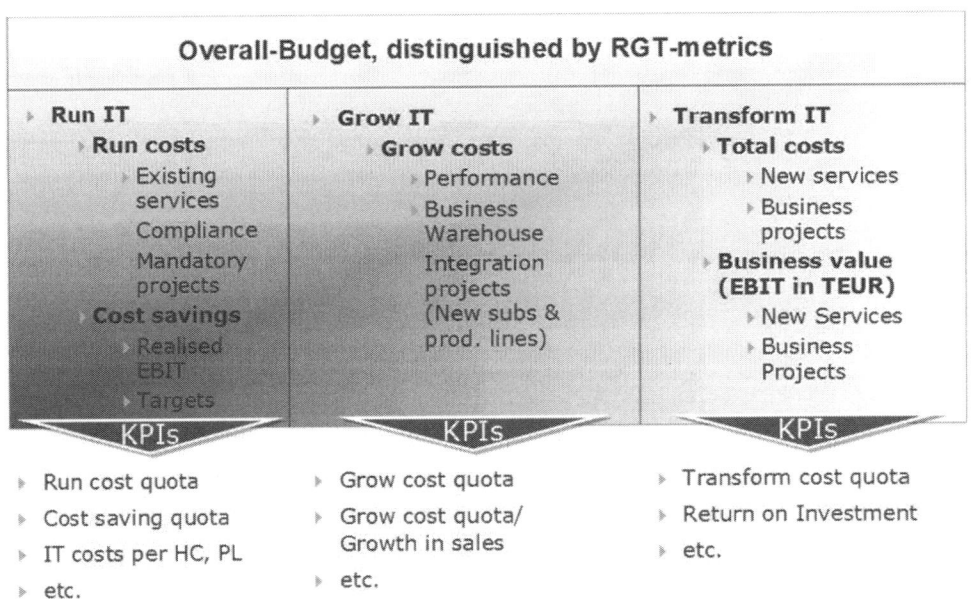

## 8.3.5    IT-Balanced Scorecard

Der Balanced Scorecard-Ansatz mit seinen Perspektiven Finanzen, Prozesse, Kunden und Mitarbeiter kann grundsätzlich zur Ableitung und Strukturierung der IT-Kennzahlen eingesetzt werden. Für die unternehmenspraktische Anwendung in der IT empfehlen sich Modifikationen in den Bezeichnungen der Perspektiven – wie in der **Abbildung 8.5** dargestellt -, um diese griffiger auszugestalten und das Abstraktionsniveau geringer zu halten. Dies fördert erfahrungsgemäß das Verständnis der IT-Mitarbeiter und erleichtert die Abstimmung im dem IT-Management und der Geschäftsleitung.

Die Finanzperspektive wird hier als Perspektive „Cost & Values" bezeichnet. Die Perspektive Kunde bleibt in der Bezeichnung „User Satisfaction" bestehen. Die Prozessperspektive geht in die Perspektiven „Services and Projects" für den laufenden Betrieb und „Taken Measures" für die Darstellung der induzierten Prozessverbesserungen auf. Ebenso ist die Mitarbeiterperspektive mit dem Schwerpunkt auf Lernen und Entwicklung zur Förderung des Humankapitals und Know-how des IT-Bereichs in der Perspektive „Taken Measures" zu berücksichtigen.

**Abbildung 8.5**    Modifizierte IT-Balanced Scorecard

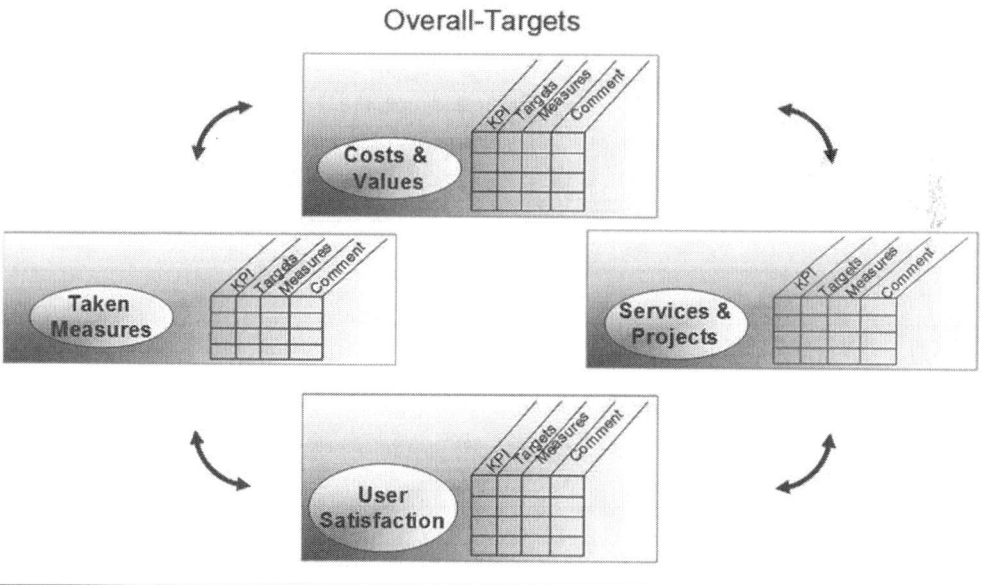

## 8.3.6    Ableitung der Kennzahlen

Voraussetzung für die Ableitung ist das Vorhandensein einer IT-Strategie. Dies muss nicht zwangsläufig explizit vorliegen, sondern sollte zumindest implizit als Leitplanke existieren. Falls diese nur implizit vorliegt, kann der Aufbau eines IT-Kennzahlensystems die Überzeugung fördern, diese explizit zu formulieren.

Aus der implizit oder explizit vorliegenden IT-Strategie sind IT-Ziele abzuleiten. Dazu sind Ursachen-Wirkungsketten aufzustellen. Insbesondere der gemeinsame Zielfindungsprozess wirkt in Richtung einer einheitlichen Sprache und Verständnisses bezüglich der Erfolgsfaktoren des Unternehmens bzw. des IT-Bereichs.

Aus den aufzustellenden Ursache-Wirkungsketten, verbunden mit den abgeleiteten Zielen, werden Steuerungsbedarfe ersichtlich, die mit Kennzahlen und entsprechenden Zielwerten zu hinterlegen sind. Hier ist zu prüfen, welche Standardkennzahlen (Ökonomische Kernkennzahlen und technisch-prozessuale Kennzahlen) eingesetzt und welche Individualkennzahlen insbesondere für Hot Topics (als auch Hot Topic-Kennzahlen zu bezeichnen) benötigt werden.

Dieser Kennzahlenbedarf ist mit dem Angebot an bzw. den Bildungsmöglichkeiten von Kennzahlen aus den bestehenden Informationssystemen abgeglichen werden. Zudem sind die Kennzahlen über die verschiedenen Abteilungen des IT-Bereichs zu harmonisieren. Dies impliziert, dass es empfehlenswert ist, die Ursache-Wirkungsketten zunächst separat je IT-Bereich zu erheben und dann miteinander zu vernetzen, um die Komplexität der Erhebung zu reduzieren, worauf im Folgenden noch im Detail eingegangen wird.

Die **Abbildung 8.6** verdeutlicht diesen Prozess. Das Kennzahlen-Portfolio setzt den Messaufwand ins Verhältnis zur Bedeutung der KPI-Kandidaten und gibt Handlungsempfehlungen für eine rationale Entscheidung für die geeigneten KPIs in der unternehmenspraktischen Anwendung unter Berücksichtigung von Kosten- und Nutzeneffekten.

**Abbildung 8.6** Prozess der IT-Kennzahlenableitung

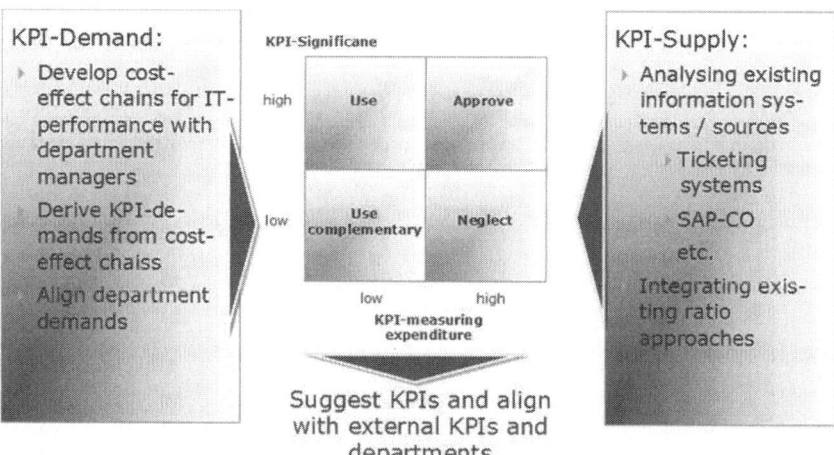

Die Qualität der Ursache-Wirkungsketten sowie der daraus abgeleiteten zu verfolgenden Ziele und zu steuernden Leistungstreiber entscheidet über die Güte des IT-Kennzahlensystems. Deshalb sollte dieser Aufgabe eine entsprechende Aufmerksamkeit gewidmet werden. Erfahrungen zeigen, dass der Zeitaufwand mit dem Grad der Individualisierung einer maßgeschneiderten Lösung steigt. Die viel zitierte 80:20-Regel hat auch in diesem Bereich ihre Berechtigung.

Erste grobe Basislösungen können demnach oft in zwanzig Prozent der Zeit erarbeitet werden, die spezifischen und intelligenten Lösungsverfeinerungen können jedoch die restlichen achtzig Prozent des Gesamtzeitaufwandes ausmachen. Oft sind es aber gerade diese intelligenten Spezifikationen, die ein gutes IT-Kennzahlensystem erst ausmachen. Dies sollte jedoch nicht dazu führen, eine scheingenaue Perfektion erzielen zu wollen. Viel wichtiger ist es, alle verfügbaren Kenntnisse und Erfahrungen in diesem Entstehungsprozess eines IT-Kennzahlensystems einfließen zu lassen. Dabei sollte eine inhaltliche und zeitliche Planung wie bei jedem Projekt durchgeführt werden.

Das bei der Festlegung des IT-Kennzahlenumfangs in der Praxis häufig auftretende Problem ist dadurch charakterisiert, dass eine geringe Anzahl von IT-Kennzahlen die Übersichtlichkeit und oftmals die Akzeptanz erhöht. Oft fällt es jedoch schwer, die vielfältigen als relevant erachteten Aspekte und die damit verbunden Komplexität auf wenige IT-Kennzahlen zu reduzieren. Wird auf der anderen Seite der IT-Kennzahlenumfang sehr ausgedehnt, ist die damit verbundene Informationsdichte praktisch kaum mehr zu bewältigen. Als zu relativierende Faustregel gilt an dieser Stelle, dass ein Umfang von ca. 20 – 25 IT-Kennzahlen als ausreichend und trotzdem handhabbar anzusehen ist. Dabei ist sich stets bewusst zu machen, dass die Qualität eines IT-Kennzahlensystems nicht von der Anzahl, sondern der Relevanz und Aussagekraft der aufgenommenen IT-Kennzahlen abhängt.

Die Diskussion um die „richtigen" IT-Kennzahlen kann unter Umständen sehr langwierig sein. Vor dem Hintergrund, dass es im vornherein schwer zu beurteilen ist, ob sich die IT-Kennzahlen in der Praxis auch tatsächlich bewähren, ist es zumeist besser, mit Kernkennzahlen zu starten und das System mit der Zeit zu verfeinern und zu optimieren. Die optimale IT-Kennzahlenstruktur hängt von den individuellen Gegebenheiten im Unternehmen ab. Allerdings lassen sich jeweils branchenspezifisch einige generelle IT-Kennzahlen formulieren, die als Startpunkt weiterhelfen. Dabei ist auf im Unternehmen bereits festgehaltene IT-Kennzahlen aufzusetzen, um den Erhebungsaufwand möglichst gering zu halten. Die IT-Kennzahlen sind im Zeitverlauf kontinuierlich daraufhin zu überprüfen, ob sie weiterhin einen Gradmesser für die Erreichung der IT-Ziele darstellen und ob sie tatsächlich verhältnismäßig aufwandsarm erhoben werden können. Ggf. sind Anpassungen der IT-Kennzahlen oder sogar die Überarbeitung einzelner Perspektiven notwendig

Anpassungsprozesse erfordern natürlich auch einen entsprechenden organisatorischen und personellen Aufwand. Der damit verbundene Ressourceneinsatz bedingt ein wirtschaftlich vertretbares Maß an Anpassungsprozessen. Gleichzeitig stellen sich auch die Erfolge nicht über Nacht ein. Demzufolge macht es wenig Sinn, das IT-Kennzahlensystem täglich neu zu hinterfragen. Wenn ein IT-Kennzahlensystem neu eingeführt wird, besteht hier die Gefahr, dass es noch nicht den erforderlichen Gütegrad in vollem Umfang besitzt. Hier erscheint es durchaus vertretbar, nach einem halben Jahr in dem erste Anwendungserfahrungen gesammelt wurden ein Follow-up durchzuführen.

Dieser Zeitpunkt richtet sich dabei auch nach der zeitlichen Wirkung von initiierten Maßnahmen. Der Zeithorizont nach dem Anpassungsüberlegungen im weiteren Verlauf angestellt werden, sollte sich nach den Planungshorizonten im Unternehmen richten. Da das IT-Kennzahlensystem als wichtiges Steuerungsinstrument mit Zielvorgabecharakter auch für die Budgetierungsprozesse und Ressourcenplanung im Unternehmen einbezogen werden sollte, bieten sich diese Zeitpunkte auch für einen kritischen Review der Inhalte des IT-Kennzahlensystems an.

Um die zielkonforme Ausrichtung der Mitarbeiter zu gewährleisten, sollte die Erfüllung der im IT-Kennzahlensystem abgebildeten Ziele auch als relevante Beurteilungskriterien im Rahmen von Prämien- und Anreizsystemen dienen. Besteht hier keine Verbindung, ist es schwer, Mitarbeiter dauerhaft zu motivieren, in Richtung der IT-Kennzahlensystem-Ziele zu arbeiten. Weiterhin müssen die Ergebnisse des IT-Kennzahlensystems in das Unternehmensreporting integriert werden, d.h. die IT-Kennzahlen, bestehende Zielvorgaben und aktuelle Zielerreichung müssen aktiv und offensiv in das Berichtswesen aufgenommen werden. Es sollte die Basis für Kommunikations- und Entscheidungsprozesse im Unternehmen darstellen.

Um ein IT-Kennzahlensystem dauerhaft in die Steuerung von Unternehmensaktivitäten zu integrieren ist es unerlässlich, die relevanten Führungskräfte über die Ergebnisse ihres Verantwortungsbereiches zu informieren. Die Handlungswirksamkeit des IT-Kennzahlensystems im Zeitablauf ist somit nur gegeben, wenn das IT-Kennzahlensystem eine zentrale Stellung einnimmt.

Die Informationsfunktion des IT-Kennzahlensystems dient dazu, über den Grad der Zielerreichung zu berichten und auf Abweichungen bzw. Defizite aufmerksam zu machen. Die damit verbundene Anregungsfunktion soll das Management dazu veranlassen, bei zu erwartenden Zielabweichungen frühzeitig Gegenmaßnahmen zur Verbesserung der Unternehmens- bzw. Bereichssituation einzuleiten. Gleichzeitig trägt das IT-Kennzahlensystem-Reporting dazu bei, die Aufmerksamkeit des Managements auch tatsächlich auf die relevanten Erfolgs- und Leistungstreiber zu lenken.

Die Berücksichtigung dieser Informationen bei der Entscheidungsfindung kann dabei nur hinreichend sichergestellt werden, wenn die IT-Kennzahlen auch als offizielle und verbindliche Zielvorgaben, an denen sich die persönliche Leistungsbewertung orientiert, verstanden werden: Neben der Integration in das Reporting sollte eine entsprechende Akzeptanz auf Seiten der Mitarbeiter gewährleistet sein.

# 8.4 Graphische Aufbereitung

Das IT-Kennzahlensystem ist in managementorientierter Form aufzubereiten. Eine fehlende mangementorientierte Aufbereitung kann zu einem keineswegs zu unterschätzenden Flaschenhals hinsichtlich der Nutzung und Akzeptanz des IT-Kennzahlenystems führen.

In diesen abschließenden formalen Aspekt der Gestaltung, bevor das Kennzahlensystem in den Regelbetrieb übernommen wird, sind intensiv die Zielgruppen des IT-Kennzahlensystems – also die Verantwortlichen und späteren Nutzer – einzubeziehen, um für die Kennzahlen die am besten geeignete Darstellungsform und das passende Layout im Dialog zu finden.

Neben den Aktualisierungsrhythmen ist festzuhalten, inwieweit das Cockpit als statische Informationsquelle oder als interaktives Dash-Board ausgestaltet werden soll. Eine Verknüpfung hat sich hier in der Praxis als zu bevorzugender Ansatz erwiesen. Damit die Entwicklung wesentlicher Kerngrößen von allen Verantwortlichen und Nutzern gleich betrachtet wird und nicht verloren geht, sind diese eher monatlich aktualisiert in statischer Form aufzubereiten. Hingegen sind Kennzahlen, die ohnehin einer tiefer gehenden Analyse bedürfen, in interaktiver Form aufzubereiten.

In der Regel werden verschiedene Kennzahlen zusammengefasst und in Kennzahlen-Cockpits aufbereitet. Die **Abbildungen 8.7, Abbildung 8.8** und **Abbildung 8.9** verdeutlichen alternative Cockpit-Varianten.

**Abbildung 8.7** Exemplarisches IT-Controlling Cockpit I – Auszug aus Variante I

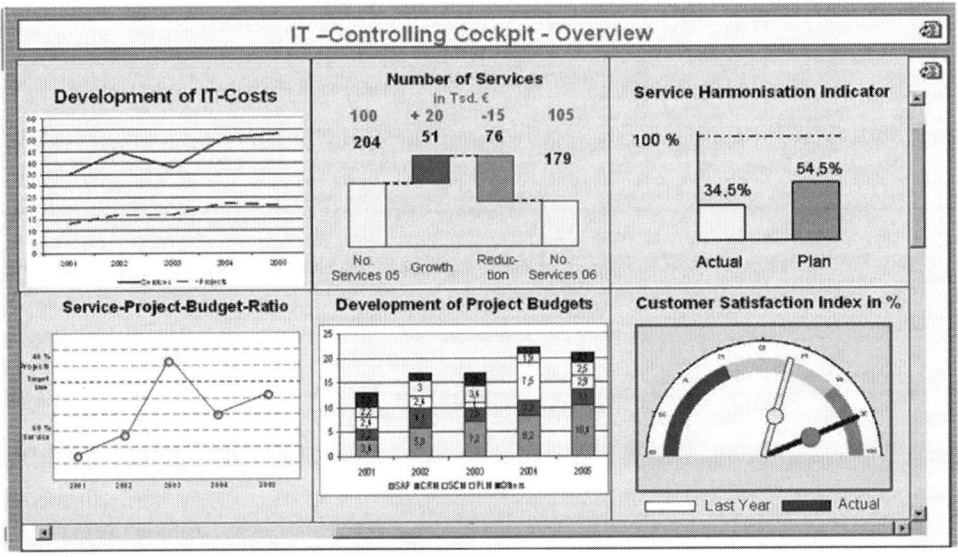

**Abbildung 8.8** Exemplarisches IT-Controlling Cockpit II – Auszug aus Variante I

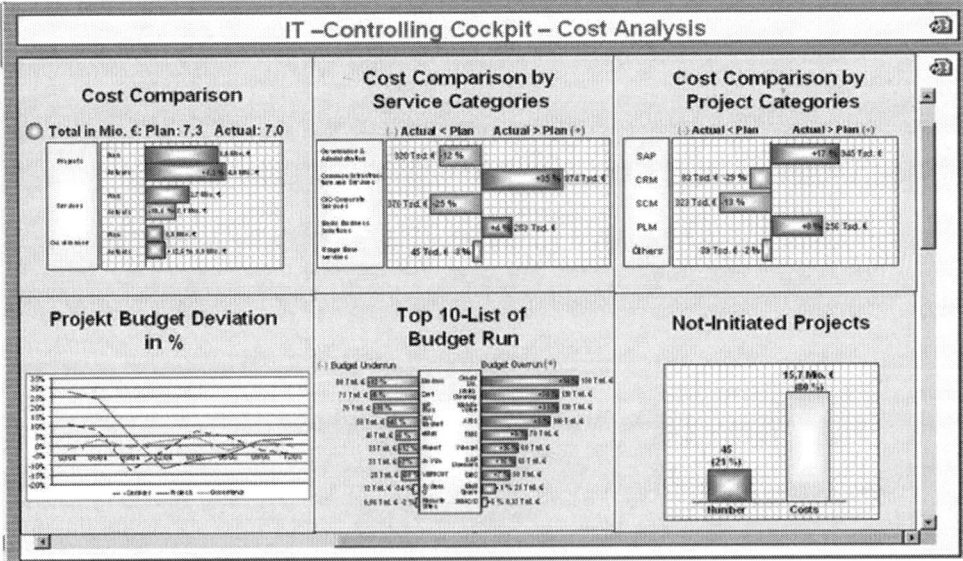

**Abbildung 8.9**   Exemplarisches IT-Controlling Cockpit III – Auszug aus Variante 2

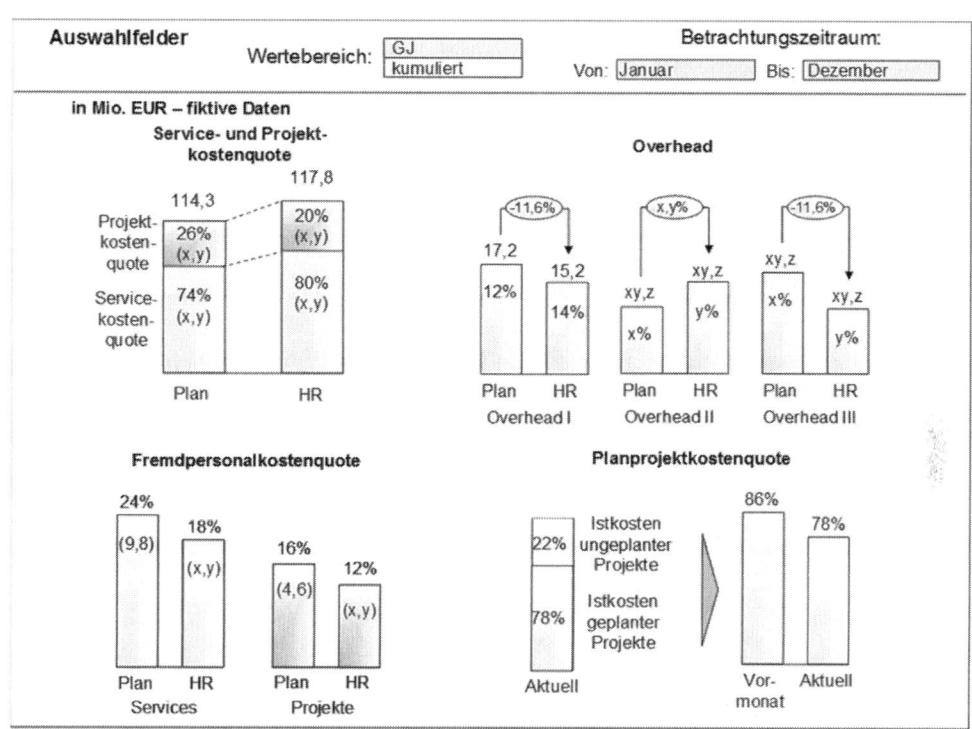

## 8.5    Praxisregeln

Im Folgenden werden die wesentlichen Praxisregeln nach dem Ansatz „aus der Praxis – für die Praxis" dargestellt, die sich als Zusammenstellung aus vielen Projekten zur Gestaltung von IT-Kennzahlensystemen ergibt. Die Praxisregeln geben in Checklistenform einen Orientierungsrahmen. Entsprechend der jeweiligen Unternehmenssituation und -kultur sind die einzelnen Praxisregeln unterschiedlich zu gewichten.

- Berücksichtigung der strategischen Ausrichtung und Ziele des IT-Bereichs

- Berücksichtigung der Steuerungsprinzipien des Unternehmens (Cost Center vs. Profit Center-Ansatz etc.)

- Unternehmensindividuelle Ableitung der notwendigen Kennzahlen (Deduktion statt Induktion)

- Spezifikation der thematischen Struktur des Kennzahlensystems, differenziert nach Anwendungsbereichen und Handlungsimplikationen

■ Kombination technischer Inhaltskennzahlen (Effektivität) und ökonomischer Bewertungs-/Kostenkennzahlen (Effizienz)

■ Berücksichtigung der Informationsbedürfnisse der einzelnen Empfängergruppen

■ Hohe Kongruenz zwischen Kennzahlen und Organisationsform zur Steigerung des Verantwortungsbewusstseins

■ Entwicklung von Zielwerten / Festlegung von Benchmark-Werten

■ Einbeziehung der Mitarbeiter in den Prozess zur Bestimmung der Kennzahlen zur Steigerung der Identifikation und zur Schaffung einer 360°-Akzeptanz der Kennzahlen

■ Reduzierung auf überschneidungsfreie Kernkennzahlen

■ Schaffung eines Mehrwertes an Kernaussagen gegenüber bestehenden Informationssystemen und Reports

■ Ausgestaltung des Kennzahlensystems in klarer, übersichtlicher und verständlicher Form (Graphisches Cockpit)

■ Möglichst aufwandsarmer und automatisierter Betrieb des Kennzahlensystems

## Literatur

[1]  Amberg, M./Lang, M.: Erfolgsfaktor IT-Management: So steigern Sie den Wertbeitrag Ihrer IT, Düsseldorf 2011.

[2]  Buchsein, R./Victor , F./Günther, H./Machmeier, V.: IT-Management mit ITIL® V3. Strategien, Kennzahlen, Umsetzung, Wiesbaden 2007.

[3]  Gadatsch, A./Mayer, E.: Masterkurs IT-Controlling, Wiesbaden 2010.

[4]  Groll, K.-H.: IT-Kennzahlen für das wertorientierte Management, München, Wien 2003.

[5]  Helmke, S./Uebel, M.F.: Von Zahlen und Visionen – Balanced Scorecard, in: Business User, 2000, H. 6, S. 68-69.

[6]  Huber, B. M.: Managementsysteme für IT-Serviceorganisationen, Heidelberg 2009.

[7]  Kaplan, R.S./Norton, D. P.: Balanced Scorecard – Strategien erfolgreich umsetzen, Stuttgart 1997.

[8]  Kaplan, R.S./Norton, D. P.: Die strategiefokussierte Organisation. Führen mit der Balanced Scorecard, Stuttgart 2001.

[9]  Kütz, M.: IT-Controlling für die Praxis, Heidelberg 2003.

[10] Kütz, M.: Kennzahlen in der IT, Heidelberg 2010.

[11] Meyer, C.: Betriebswirtschaftliche IT-Kennzahlen und IT-Kennzahlensysteme, 2. Aufl., Stuttgart 1994.

[12] Preißner, A.: Balanced Scorecard anwenden, München, Wien 2003.

[13] Reichmann, T.: Controlling mit IT-Kennzahlen und Managementberichten. Grundlagen einer systemgestützten Controlling- Konzeption, 6. Aufl., München 2001.

[14] Thome, R./Herberhold, C./Gabriel, A./Habersetzer, L.: 100 IT-Kennzahlen, Wiesbaden 2011.

[15] Weber, J./Schäffer, U.: Balanced Scorecard und Controlling, 3. Aufl., Wiesbaden 2001.

[16] Weber, M.: IT-Kennzahlen – Unternehmen mit Erfolg führen, 3. Aufl. Freiburg 2002.

# 9 Zeitgemäßes Kosten- und Leistungsmanagement für IT-Organisationen

*Ralf Droll*

## 9.1 Rahmenbedingungen

IT-Organisationen haben in den vergangenen Jahren eine immer wichtigere Rolle in den Unternehmen erlangt. Die rasante Weiterentwicklung der Technologie hat dazu geführt, dass ein Funktionieren von Unternehmen ohne den Einsatz von IT gar nicht mehr vorstellbar ist. Es gibt wohl nur noch wenige Prozesse und Arbeitsabläufe in einem Unternehmen, die ohne den Einsatz von IT ausgeführt werden.

Mit der Ausbreitung der IT in die Unternehmen ist natürlich auch die ökonomische Bedeutung von IT gewachsen. Die Anforderungen an das IT Controlling sind entsprechend hoch, da sicherzustellen ist, dass die Unternehmensinvestitionen in IT möglichst effizient eingesetzt werden. Effizient bedeutet an dieser Stelle, die Prozesse im Unternehmen möglichst wirtschaftlich zu gestalten. Es muss der Nachweis erbracht werden, dass der Nutzen von IT die Investitionen in IT mit dem geforderten Maß übersteigt.

An dieser Stelle gerät IT-Management sehr häufig in eine defensive Position. Zwar bestreitet natürlich niemand die Sinnhaftigkeit des Einsatzes von IT. Geht es aber darum, Budgetdruck zu verringern oder gar zusätzliche Investitionsmittel genehmigt zu bekommen, ist der Nachweis des Nutzens nur schwer zu erbringen.

## 9.2 Fragestellungen

Viele Unternehmen beschäftigen sich mit folgenden Fragestellungen:

- Ist das Investment in IT dem Unternehmen angemessen? Sind die bereitgestellten Geldmittel zu gering, angemessen oder zu hoch?

- Erbringt die IT Leistungen, die zielgerichtet auf die Arbeitsprozesse im Unternehmen sind? Werden die Prozesse möglichst optimal unterstützt und geschieht dies kosteneffizient?

- Setzt die IT die richtigen Prioritäten für die Zukunft? Erbringt die IT auch den erforderlichen Nutzen in der Zukunft?

## 9.3    Wie können Antworten gefunden werden?

Zur Beantwortung der genannten Fragen benötigt das IT-Controlling ein Abrechnungs-
und Informationssystem, welches Transparenz über die Kostenflüsse innerhalb der IT
sorgt, aber auch den klaren Blick auf die Arbeitsprozesse erlaubt, welche die IT unterstützt.
Nur wenn hinreichende Informationen gewonnen werden können, ist ein fruchtbares Steuern von IT möglich. Aus der historischen Entwicklung heraus, hat das IT-Controlling oft
lediglich eine Standard-Kostenstellenrechnung zur Verfügung, aus der heraus die in der
Abrechnungsperiode angefallenen Kosten an die die IT-Leistungen konsumierenden Unternehmensbereiche verrechnet werden.

Damit ist die oben angesprochene Transparenz über Kosten- und Leistungsflüsse nicht
oder nur mit hohem Zeitaufwand zu gewinnen. Gefordert ist aber ein System, welches
kontinuierliches und konsistentes IT-Controlling mit hinreichender Detailtiefe ermöglicht.
Dabei sind natürlich auch die Kosten dieses Prozesses permanent unter wirtschaftlichen
Gesichtspunkten zu betrachten. Im folgenden Abschnitt soll ein solches System beschrieben
werden ausgehend von der Basis, die in den meisten Unternehmen vorhanden ist.

## 9.4    Einfache Kostenmanagementsysteme

In der einfachsten Form wird die IT-Organisation mittels einer Kostenstelle abgebildet. Die
**Abbildung 9.1** zeigt ein solches System beispielhaft.

**Abbildung 9.1**    IT-Kostenstellen

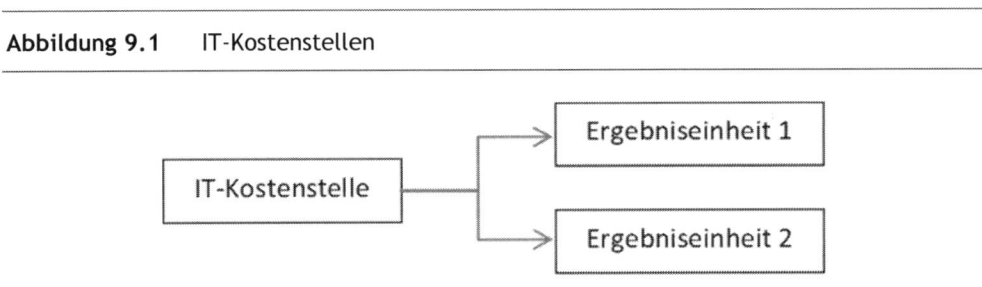

Die Kosten der IT werden auf einer Kostenstelle gesammelt und anhand einer Schlüssel-
größe auf die nutzenden Einheiten verteilt. Dies kann zum Beispiel die Anzahl der IT-
Nutzer je nutzende Einheit sein. **Abbildung 9.2** illustriert ein Beispiel dazu

**Abbildung 9.2** Einfache Kostenverrechnung

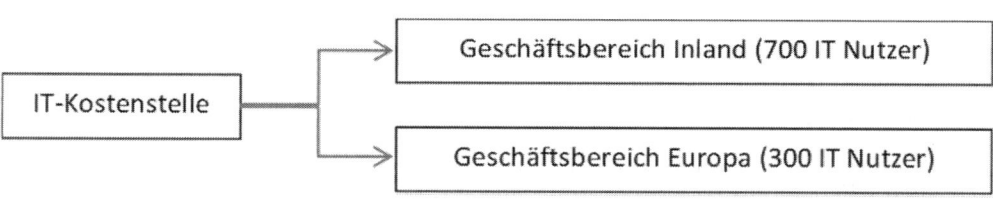

Resultat ist, dass die Kosten der IT zu 70% an den Geschäftsbereich Inland und zu 30% an Geschäftsbereich Europa verrechnet werden.

### Bewertung

Positiv: Die Kosten, um dieses System zu unterhalten sind äußerst gering. An Tätigkeiten fällt lediglich die Buchung der IT-Kosten auf die Kostenstelle und die Pflege des Verteilschlüssels an. Das Personalsystem muss hier also Auskunft geben über die Personalzahlen der beiden Ergebniseinheiten und diese Information muss in das Kostenmanagementsystem übertragen werden.

Negativ: Das System liefert keinerlei Informationen über die Leistungen der IT. Lediglich die Kosten der IT werden in Summe dargestellt. Die Verrechnungsgröße „IT-Nutzer" unterstellt, dass diese Gruppe in Bezug auf die Konsumption von IT-Leistungen homogen ist.

Also ein Nutzer des Geschäftsbereichs Deutschland nutzt die IT quantitativ und qualitativ in gleicher Weise wie sein/e Kollege/in aus dem Geschäftsbereich Europa. Dies wird in der Regel nicht zutreffen.

### Anmerkung:

In der Regel werden die Kosten der IT nicht in einer Summe dargestellt, sondern mittels einer Kostenartenstruktur gegliedert. Da der Kostenartenkatalog für das gesamte Unternehmen zur Anwendung kommt, stellt er selten eine wirkliche Hilfe für IT-Controlling dar.

Daneben gibt es eine Gliederung der Kosten nach Verantwortungsbereichen innerhalb der IT. Das bedeutet, dass die IT-Organisation mit Hilfe von verschiedenen Kostenstellen abgebildet wird. Die **Abbildung 9.3** zeigt ein solches System.

**Abbildung 9.3**     Prinzip der IT-Verrechnungskostenstelle

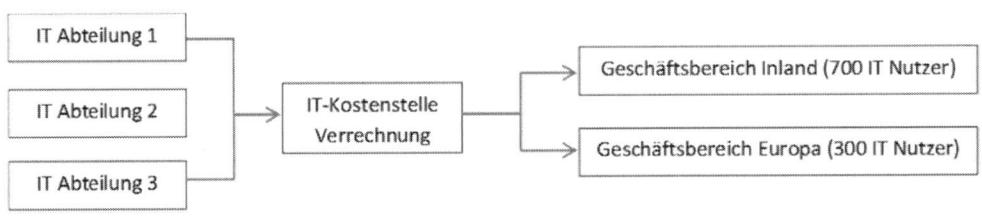

Die Kosten der einzelnen IT-Abteilungen werden in einem ersten Abrechnungsschritt auf eine IT-Verrechnungskostenstelle gesammelt und von dort auf die Geschäftsbereiche verrechnet.

## Zwischenfazit

Das beschriebene einfache Kostenmanagementsystem liefert Auskünfte über die Gesamtkosten der IT, untergliedert nach organisatorischen Kriterien und Kostenarten aber betrachtet die IT als funktionale Einheit, die nur eine einzige Leistung erbringt. Dies ist für ein zeitgemäßes IT-Kosten- und Leistungsmanagement nicht hilfreich. Selbst in Organisationseinheiten, die ein weit weniger komplexes Leistungsportfolio erbringen (z. B. Finanzen oder Personalwesen) kommt seit einigen Jahren eine Prozesskostenrechnung zur Anwendung. Auch hier werden nicht mehr Kosten en bloc verrechnet sondern untergliedert nach den erbrachten Leistungstypen. Leistungstypen im Personalwesen können z. B. sein

- Personalbeschaffung

- Personalverwaltung

- Personalentwicklung/Aus-und Fortbildung

- Betriebliche Altersvorsorge und andere Sozialleistungen

Diese Prozesse sind für das Unternehmen unverzichtbar oder sogar rechtlich vorgeschrieben. Daneben zeichnen sich diese Aktivitäten durch ein hohes Maß von Standardisierung aus und unterliegen keiner hohen Veränderungsgeschwindigkeit. Zudem ist die Gesamtzahl überschaubar.

Anders stellt sich die Situation für die IT dar. Es wird eine Vielzahl von verschiedenen Leistungen erbracht, die kaum noch zu überschauen ist. Erschwerend kommt hinzu, dass die technologische Evolution dafür sorgt, dass der Leistungskatalog sich permanent verändert. Die Funktionalitäten von Applikationen werden verändert oder erweitert. Applikationen am Ende des Lebenszyklus werden in den nächsten Release-Level überführt oder gar durch Alternativen ersetzt.

## 9.5 Anforderungen an ein zeitgemäßes Kosten- und Leistungsmanagementsystem

Es ergeben sich aus vorstehenden Ausführungen folgende Anforderungen an ein Kosten- und Leistungsmanagementsystem, wenn es eine tatsächliche Hilfestellung für IT-Manager sein soll.

- Der Leistungskatalog der IT-Organisation muss jederzeit abbildbar sein.

- Dieses Abbild muss sowohl für die IT-Organisation selbst aber auch für den Konsumenten der Leistung verständlich sein.

- Die hohe Veränderungsdynamik des IT-Leistungsportfolios darf kein Problem darstellen. Weder die geforderte Verständlichkeit darf leiden, noch darf der administrative Aufwand unverhältnismäßig werden.

- Alle Elemente des Leistungskatalogs müssen klar beschrieben sein, hinsichtlich der enthaltenen Leistungskomponenten und wie diese auf den unterstützen Prozess im Unternehmen wirken. Diese Beschreibung hat den Charakter eines internen Vertrags zwischen der IT-Organisation als Leistungserbringer und dem Leistungsempfänger (z. B. Marketing-Abteilung des Geschäftsbereich Inland). Service Level Agreement ist der in diesem Kontext eingeführte Begriff.

- Der in der IT anfallende Aufwand, um die im Leistungskatalog dokumentierten Leistungen zu erbringen, muss hinreichend präzise und kontinuierlich erfasst werden. Die Zuordnung von Aufwänden auf die einzelnen Elemente des Leistungskatalogs muss klar und nachvollziehbar sein.

## 9.6 Womit können diese Anforderungen erfüllt werden?

Man kann die Frage auch so formulieren: „Gibt es bereits ein in der Praxis etabliertes System, welches zur Anwendung kommen kann?"

Die Lösung findet man m.E., wenn man die Sicht auf die IT-Organisation verändert, sich von der klassischen Betrachtungsweise auf ein Unternehmen löst. Unternehmen bestehen ja im Kern aus den operativen Einheiten, deren Wirken unmittelbar mit dem Unternehmenszweck in Verbindung zu bringen ist. Daneben gibt es Organisationseinheiten, die die operativen Einheiten unterstützen oder für das Unternehmen als Ganzes wichtige Leistungen erbringen. Die **Abbildung 9.4** zeigt Beispiele für beide Kategorien.

**Abbildung 9.4**     Funktionale und operative Einheiten

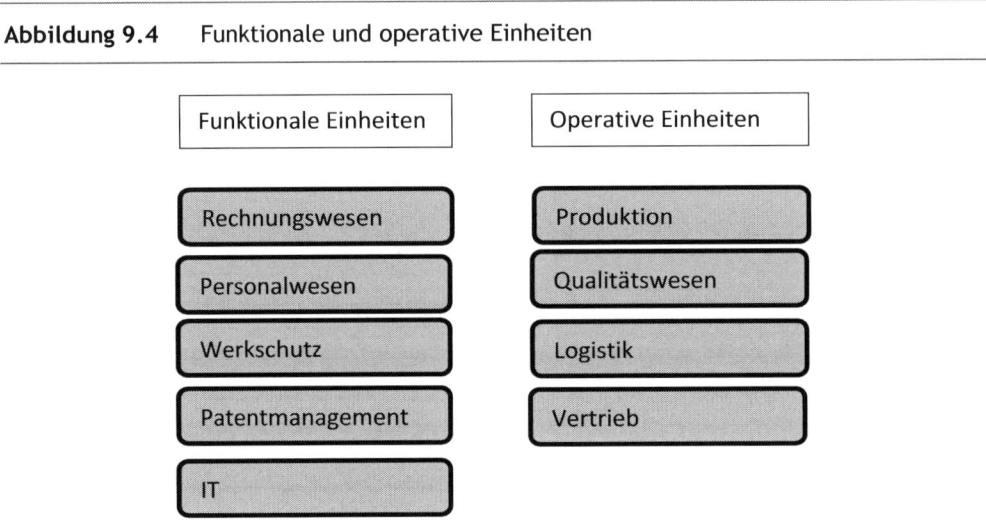

## 9.6.1     Das Leistungsportfolio einer IT-Organisation?

Vergleicht man das Leistungsportfolio einer IT-Organisation mit der Produktion des gleichen Unternehmens, lassen sich große Gemeinsamkeiten in der Struktur der Leistungser-
bringung erkennen. Sowohl die Produktion als auch die IT kennen die Fertigungstypen der
Einzel- bzw. Mehrfach- oder Massenfertigung. Beispiel für ein solches Mehrfach- oder gar
Massenprodukt der IT ist der IT-Arbeitsplatz. Mithilfe dieser Leistung greift der Mitarbei-
ter der Firma auf all die IT-Technik zu, die er für seine Arbeit benötigt. Unter dem Begriff
Einzelfertigung können all die im Unternehmen benötigten Applikationen gefasst werden.
Sie sind in der Regel nur einmal vorhanden und speziell auf die Bedürfnisse des Unter-
nehmens zugeschnitten. Daneben befasst sich die IT im Rahmen von Projekten mit der
Angleichung der gesamten IT-Leistungslandschaft an die Bedürfnisse des Unternehmens.

Beispiele für Projekte in der IT sind:

■   Entwicklung und Implementierung einer neuen Applikation

■   Einbindung eines neuen Geschäftsfelds in die IT-Landschaft (z. B. als Folge einer Ak-
    quisition)

■   Einbindung eines neuen Dienstleistungspartners in die IT (outsourcing).

■   Roll-outs neuer IT-Technologien

Das Leistungsportfolio einer IT-Organisation kann also in grober Form so dargestellt werden:

**Abbildung 9.5** Einzelfertigung vs. Mehrfach-/Massenfertigung

Einzelfertigung

IT-Applikationen

IT-Projekte

Mehrfach-/Massenfertigung

IT-Arbeitsplätze

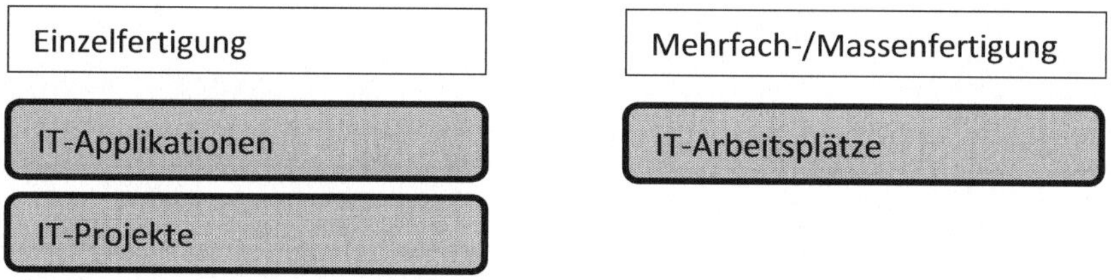

Die Abbildung zeigt damit die Grundstruktur eines IT-Leistungs- oder Produktkatalogs.

Nimmt man als weiteres Element aus dem Bereich der Produktion den Begriff des Produktlebenszyklus hinzu, lässt sich das Bild wie folgt erweitern.

**Abbildung 9.6** Produktlebenszyklus der IT

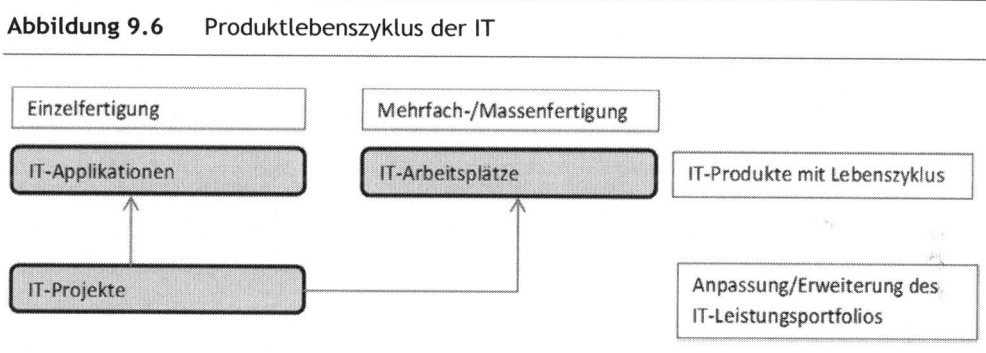

Das Leistungsspektrum einer IT-Organisation unterteilt sich demnach in eine Reihe von Applikationen, die in Einzelfertigung hergestellt werden und den Mitarbeitern des Unternehmens zur Verfügung gestellt werden und dem IT-Arbeitsplatz, der in Masse produziert und bereitgestellt wird. Sie unterliegen in der Regel dem aus der Güterproduktion bekannten Produktlebenszyklus Als drittes Element gesellen sich IT-Projekte hinzu, die das Portfolio der IT-Applikationen, sowie Funktionalität der IT-Arbeitsplätze an die Bedürfnisse des Unternehmens ausrichten. Die technologische Evolution der IT selbst, aber natürlich auch die Unternehmensdynamik sind hier starke Treiber und sorgen dafür, dass jede IT-Organisation mit einem signifikanten Projektportfolio befasst ist.

## 9.6.2    Der Leistungskatalog als Basis für die Leistungsverrechnung an die Nutzer der IT

Im nächsten Schritt integrieren wir den Leistungskatalog gemäß **Abbildung 9.7** in das unter 2.1 beschriebene einfache Kostenmanagementsystem. Die Nutzer der IT erhalten nun aus der Verrechnungskostenstelle der IT eine detaillierte Aufstellung über die verrechneten Leistungen.

**Abbildung 9.7**    Leistungsverrechnung

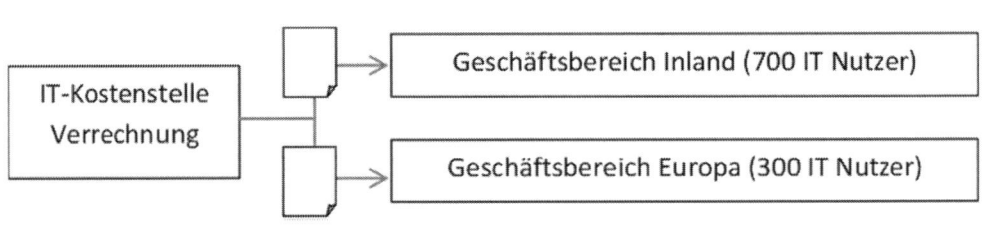

Die Abrechnungen an den Geschäftsbereich Inland würde zum Beispiel neben den dort genutzten Applikationen und den für diesen Bereich durchgeführten Projekten, die Verrechnung von 700 Stück IT-Arbeitsplatz enthalten, wenn unterstellt wird, dass je IT Nutzer ein IT-Arbeitsplatz genutzt wird. Weitere Positionen sind die genutzten Applikationen sowie die von der IT erbrachte Projektleistung.

## 9.6.3    Bepreisung des IT-Leistungskatalogs

Neben der abgerechneten Menge wird aber noch der Preis je Stück benötigt, um auch tatsächlich Beträge abrechnen zu können. Wie kann aber ein solcher Preis ermittelt werden? Die Antwort findet sich wiederum, wenn wir den Blick auf die klassische Produktkostenrechnung werfen. Wir benötigen zur Lösung eine sogenannte bewertete Stückliste für jede Leistung, die die IT erbringt. Eine Stückliste ist die Aufstellung aller Ressourcen und den zugehörigen Mengen, die die IT-Organisation zur Herstellung ihrer Leistung benötigt und im Zuge der Leistungserstellung verbraucht. Ermitteln wir zusätzlich noch die Kosten, die mit den Verbrauchsmengen der Ressourcen verbunden sind, erhalten wir die bewertete Stückliste. Die Herstellkosten der IT-Leistungen sind damit kalkuliert. Auf dieser Basis können nun die Preise für die IT-Leistungen definiert und entsprechend Nutzung verrechnet werden. Die **Abbildung 9.8** illustriert diesen Ablauf.

**Abbildung 9.8** Preisbildung

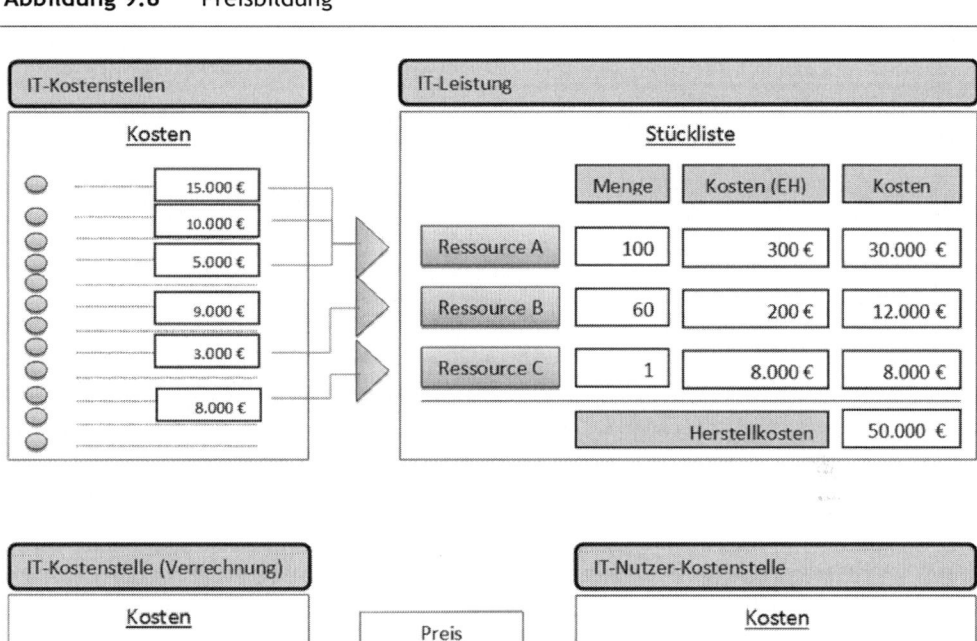

Nachdem Klarheit darüber herrscht, welche Ressourcen zur Herstellung der IT-Leistung benötigt verbraucht werden, können aus den IT-Kostenstellen die damit verbundenen Kostenpositionen herausgefiltert werden. Die Summe dieser Positionen ergeben die Herstellkosten der IT-Leistung. Diese Kosten werden aus der IT-Verrechnungskostenstelle an die nutzende Einheit verrechnet. Es entsteht ein klarer Kostenfluss beginnend von der Leistungserstellung innerhalb der IT-Organisation bis zur nutzenden Einheit. Im gezeigten Beispiel entspricht der Preis der IT-Leistung den kalkulierten Herstellkosten. Dies wird der Standard sein, wenn die IT-Leistungen für Nutzer innerhalb desselben Unternehmens erbringt. Natürlich kann mittels Gewinnaufschlag oder Rabatt auch ein anderer Preis definiert werden. Die IT bekommt dann den Charakter eines Profitcenters und veräußert Leistungen an Nutzer außerhalb des Unternehmens. Auch können Preisaufschläge benutzt werden, um die durch den Eigenverbrauch an IT-Leistungen angefallenen Kosten zu decken. Das Produkt „IT-Arbeitsplatz" bekommt einen Preisaufschlag, damit die von den Mitarbeitern genutzten Arbeitsplätze hinsichtlich ihrer Kosten gedeckt sind.

## 9.6.4 Bewertung von Ressourcenverbräuchen

In Abbildung 8.8 wurde illustriert, wie aus den Kostenstellen der IT die zum Ressourcenverbrauch zugehörigen Kostenpositionen herausgefiltert wurden. Dies ist in der Praxis nicht immer so einfach, wie dargestellt. Im Folgenden werden verschiedene Arten von Ressourcen dargestellt, die nach einer unterschiedlichen Methodik der Kostenzuordnung verlangen. Dazu stellt **Abbildung 9.9** die Stückliste einer IT-Leistung (Applikation) detaillierter dar.

**Abbildung 9.9**  Bewertung von Ressourcenverbräuchen

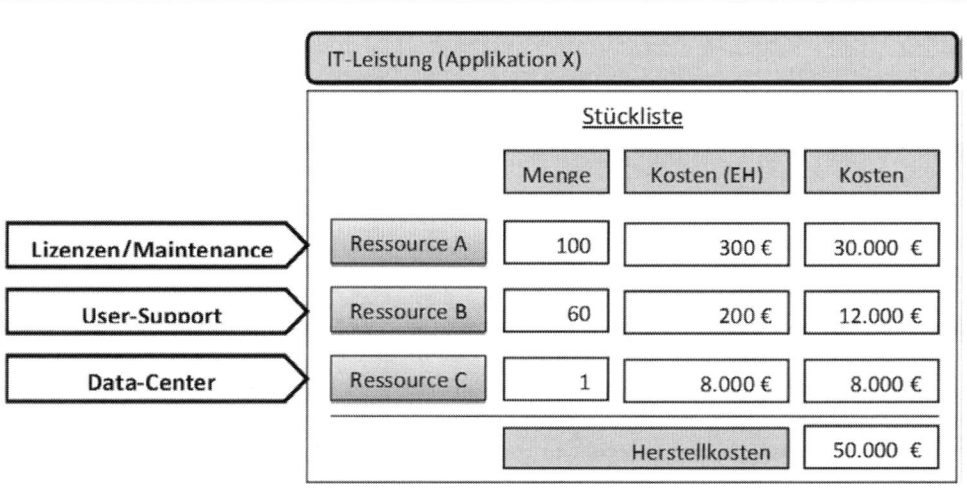

### 9.6.4.1 Ressource A (Lizenzen/Maintenance)

Bei der Applikation handelt es sich um eine am Markt beschaffte Software. Der Hersteller berechnet dazu eine jährliche Maintenance-Gebühr (15.000 €). Daneben fallen für die gekauften Lizenzen Abschreibungen an (10.000 €). Daneben war noch eine Anpassung der Software an eine neue gesetzliche Bestimmung notwendig (5.000 €).

Diese Positionen lassen sich aus dem Buchungsjournal der IT-Kostenstellenrechnung leicht herausfiltern insbesondere wenn den Buchungen der Bezug zu IT-Leistungen Applikation X mitgegeben wird. Die Kosten je eingesetzter Ressource lassen sich nun leicht aus der Summe der Kosten (30,000 €) und der Anzahl der gekauften Lizenzen (100 €) berechnen. Beachtet werden muss, dass die Einmalkosten von 5.000 € für die Anpassung der Software in der folgenden Periode aus der Kalkulation herausgenommen werden.

### 9.6.4.2 Ressource B (User- Support)

Hier geht es darum, dass die Nutzer der Applikation Hilfe bei Fragen zur Bedienung der Applikation bekommen. Die Kosten dieser Ressource sind im Wesentlichen durch die Kosten des Personals bestimmt, die diese Dienstleistung erbringen. Es wird also eine Logik benötigt, Personalkosten verursachungsgerecht der Applikation X zuzuordnen. Es bietet sich an, die benötigte Zeit zu erfassen, in der Anwenderprobleme zu Applikation X bearbeitet wurden. Um eine Bewertung dieses Zeitverbrauchs zu ermöglichen, werden die anfallenden Personalkosten je Zeiteinheit benötigt. Zweckmäßigerweise ist diese Zeiteinheit eine Arbeitsstunde.

#### Vorüberlegung - Präzision vs. Zweckmäßigkeit

Im Sinne von höchster Präzision ist ein individueller Stundensatz je Mitarbeiter zu bilden. Nur so können die Kosten je erbrachter Leistung wirklich verursachungsgemäß auf die Elemente des IT-Leistungskatalogs zugeordnet werden.

Dieser Ansatz ist aber nicht praktikabel, da dies bedeutet, dass Transparenz über die Gehälter einzelner Mitarbeiter geschaffen wird, die an dieser Stelle nicht gewünscht ist. Dazu kommt der erhebliche Aufwand. Ein weiteres Argument ist die Tatsache, dass es Mitarbeiter in der IT gibt, die nicht unmittelbar an der Leistungserbringung beteiligt sind (z. B. Management und Assistenten, Verwaltungspersonal innerhalb der IT).

Den Gegenpol bildet der Ansatz, für die gesamt IT-Organisation über einen Stundensatz abzubilden. Dies ist aber in der Regel zu grob, da es doch eine recht große qualitative Unterschiede in den Aufgaben der IT gibt sich, die sich natürlich auch in den Gehältern der Mitarbeiter ausdrücken.

Der zweckmäßige Ansatz liegt also darin, die Tätigkeiten zu gruppieren und daher auf Abteilungs-/Teamebene Stundensätze zu kalkulieren. Hier muss je nach Struktur und Größe der IT-Organisation der individuell passende Ansatz gefunden werden.

**Abbildung 9.10** Stundensätze in der IT

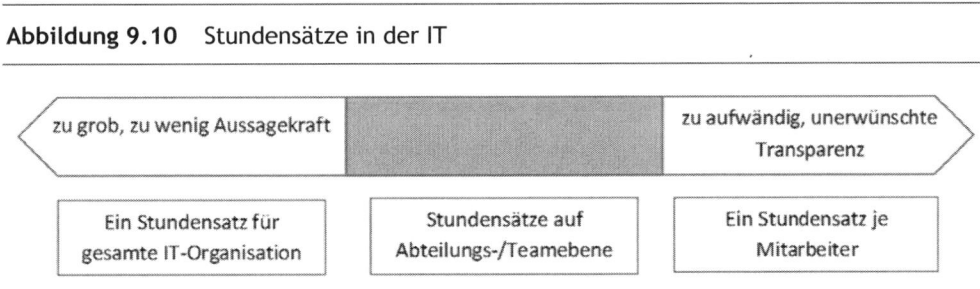

Im dargestellten Beispiel kann das Team „User-Support" als eine solche Einheit verstanden werden, für die ein Stundensatz ermittelt wird. Ziel ist es die im Team „User-Support" anfallenden Personalkosten über den Stundensatz zu decken. Dies bedeutet, dass auf die Applikationen für die User-Support erbracht wird, die Personalkosten verrechnet werden.

Die Elemente des IT-Leistungskatalogs für die „User-Support" erbracht wird tragen die Personalkosten des Teams „User-Support".

## Berechnung des Stundensatzes

Die Berechnung des Stundensatzes erfolgt mittels folgender Formel:

$$\text{Stundensatz} = \frac{\text{Personalkosten}}{\text{Kapazität Arbeitsstunden}}$$

Die Formel ist also einfach, allerdings stellt die Ermittlung von Personalkosten und Kapazität einige Herausforderungen. Zunächst einmal ist es empfehlenswert, die zu verrechnenden Kosten zu erweitern und von Personalbezogenen Kosten zu sprechen. Es sollte nicht nur darum gehen, die unmittelbaren Personalkosten wie Gehälter, Weihnachts- und Urlaubsgelder, Boni, Sozialversicherungen und Sozialleistungen zu behandeln, sondern auch alle anderen Kosten, die mit dem Vorhandensein von Personal entstehen (Fortbildung, Training, Reisekosten, Raumkosten etc. …). Die Formel präzisieren wir also in dieser Form:

$$\text{Stundensatz} = \frac{\text{Personalbezogene Kosten}}{\text{Kapazität Arbeitsstunden}}$$

Der Begriff Kapazität beschreibt die Zahl an Arbeitsstunden, die das Team „User-Support" bereitstellt, also die Summe aller Arbeitsstunden der Teammitglieder. Auch dies ist noch zu präzisieren, in dem wir von produktiven Arbeitsstunden sprechen. Es geht um die Stunden, in denen konkret die Nutzer der Applikation unterstützt werden. Nur diese Stunden sind in der Praxis leicht zu messen. Es werden also alle Arbeitsstunden herausgerechnet, in denen andere Tätigkeiten verrichtet werden, die nicht dem Abteilungszweck entsprechen.

## Beispiele:

- Teamleitung und Administration

- Zeiten für Teambesprechungen

- Zeiten für Fortbildung

- Ausfallzeiten durch Krankheit

Es ist also wichtig einerseits nur die Teammitglieder zu berücksichtigen, die tatsächlich User-Support erbringen. Teammanager und Assistenten fallen also heraus. Im nächsten Schritt werden aus der vertraglich vereinbarten Arbeitszeit, die Stunden heraus gerechnet, in denen kein User-Support erbracht wird. Die Formel wird also noch einmal präzisiert:

$$\text{Stundensatz} = \frac{\text{Personalkosten}}{\text{Kapazität produktive Arbeitsstunden}}$$

Damit ist der Stundensatz kalkulierbar und kann entsprechend **Abbildung 9.9** benutzt werden.

**Anmerkung:**

Der Stundensatz wird in der Regel auf der Basis von Planannahmen kalkuliert, da die Ist-Kosten der Abrechnungsperiode erst am Ende dieser vorliegen und die Arbeitsleistung da schon erbracht worden ist. Es empfiehlt sich daher den Stundensatz auf der Basis der Jahresplanung zu ermitteln und bei Bedarf anzupassen, also im Fall von abweichenden Kosten bzw. Kapazitäten.

Wie immer bei Anwendung von Ansätzen aus der Plankostenrechnung entstehen Abweichungen im Sinne von Über- bzw. Unterverrechnungen. Trotz sorgfältiger Berechnung des Stundensatzes entsteht ein Delta zwischen den Ist-Kosten und den auf die Applikation verrechneten Kosten. Zum Periodenabschluss werden diese Abweichungen dann aufgelöst.

Größere Abweichungen können auch entstehen, wenn die bereitgestellte Kapazität an produktiven Arbeitsstunden nicht nachgefragt wird, die Nutzer der Applikation also weniger Unterstützung benötigen als gedacht.

### 9.6.4.3   Ressource C (Data-Center)

Hier sind verschiedene Varianten denkbar. Zum einen kann das Hosting dieser Applikation von einem externen Dienstleister durchgeführt werden. Die eingebuchten Kosten können dann leicht der Applikation X zugeordnet werden.

Werden die Data-Center-Leistung von der IT-Organisation selbst erbracht, ist natürlich davon auszugehen, dass das Data-Center neben dem Betrieb der Applikation X noch weitere Elemente des IT-Leistungskatalogs unterstützt. Der Betrieb des Data-Centers stellt also eine Leistung dar, die innerhalb der IT wieder konsumiert wird. In Analogie zur Produktion von Gütern können wir von einem Halbfertig-Produkt sprechen. Die um dieses Element erweiterte **Abbildung 9.11** sieht so aus:

**Abbildung 9.11**    Ressourcenverrechnung

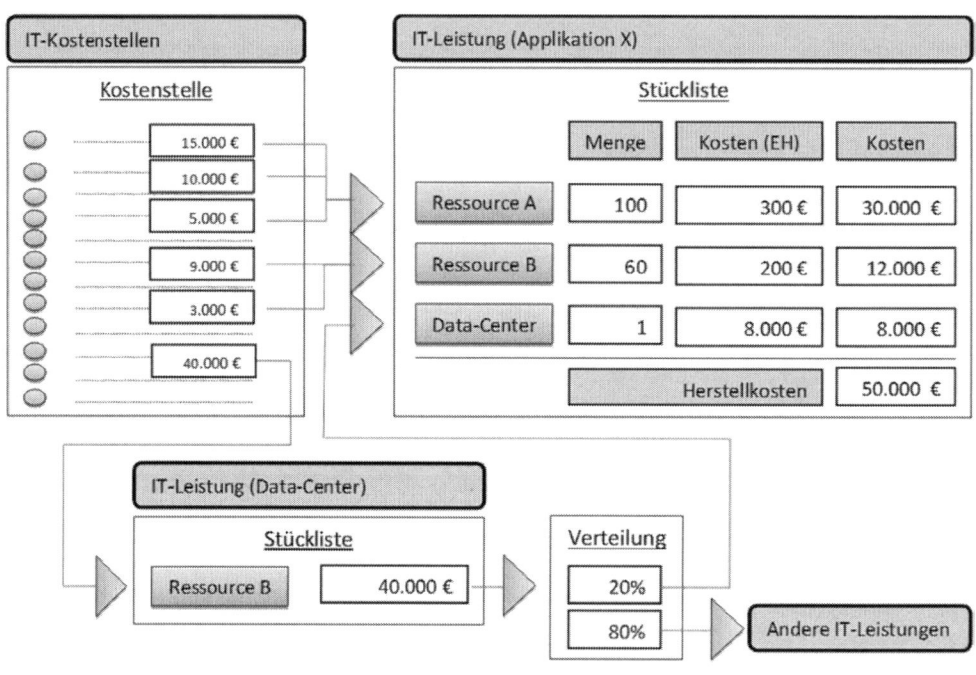

Es wurde also die IT-Leistung „Data-Center" als Halbfertig-Produkt in die Systematik ein-gebaut. Es wird unterstellt, dass die Applikation X 20% der Leistung konsumiert. Die ver-bleibenden 80% werden der übrigen Applikationslandschaft zugeordnet. Diese Verteilung kann anhand konkreter Messgrößen (z. B. Serverauslastung) gemessen werden oder auch aufgrund von Schätzungen festgelegt werden. Hier gilt es wiederum eine brauchbare Prä-zision bei angemessenem Aufwand zu erreichen (analog zu **Abbildung 9.10**).

## 9.7    Zusammenfassung

Die IT-Organisation ist ein unternehmensinterner Leistungserbringer, für den es sich anbie-tet, dass er als Produzent von IT-Produkten verstanden wird. Die etablierten Controlling-Methoden aus der Produktion von Gütern können damit zur Anwendung kommen. Begrif-fe wie Ressourcenverbrauch, Stückliste, Herstellkosten, Preise werden in das IT-Controlling eingeführt. Die **Abbildung 9.12** veranschaulicht noch einmal diesen Transformationspro-zess der IT und seine Spiegelung in der Kostenverrechnung.

**Abbildung 9.12**    IT-Produktion und IT-Konsumption

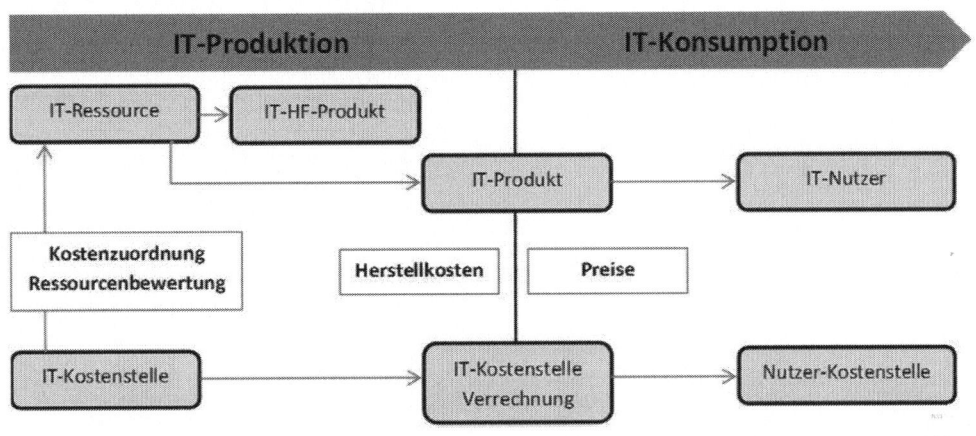

Damit ist die im Abschnitt 1.3. Forderung nach einem konsistenten und kontinuierlichen Controlling von IT-Leistungen erfüllbar. Kosten- und Leistungsmanagement kann so qualitativ deutlich verbessert werden oder wird gar erst möglich. Das IT-Controlling ist jederzeit in der Lage fundierte Analysen zur Wirtschaftlichkeit von Investitionen in IT zu erbringen. Für die im Abschnitt 1.2. formulierten Fragestellungen, liefert diese Kosten- und Leistungsmanagementsystem eine solide Basis.

Ebenfalls sind die in Abschnitt 2.2 aufgelisteten Anforderungen fundiert abgedeckt. Alle Elemente des IT-Leistungskatalogs sind permanent abgebildet in verständlicher Art und Weise. Natürlich verlangt das System Pflegeaufwand in den Bereichen Stammdaten (Aktualisierung des IT-Leistungskatalogs) und der Zuordnung der Ressourcenverbräuche auf die Produkte. Dies ist natürlich ein zusätzlicher Aufwand gegenüber den einfachen Kostenmanagementsystemen (vergl. Abschnitt 2.1). Die Qualität der gewonnen Informationen ist hierfür aber eine eindeutige Rechtfertigung.

# 10 Unterstützungssysteme der Unternehmensführung

*Roger Klahold*

## 10.1 Einführung eines IT-Controlling-Systems bei einem stark wachsenden Medizingerätehersteller

### 10.1.1 Abstract

Die Bedeutung des IT-Controllings und einer systematischen IT-Governance wächst mit zunehmender Unternehmensgröße und der Komplexität der eingesetzten IT-Lösungen. Dementsprechend rasch gewinnen diese Themen in stark wachsenden Unternehmen an Bedeutung.

In der folgenden Success Story der Olympus Surgical Technologies Europe werden Indikatoren für einen Bedarf an IT-Controlling, Zielsetzung und Erfolgsfaktoren dessen Einführung und Methodik der Einführung vorgestellt und die genutzten Kennzahlen sowie die damit erzielten Ergebnisse zusammengefasst.

### 10.1.2 Ausgangssituation

Olympus wurde 1919 in Japan gegründet ist kontinuierlich zu einem Konzern mit mehr als 36.500 Mitarbeitern gewachsen. Das auf weltweit einzigartigen optischen Produkten und Produktionsmethoden basierende Produktspektrum umfasst neben Kameratechnologie verschiedene Gebiete der Informationstechnik, Life Science und der Medizintechnik.

Die Olympus-Medizintechnik-Sparte ist ein weltweit führender Medizingerätehersteller mit einem breiten Spektrum von diagnostischen und therapeutischen Produkten und spezialisiert auf minimal-invasive chirurgische Eingriffe, insbesondere Endoskope, bipolare Hochfrequenzchirurgie und Systemintegration. Als multinationaler Konzern gliedert sich der Bereich Olympus Medical in vertriebliche und nicht-vertriebliche, d.h. Forschung, Entwicklung und Produktion vereinende Organisationseinheiten, die wiederum regional organisiert sind. Die europäischen Unternehmenseinheiten, die Forschung & Entwicklung sowie Produktion verantworten, sind in der Organisationseinheit der „Olympus Surgical Technologies Europe" zusammengefasst. Diese umfasst fünf Standorte in drei europäischen Ländern und beschäftigt mehr als 1.100 Mitarbeiter.

Diese 2010 in dieser Form zusammengefasste Unternehmenseinheit wird von einer Zentrale in Hamburg gesteuert. Damit ist eine erhebliche Erweiterung der Aufgaben der unterschiedlichen Einheiten verbunden. Insbesondere der bisher lokal und stark reaktiv agierenden IT stellten sich damit massiv veränderte Herausforderungen hinsichtlich IT-Service-Portfolio, zu betreuendem Lösungsportfolio, Prozessverständnis, Technologie und nicht-zuletzt Organisation, Kommunikation und Außendarstellung. Die im Management wahrgenommene Qualität der IT-Leistungen wurde als ausbaufähig bewertet.

Die Zulassung von Medizinprodukten erfordert ferner die Einhaltung vielfältiger strenger Standards und Normen der Gesundheitsbehörden. Bedingt durch den weltweiten Absatz sind für Olympus die Regularien diverser Behörden unterschiedlichster Länder zu berücksichtigen. Die Erfüllung dieser Anforderungen und die Dokumentation der Erfüllung stellt eine zusötzliche Herausforderung dar.

## 10.1.3  Zielsetzung

Vor diesem Hintergrund bestand die Zielsetzung bei der Einführung eines IT-Controlling-Systems darin, die als nicht adäquat empfundenen Leistungsaspekte der IT zu objektivieren, IT-Kennzahlen zu definieren, mit den Geschäftszielen abzugleichen (Business-IT-Alignment) und hieraus eine zu kontinuierliche Kommunikation zwischen den Fachbereichen und der IT über die IT-Leistungen und deren Qualität zu fördern und eine systematische Verbesserung bei gleicheztig geringem administrativem Aufwand zu unterstützen.

## 10.1.4  Definition der wesentlichen Kennzahlen

### 10.1.4.1  Kundenzufriedenheit

#### Kriterien

Um die vielfach nicht greifbare und mitunter auch emotionale Kritik zu substantiieren, wurde das Mittel einer Kundenzufriedenheitsumfrage gewählt. Die Teilnahme an dieser Umfrage wurde unternehmensweit allen Mitarbeitern freigestellt; Antworten konnten auch anonym gegeben werden. Um alle wesentlichen Kritikpunkte zu erfassen, sind neben 14 Standardkriterien der drei Hauptkategorien Qualität der technischen Lösungen (Technik), Qualität der IT-Services (Dienstleistung) und des persönlichen Auftretens (Personen) gezielt Freitextäußerungen erbeten worden (siehe **Tabelle 10.1**). Die Bewertung erfolgte im bekannten System der deutschen Schulnoten. Die Ergebnisse der Umfrage sind in **Abbildung 10.1** dargestellt.

**Tabelle 10.1**     Kriterien der Kundenbefragung

| Kriterien der Kundenbefragung |
| --- |
| **IT-Systeme und Lösungen:** |
| IT-Ausstattung |
| Performance/Geschwindigkeit |
| Verfügbarkeit/Erreichbarkeit |
| Benutzerfreundlichkeit/Bedienbarkeit |
| **Qualität des IT-Supports** |
| Erreichbarkeit |
| Antwort- und Lösungszeiten |
| Problemverständnis |
| **IT-Abteilung** |
| fachliche Kompetenz |
| Prozessverständnis |
| Persönliches Auftreten |
| Hilfsbereitschaft und Motivation |
| Zuverlässigkeit |
| Lösungsorientierung |

## Auswertung

Durch persönliche Ansprache per E-Mail, persönliche Motivation in den Abteilungen und über das Management wurde eine Antwortquote von ca. 30% erreicht, was großes Interesse an der IT und ihrer Leistungen zeigt. Die dadurch erreichte Stichprobengröße wird als ausreichend groß bewertet.

Insgesamt ist auf diesem Weg eine Zufriedenheit von „zwei minus" ermittelt worden. Hauptsächlich wurden Verbesserungspotenziale in der Erreichbarkeit, der Usability der eingesetzten Lösungen und dem Prozessverständnis der IT-Mitarbeiter identifiziert.

Um die vielen als Freitext geäußerten Meinungen adäquat zu berücksichtigen, sind diese kategorisiert und statistisch ausgewertet worden. In allen Fällen, in denen die Aussagen nicht klar verständlich oder interpretierbar waren und der Antwortende seinen Namen angegeben hatte, wurden Rückfragegespräche geführt.

Die zunächst subjektive sehr hohe Einschätzung der Arbeitslast wurde durch die Umfrage von den (internen) Kunden klar bestätigt.

Schwerpunkte der Umfrageergebnisse wurden weiter analysiert und mit konkreten Verbesserungsmaßnahmen hinterlegt.

Die Wiederholung dieser internen Kundenzufriedenheitsumfrage wurde von den Beteiligten als hilfreich angesehen. Die Identifikation des IT-Teams für die Umfrageergebnisse ist inzwischen so stark, dass eine Folgeumfrage vereinbart wurde, die als ein Element der Leistungsbewertung der IT genutzt werden soll.

**Abbildung 10.1**   Auswertung der Umfrage

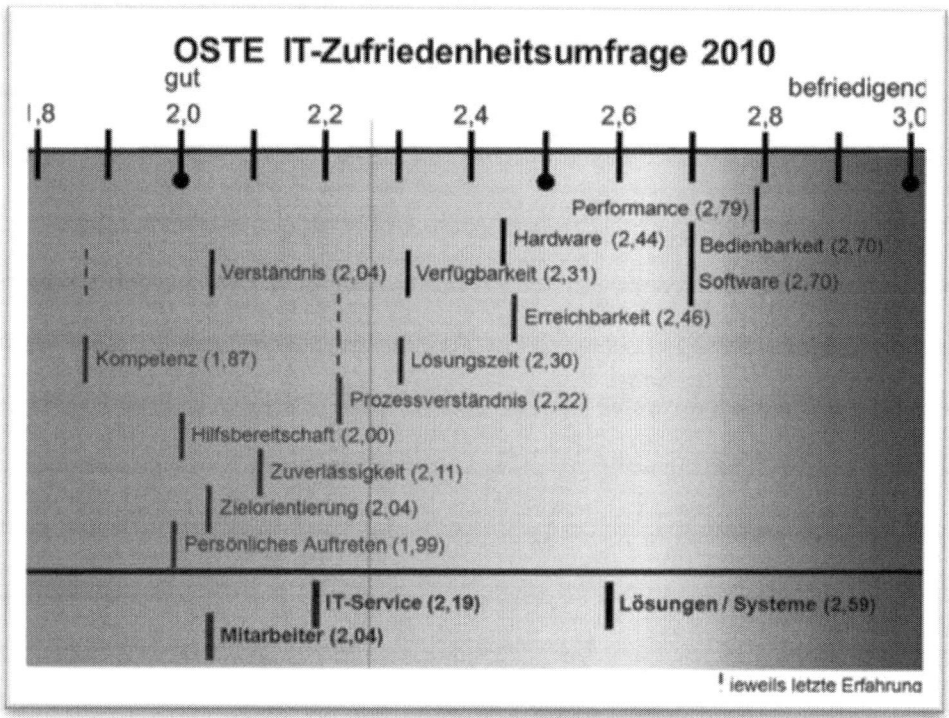

## 10.1.4.2   Messung des Arbeitsaufkommens

Die Aufgaben des IT-Teams lassen sich in technische, operative Aufgaben (Helpdesk) sowie projektartige Veränderungsmaßnahmen (Change Management) gliedern.

Während die Wahrnehmung der Kunden erheblich verzögerte Projekte und die Nicht-Einhaltung von Zusagen thematisierte, verwies die IT als Leistungserbringer auf veränderte Anforderungen und eine zu hohe Arbeitsbelastung als Ursache hierfür.

Daher war es ein wesentliches Ziel, Transparenz über die Arbeitslast zu schaffen und Auswirkungen von neuen Projekten auf Termine deutlich zu machen. Hierzu sind im Helpdesk ein Ticketing-System eingeführt und im Projektbereich eine Übersicht der Projekt eingeführt worden, in der alle Anforderungen ab einer gewissen Größenordnung dokumentiert werden.

Diese Instrumente ermöglichen eine objektive Erörterung der Arbeitslast und darüber hinaus der Abhängigkeiten von Priorisierungen und Terminen. Die Menge der Anforderungen und die Aufwände zu deren Erledigung sind somit als ein wesentliches Element des IT-Controllings identifiziert worden.

Gemessen werden hierzu monatlich die Anzahl der Anliegen am Helpdesk sowie die Anzahl der aktuellen, neuen und abgeschlossenen Anforderungen an das IT-Change Management.

Da diese Kennzahlen auch Erörterungen über die Kapazität und Kapazitätsanpassungen unterstützen, besteht eine große Bereitschaft zur Erhebung dieser Daten.

### 10.1.4.3   Lösungsdauer & Termine

Für den Kunden, der eine Störung an den IT-Helpdesk meldet, ist die Dauer bis zur Lösung seines Anliegens ein entscheidendes Merkmal der erbrachten Leistung. Gemessen wird dazu die Zeit, die von dem Eingang des Anliegens im Helpdesk bis zur Erledigung insgesamt vergeht. Diese per ITIL als „Mean Time to Restore Service" (MTRS) bezeichnete Kennzahl weist naturgemäß eine hohe Varianz auf und ist nur ab einer großen Anzahl von Vorfällen statistisch signifikant vergleichbar. Sie wird daher monatlich und mit Hilfe eines Ticketing-Systems automatisch ermittelt.

Eine noch stärkere Varianz weisen die Arbeitsaufwände von Projekten auf (Change Management). Da dort jedoch nur eine vergleichsweise kleine Anzahl von Projekten durchgeführt wird, wurde eine entsprechende Kennzahl nicht als aussagekräftig erachtet. Stattdessen werden (nach Abschluss der Anforderungsdefinition) Fertigstellungstermine geplant und die Einhaltung dieser mit dem Kunden abgestimmten Termine gemessen. Da Terminverschiebungen durch verschiedenste Umstände wie etwa dem Vorziehen einer dringenden anderen Anforderung auch „erwünscht" entstehen, wird die Termintreue sowohl gegenüber dem ursprünglichen als auch gegenüber nach etwaigen Planänderungen ermittelter, aktualisierter Termine gemessen. Nur letzterer wird derzeit als Maß für die Leistung des IT-Teams verstanden.

Ein positiver Nebeneffekt dieser Definition ist die proaktive Kommunikation von Terminverschiebungen an den Kunden, so dass als „überraschend" empfundene Nicht-Fertigstellungen deutlich abnehmen.

### 10.1.4.4    Verfügbarkeit

Auch die modernsten und besten IT-Lösungen sind nur dann hilfreich, wenn Sie verfügbar sind und nicht durch Störungen ihrer Komponenten, Wartungen und andere Störeinflüsse beeinträchtigt werden.

Die Verfügbarkeit von IT-Services (wie etwa das Empfangen einer E-Mail oder etwa der Abruf einer Materialbedarfsplanungsrechnung) wird generell als Normalfall wahrgenommen; jede erlebte Störung stellt für den Anwender dagegen ein negatives, seine Arbeit beoder gar verhinderndes Erlebnis dar, welches der durchschnittliche Anwender als „Fehlleistung" der IT wahrnimmt.

Da eine jederzeitige 100%-Verfügbarkeit technisch nicht bzw. nur mit wirtschaftlich unverhältnismäßigem Aufwand erreicht werden könnte, ist die subjektive Wahrnehmung der Verfügbarkeitsleistung durch die Anwender zumeist negativ, problemorientiert und tendenziell anekdotisch.

Da die nutzende Organisation nicht zu jeder Zeit die IT-Dienste in Anspruch nimmt – typischerweise bestehen selbst im Mehrschichtbetrieb Nacht- und Wochenendzeiten, zu denen absehbar kein Bedarf besteht – bestand der erste Schritt darin, die Soll-Service-Zeiten, zu denen eine Verfügbarkeit angestrebt wird, zu definieren. Dies gemeinsam mit den Anwendern zu tun, erhöht wiederum das gegenseitige Verständnis.

Auch in diesem wesentlichen Leistungsaspekt muss somit eine Objektivierung und Erhöhung der Transparenz angestrebt werden. Da die Vielzahl der mehreren hundert betriebenen IT-Lösungen (z. B. ERP, CAD, PDM, CRM, Messaging, Storage, Infrastrukturdienste …) eine individuelle Betrachtung unmöglich macht, wurde die Verfügbarkeit der gesamten Lösungslandschaft als stellvertretende Kennzahl gewählt. (Die Gesamtlandschaft wird somit genau dann als verfügbar bewertet, wenn jede einzelne Lösung verfügbar ist. Sind eine (oder auch mehrere) Lösungen für den Anwender nicht verfügbar, so wird diese Zeit als Nicht-Verfügbarkeit der Gesamtlösungslandschaft verstanden.

### 10.1.4.5    Compliance & IT-Security

Die Regelkonformität ist in regulierten Bereichen wie der Medizintechnik von entscheidender Bedeutung, da Abweichungen von staatlichen Kontrollbehörden mitunter veröffentlicht werden können und entsprechende Publikationen unerwünschte Auswirkungen auf Markteintritt und Image haben können.

Daher werden bei Olympus sämtliche potenziellen Auffälligkeiten gegenüber Regelwerken akribisch dokumentiert und beseitigt. Dies gilt sowohl für staatliche Regelwerke (unterschiedlichster Staaten) als auch für Konzern-Richtlinien und genauso für OSTE-interne Regelwerke wie etwa eigene IT-Security-Richtlinien.

Als Kennzahl zur Bewertung der Compliance & IT-Security bieten sich daher die Anzahl der im Berichtszeitraum identifizierten potenziellen Abweichungen an. Da ferner die Regelkonformität verschiedener (IT-Lösungen) nachzuweisen ist, wird ferner der Grad des bereits erfolgten Nachweises berichtet.

### 10.1.4.6   Finanzkennzahlen

Die Olympus-IT arbeitet als per Umlage finanziertes „Cost-Center". Umsätze existieren nicht. Im Vordergrund des finanziellen IT-Controllings steht daher die Kostentransparenz für die durchgeführten Projekte. Damit ist die Zuordnung der entstehenden Kosten zu den Projekten wesentliches Ziel.

Diese Zuordnung muss dabei mit geringem Aufwand erfolgen, um den Nutzen der Kostenallokation nicht durch administrative Aufwände überzukompensieren.

Die Aufwände der IT sind gegeben durch Zahlungen an Lieferanten für beauftragte Waren und Dienstleistungen einerseits sowie Zeitaufwände der IT-Mitarbeiter andererseits.

Um aufwandsminimal eine Übersicht über die Kostenverteilung zu gewinnen, sind neben vier Standardkostenträgern für die wesentlichen Standard-Lösungen (z. B. CAD, PDM, ERP und Infrastruktur) quartalsweise Projektkostenträger eingerichtet, denen die individuellen Aufwände einmal monatlich zugeordnet werden.

## 10.1.5   Maßnahmen & Ablauf

Die detaillierte Aufnahme der Situation der IT per Umfrage im Herbst 2010 bildet den Beginn der Einführung eines IT-Controlling-Systems.

Um den Erfolg der eingeleiteten Maßnahmen sicherzustellen, ist die Beteiligung der betreffenden IT-Mitarbeiter ausgesprochen wichtig. Alle Maßnahmen sind daher im Vorfeld mit den Kollegen erörtert und maßgeblich durch Wünsche und Anregungen der Kollegen mitgeprägt.

Da bei dieser Diskussion die Kommunikation zwischen Fachbereichen und IT als ein wesentliches Verbesserungspotenzial identifiziert wurde, ist jedem Fachbereich ein Prozess-Betreuer aus dem IT-Team zugeordnet worden, der in regelmäßigen Abständen im Fachbereich den Stand der IT-Projekte präsentiert und Anforderungen sowie geplante Projekte aufnimmt und in die IT koordiniert.

Die Einführung eines Ticketings-Systems im November 2011 war ein entscheidender Schritt zur Systematisierung der Bearbeitung von Anliegen. Der Umgang mit diesem System ist in mehreren Teamsitzungen intensiv erörtert und abgestimmt worden. Aus dem Ticketing-System werden heute weitere Analysen über Schwerpunkte des Aufkommens bereitgestellt. Mit der Einführung des Ticketing-Systems ist gleichzeitig die Erreichbarkeit durch die Einführung eines Hotline-Telefons verbessert worden, dass dazu beiträgt, eingehende Anrufe zu kanalisieren und Unterbrechungen von den Kollegen zu minimieren, die gerade an Projekten arbeiten.

Die Einführung eines einfachen Anforderungsprozesses (siehe **Abbildung 10.2**) mit klar definierten Zuständigkeiten, hat zu einer einfachen, tabellarischen Projektübersicht geführt, die zur Terminierung und Kapazitätsplanung genutzt wird.

**Abbildung 10.2**   Anforderungsprozess

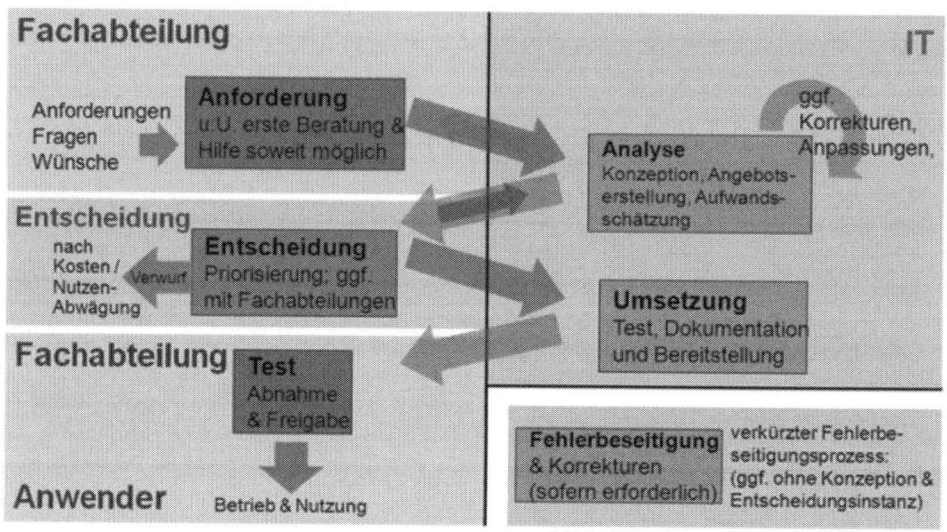

Die dargestellten Kennzahlen sowie weitere IT-interne Analysen werden monatlich einem Review unterzogen, in dem Maßnahmen hieraus abgeleitet werden. Jede Kennzahl wird dabei durch die IT-Kollegen erhoben und aufbereitet, so dass eine Identifikation mit den Kennzahlen unterstützt wird. Zusätzlich sind die Kennzahlen in den Jahreszielen der Mitarbeiter verankert. Die Ergebnisse des Reviews werden in einem IT-Monatsbericht zusammengefasst und interpretiert. Auf dieser Basis werden Verbesserungen diskutiert.

## 10.2    Ergebnisse

Die beschriebenen Maßnahmen haben bei Olympus Surgical Technologies Europe drei wesentliche Ziele erreicht:

Das IT-Business Alignment ist durch die Etablierung von regelmäßigen Treffen der Fachbereiche mit ihren IT-Prozessbetreuern erheblich verbessert worden. Durch die Kundenzufriedenheitsumfrage konnten die Schwachpunkte ermittelt und entsprechende Gegenmaßnahmen eingeleitet werden. Das Prozess-Verständnis der IT konnte erheblich verbessert und die Zufriedenheit mit der Leistung der IT stieg insgesamt.

Über die definierten Kennzahlen konnte eine Ausrichtung der IT auf geschäftsrelevanten Zielgrößen erreicht werden und die Kundenorientierung gestärkt werden. Die konkrete Vorgabe von Zielgrößen auf kollektiver wie persönlicher Ebene gibt eine klare Orientierung und objektiviert die erbrachte Leistung.

Durch die Quantifizierung der Arbeitslast konnte ferner eine konstruktive Diskussion um die erzielbare Leistung und den dazu erforderlichen Arbeitsaufwand geführt werden, die zu einer Erhöhung der IT-Teamstärke geführt hat.

An dieser Stelle soll nicht unerwähnt bleiben, dass der Aufwand zur Umsetzung dieses IT-Controllings insgesamt etwa ein halbes Personenjahr über den Zeitraum von einem Jahr betrug.

## 10.3    Ausblick

Anhand der Kennzahlen können weitere Detailanalysen – im Fall der Ausfälle etwa Hauptproblemstellen und Ursachen – erstellt werden. Darüber hinaus wird die regelmäßige Nutzung der Kennzahlen bei der Festlegung von Jahreszielen sowie der Verbesserung der betrieblichen Abläufe – insbesondere im Helpdesk-Bereich – geplant.

Die Zusammenlegung der Helpdesk- und Projekt-Übersichten sollen künftig die Aussagekraft erhöhen und die mitunter unscharfe oder individuell ausgestaltete Abgrenzung dieser beiden Arten von Anfragen verbessern.

Eine mögliche halb-automatische Ableitung von Projektfortschrittsberichten aus den Kennzahlensystemen wird aktuell diskutiert.

## 10.4    Fazit / Zusammenfassung

Durch die Einführung eines IT-Controllings konnte die Leistung der IT erheblich objektiviert werden. Durch die begleitenden Maßnahmen Kundenzufriedenheitsumfrage, Einführung von Ticketsystem und Projektverwaltung und Anforderungsprozess konnten die internen Prozesse systematisiert und werden. Aus den erhobenen Kennzahlen konnten Maßnahmen zur Verbesserung der Leistung sowie zur Anpassung des Ressourcenbedarfs abgeleitet werden.

Wichtige Erfolgsfaktoren bei der Einführung sind starke Mitarbeiterbeteiligung und hohe Verständlichkeit und Transparenz der Maßnahmen. Zusätzlich ist eine starke Unterstützung durch das Management ein wichtiger Erfolgsfaktor.

# 11 Die innovative IT-Organisation in der digitalen Transformation

**Von Plan-Build-Run zu Innovate-Design-Transform**

*Petra Koch, Frederik Ahlemann & Nils Urbach*

**IT-Organisationen werden zum Innovationstreiber.**

### Zusammenfassung

IT-Organisationen waren in der Vergangenheit häufig durch das Paradigma *Plan-Build-Run* geprägt, das die Abläufe und Prozesse innerhalb einer IT-Organisation strukturiert und auf Effizienz ausrichtet. Feste Strukturen in der IT erlauben effiziente Arbeitsabläufe und fördern die Automatisierung, stoßen aber bei einer forcierten Innovationstätigkeit an Ihre Grenzen. Genau diese Innovationstätigkeit ist ein Merkmal der Digitalisierung, die zu neuen oder veränderten IT/IS-basierten Geschäfts- und Wertschöpfungsmodellen führt. Das vorliegende Kapitel diskutiert daher die Grenzen von *Plan-Build-Run* und anderen Ansätzen und leitet von diesen Anforderungen an zukunftsfähige IT-Organisationen ab. Aus diesen wird das neue Paradigma *Innovate-Design-Transform* entwickelt, mit dem IT-Organisationen zum Innovationstreiber in ihrem Unternehmen werden können.

## 11.1 Einleitung

Informationstechnologie (IT) und Informationssysteme (IS) werden seit jeher als Mittel gesehen, Geschäftsprozesse zu automatisieren und zu rationalisieren. Daher ist es nicht überraschend, dass viele IT-Organisationen Strukturen und Abläufe entwickelt haben, entsprechende Prozess-anforderungen von Fachabteilungen aufzunehmen, eine angemessene IT/IS-Unterstützung zu planen („Plan"), diese zu implementieren („Build") und dann in Form von IT/IS-Services zu betreiben und anzubieten („Run"). Dabei arbeiten IT-Organisationen meist reaktiv, d. h. sie „warten" auf die Wünsche der Fachabteilungen. IT-Organisationen werden somit zumeist als interne Support-Funktion oder interner Dienstleister im eigenen Unternehmen wahrgenommen.

Durch den derzeitigen Trend zur „Digitalisierung" werden viele IT-Organisationen jedoch mit sehr viel weitergehenden Anforderungen konfrontiert. Unter dem Schlagwort „Digitalisierung" wird der innovative Einsatz von IT/IS verstanden, der die Entwicklung neuer Geschäfts- oder Wertschöpfungsmodelle erlaubt. Hier geht es also beispielsweise um die Entwicklung gänzlich neuer Produkte und Dienstleistungen unter Einsatz von IT/IS für Endkunden. Der mit dieser Veränderung verbundene Entwicklungsschritt hin zu digitalisierten Geschäfts- und Wertschöpfungsmodellen wird als digitale Transformation bezeichnet. Der Begriff der Digitalisierung wird in der Praxis häufig mit Themen wie Big Data,

Industrie 4.0, Social Media, Internet of Things, Smart Services, Smart Cars und Smart Cities verbunden. Für viele Unternehmen haben diese Entwicklungen einen disruptiven Charakter, da sie bestehende Geschäfts- oder Wertschöpfungsmodelle in Frage stellen oder sogar überflüssig machen (Bharadwaj et al. 2013).

Vor dem Hintergrund der aktuellen Entwicklungen ist es für viele Unternehmen daher erfolgsentscheidend, effektiv und effizient Geschäfts- und Wertschöpfungsmodell-Innovationen hervorzubringen, entsprechende IT/IS-Lösungen zu entwickeln und das eigene Unternehmen anschließend neu auszurichten, um weiterhin wettbewerbsfähig zu sein. Die betroffenen IT-Organisationen sind gefordert, proaktiv mitzuwirken und die Veränderungen in Hinblick auf die erforderlichen IT/IS zu begleiten. Derzeit werden die meisten IT-Organisationen dieser Rolle jedoch noch nicht gerecht, da sie als reaktive Dienstleister weder über die Strukturen, noch über die Prozesse oder Fähigkeiten verfügen, (Geschäfts-) Innovationen systematisch zu entwickeln. Zudem werden IT-Organisationen häufig als bürokratisch, wenig flexibel und nicht auf Augenhöhe mit den Fachabteilungen wahrgenommen. Beispielsweise werden kurzfristige Änderungen an Informationssystemen, die von den Fachabteilungen gewünscht werden, aus deren Sicht nicht schnell genug umgesetzt, wenn sich die IT-Organisation auf bestimmte Zeitfenster für Änderungen festlegt.

In diesem Kapitel wird daher die Frage diskutiert, wie sich IT-Organisationen strategisch zu einem Innovationspartner innerhalb ihres Unternehmens wandeln können. Hierzu wird ein neues IT-Management-Paradigma entwickelt, das wir als *Innovate-Design-Transform* bezeichnen. Darüber hinaus wird erläutert, welche spezifischen Kompetenzen Organisationen, die diesem Paradigma folgen, entwickeln müssen, um sich der digitalen Transformation stellen.

Das gegenwärtig vorherrschende Paradigma und die industrialisierte IT werden in vgl. Abschn. 11.2 beschrieben und kritisch diskutiert. Anschließend wird das neue Paradigma *Innovate-Design-Transform* in Abschn. 11.3 vorgeschlagen und dargestellt. Die daraus resultierenden praktischen Implikationen für die Entwicklung des IT-Managements werden im Abschn. 11.4 beschrieben. Zusammenfassend werden die Auswirkungen des Trends zur Digitalisierung auf das IT-Management in Abschn. 11.5 diskutiert.

# 11.2 Das aktuelle Paradigma und seine Herausforderungen

## 11.2.1 Das *Plan-Build-Run*-Paradigma und seine Weiterentwicklung

Das Management von IT/IS hat in der Vergangenheit eine starke Veränderung erfahren. Ging es beim Einsatz von IT/IS anfangs vor allem darum, rechenaufwändige Routineaufgaben durch zu beschleunigen, wurde bald klar, dass ein darüber hinausgehendes Potenzial in der integrierten Unterstützung vollständiger Geschäftsprozesse liegt. Vor diesem Hintergrund entstanden beispielsweise Enterprise Resource Planning (ERP)-, Supply Chain Management (SCM)- und Customer Relationship Management (CRM)-Systeme. Damit konnten auf der einen Seite effiziente Prozesse und auf der anderen Seite eine bessere Entscheidungsunterstützung für das Management realisiert werden. Hierzu waren jedoch erhebliche Investitionen und große Projekte erforderlich. Angesichts steigender Investitionen in IT/IS und zunehmender Abhängigkeit der Unternehmen von IT/IS war es daher nicht verwunderlich, dass Organisationen begannen, die Bereitstellung neuer Technologien systematisch zu planen („Plan"), umzusetzen („Build") und die resultierenden Services effizient zu betreiben („Run"). Bis heute arbeiten die meisten IT-Organisationen nach dieser Vorgehensweise (*Plan-Build-Run*), die wie folgt präzisiert werden kann (Moll 1994), (Zarnekow 2007):

- Die **Planung („Plan")** beschäftigt sich mit der langfristigen Festlegung der Unterstützung der Geschäftstätigkeit eines Unternehmens mit IT/IS und umfasst Aufgaben wie IT-Strategieentwicklung, Anwendungsplanung, Infrastrukturplanung oder die Organisationsplanung. Meist sind die entsprechenden Aktivitäten an jährliche Budgetierungs- oder Investitionsprogrammplanungsprozesse gekoppelt, so dass für einen Zeithorizont von mindestens 12 Monaten die Handlungsfelder der IT-Organisation fixiert sind.

- Die **Entwicklung („Build")** konzipiert und entwickelt Informationssysteme und die korrespondierende IT-Infrastruktur, ebenso gehört das Projektmanagement in diese Phase. Hier werden die zuvor geplanten Investitionen in Projektform realisiert, was zumeist zu neuen oder veränderten IT-Services führt, die den Fachbereichen angeboten werden.

- Die **Produktion („Run")** stellt den IT-Betrieb inklusive Wartung und Support der Informationssysteme und Infrastruktur sicher. Zu den Aufgaben gehören ebenso das Krisen- und Katastrophenmanagement. Weitere Kernaufgaben dieser Phase sind der Betrieb von Rechenzentren sowie die Betreuung der Anwender.

Vor dem Hintergrund von Entwicklungen wie Outsourcing und Application Service Providing (ASP) wurde bald klar, dass *Plan-Build-Run* die Realität von IT-Organisationen nicht mehr adäquat abbildet. Anstatt umfänglich Systeme zu planen und dann selbst zu implementieren, gingen mehr und mehr Unternehmen dazu über, ihre IT-Wertschöpfungskette zu verkürzen und Teile dieser Kette an externe Partner abzugeben. Beispiele hierfür sind Auslagerungen von IT-Service-Desks oder das Leasing von Hardware inklusive der dazugehörigen Wartung von externen Partnern. Damit war in vielen IT-Organisationen ein ähnlicher Trend zu beobachten wie in der fertigenden Industrie, was zur Entwicklung des Supply Chain Managements und entsprechender Referenzmodelle geführt hat. Es ist daher nicht verwunderlich, dass das *Plan-Build-Run*-Paradigma zum integrierten Informationsmanagement-Modell (IIM-Model) (Zarnekow et al. 2005) mit den Phasen „Source", „Make" und „Deliver" (pp. 66 –67) weiterentwickelt wurde. Dieses basiert auf dem Supply-Chain-Operations-Reference-Model (SCORE Model) und umfasst folgende Komponenten:

- Die **Beschaffung („Source")** beinhaltet das Lieferantenmanagement und die Beschaffung aller notwendigen Ressourcen. Dies betrifft Software und Hardware aber auch komplexe Dienstleistungsbündel wie beispielsweise die Bereitstellung und den Betrieb der IT/IS-Infrastruktur.

- Die **Erstellung („Make")** kombiniert alle notwendigen Ressourcen, die für die IT/IS-Leistungserstellung benötigt werden und koordiniert entsprechende Leistungserstellungsprozesse, so dass geplante Services für Kunden zur Verfügung gestellt werden können. Kernbestandteile dabei sind das Portfoliomanagement, das Entwicklungsmanagement und das Produktionsmanagement. Hier geht es im Kern darum, auf Basis eines vollständigen Überblicks über die IT/IS-Leistungserstellung zielgerichtet fremdbeschaffte und eigene Leistungsanteile zusammenzuführen, so dass IT/IS-Services entwickelt und betrieben werden können.

- Die **Bereitstellung („Deliver")** umfasst das Management der Kundenbeziehung, die Erfassung der Anforderungen der Kunden sowie die operative Steuerung der Kundenschnittstelle. Gleichzeitig wird die Verbindung mit der IT/IS-Leistungserstellung sichergestellt. Stärker als beim *Plan-Build-Run*-Paradigma wird Wert auf Kundennähe und die Befriedigung von Kundenbedürfnissen gelegt.

Sowohl *Plan-Build-Run* als auch *Source-Make-Deliver* betonen die Eigenständigkeit der IT/IS-Wertschöpfungskette, die eine weitgehend unabhängige Planung und Steuerung erfordert. Sie wird durch Spezialisten überwacht, die über klar definierte Schnittstellen mit „Auftraggebern" bzw. „Kunden" kommunizieren. Das erleichtert die Auslagerung von Teilen der IT/IS-Wertschöpfungskette und macht die IT-Organisation dadurch zumindest teilweise substituierbar. Vor diesem Hintergrund konzentriert sich das IT-Management auf Effizienz und Verlässlichkeit. IT/IS-Services werden mithilfe von Prozessen erstellt und betrieben, die einer hochgradig automatisierten Fließbandfertigung gleichen. Zentrale Ziele sind Kosteneffizienz, Verlässlichkeit und hohe Qualität der Prozesse. Nun aber sehen sich viele Unternehmen mit den Herausforderungen der Digitalisierung konfrontiert: Disruptive IT/IS-basierte Innovationen gefährden etablierte Geschäfts- und Wertschöpfungsmodelle und verlangen adäquate Antworten und proaktives Handeln.

## 11.2.2    Der Trend zur Digitalisierung von Wertschöpfungs- und Geschäftsmodellen

Der Begriff der Digitalisierung wird derzeit als Sammelbegriff zur Bezeichnung sehr unterschiedlicher IT/IS-getriebener Innovationen verwendet, die sich jedoch durch zentrale gemeinsame Charakteristika auszeichnen. Von Digitalisierung aus Unternehmenssicht kann gesprochen werden, wenn Informationstechnologien dazu verwendet werden, auf neue Arten Daten zu generieren, zu analysieren und zu verwerten, so dass neue Geschäftsmodelle oder Wertschöpfungsprozesse entstehen bzw. tradierte Modelle weitentwickelt werden. Dies erfolgt mit dem Ziel, signifikante Vorteile gegenüber Wettbewerbern zu erzielen. Hiermit sind einige Annahmen und Implikationen verbunden. Erstens müssen die verwendeten Technologien per se nicht neuartig sein, vielmehr entsteht die Neuartigkeit aus ihrer Anwendung in Kontext von Geschäfts- oder Wertschöpfungsmodellen. Beispielsweise können Daten von Kunden, die über externe Kanäle generiert und intern ausgewertet werden, dazu beitragen, den Kunden besser zu verstehen und passgenauere Produkte zu entwickeln. Zweitens ist Digitalisierung datengetrieben, d.h. sie beruht auf einer Intensivierung der Generierung, Verarbeitung und Analyse von oft neuartigen Daten. Dies wird insbesondere durch Sensortechnologien und verbesserte Möglichkeiten der effizienten Verarbeitung von großen semi- und unstrukturierten Datenmengen möglich. Schlagworte in diesem Zusammenhang sind insbesondere „Big Data" oder „Internet of Things", die datengetriebene Geschäfts- oder Wertschöpfungsmodelle ermöglichen (Kagermann et al. 2011). Drittens sind nach dieser Definition einfache inkrementelle Innovationen ausgeschlossen. Vielmehr sprechen wir von Digitalisierung erst dann, wenn der Charakter der Wertschöpfung bzw. des Geschäftsmodells signifikant verändert wird. Damit ist Digitalisierung effizienz- und service-orientiert und kann sich auf die verschiedensten Bereiche innerhalb eines Unternehmens auswirken (z.B. Produktion oder Marketing). So ist beispielsweise die Einführung eines rudimentären IT/IS gestützten Reporting-Systems für den Vertrieb keine Digitalisierung in diesem Sinne, die Einführung eines Reporting-Systems über die Marktsituation, das auch externe Massendaten aus Social Media-Systemen einbindet, und mit dessen Hilfe die Geschäfts- und Wertschöpfungsmodelle des Unternehmens neu ausgerichtet und Management-Entscheidungen unterstützt werden, hingegen schon. Viertens ist mit dem Begriff der Digitalisierung insofern eine klare strategische Dimension verbunden, als dass Unternehmen sich davon klare Wettbewerbsvorteile versprechen. Diese können unterschiedlicher Natur sein. Beispielsweise kann sich der Nutzen der Digitalisierung in einer bedeutenden Verbesserung der Kostenstruktur oder aber auch in einem neuen oder verbesserten Produkt- und Dienstleistungsportfolio manifestieren.

Der Trend zur Digitalisierung ist in den unterschiedlichen Branchen verschieden weit vorangeschritten. In der Medien- und Verlagsbranche sowie im Handel hat der Trend zur Digitalisierung deutlich früher eingesetzt als in vielen anderen Bereichen. Daher ist auch der Reifegrad der digitalen Geschäftsmodelle dort bereits größer als beispielsweise in der Energiebranche (Kagermann et al. 2014). Befinden sich Unternehmen oder Branchen im Prozess zur Digitalisierung von Geschäfts- und Wertschöpfungsmodellen, wird auch von digitaler Transformation gesprochen. Von dieser betroffen sind derzeit insbesondere drei Unternehmensbereiche: Produktion, Marketing und Supply Chain Management.

In der Produktion ist in der Praxis zu beobachten, dass Industrieanlagen zunehmend automatisiert und mit Sensoren ausgestattet werden Diese Sensoren ermöglichen die digitale Steuerung und das Monitoring der Anlagen, erzeugen auf der anderen Seite aber auch Daten, die es zu verarbeiten und analysieren gilt. Weiterhin werden Industriekomponenten mit IP-Adressen ausgestattet, um diese miteinander vernetzen zu können. Diese Entwicklung wird derzeit oftmals als Industrie 4.0 benannt (Bauernhansl et al. 2014). Der Nutzen dieser Entwicklung liegt zum Beispiel in dynamischen Wartungsintervallen, kürzeren Fehlerbehebungszeiten oder auch einer besseren Auslastung. So können beispielsweise über Maschinen-Sensoren frühzeitig Daten zur Beschaffenheit und dem Status der Maschinen abgerufen werden. Dies bedeutet, dass die Wartung nicht mehr nach vordefinierten, sondern nach dynamischen Zeitintervallen erfolgen kann, womit unnötige Wartungskosten und gegebenenfalls hohe Ausfallzeiten vermieden werden können.

Im Marketing ist zu beobachten, dass sehr viel weitgehender als bisher Daten über Kunden und Nutzer von Produkten und Dienstleistungen gesammelt und ausgewertet werden.

Möglich wird dies vor allem durch digitalisierte Produkte, die beispielsweise mit Sensoren ausgestattet sind. So bieten etwa Hersteller von Fitnessgeräten Pulsmesser an, deren Daten über ein Smartphone ausgewertet werden können, um das Benutzerverhalten analysieren zu können. Der Pulsmesser sendet die Daten hierfür über eine Bluetooth-Verbindung an das Smartphone des Benutzers, wo sie in einem Cloud-Speicher abgelegt werden. Der Anbieter hat Zugriff auf diese Daten und kann sie anschließend mithilfe von Online Analytical Processing (OLAP)-Datenbanken analysieren und zur Marketing-zwecken auswerten. Diese und andere Entwicklungen firmieren unter dem Begriff „Big Data" und stellen eine besondere Herausforderung für IT-Organisationen dar, weil das Volumen und die Geschwindigkeit, mit der Daten generiert werden, den Rahmen dessen sprengen, was in üblichen betrieblichen Rechenzentren verarbeitet werden kann (Buhl et al. 2013). Unternehmen, die diese Herausforderung meistern, können jedoch ihre Zielgruppen und deren Verhalten besser verstehen und zielgerichteter Produkte und Dienstleistungen entwickeln.

Die Lieferkette eines Unternehmens variiert je nach Branche in der es tätig ist. Im Handel wurden Waren bislang überwiegend versendet und gelangten auf herkömmlichen Wege ("analog") zum Kunden. Digitalisierung erlaubt hingegen für viele Produkte neue Vertriebskanäle wie das Internet, wobei auch der Groß- und Einzelhandel umgangen werden kann. So dominieren heute Online-Shops oder Musikplattformen das Musikgeschäft. An diesem Beispiel ist zu sehen, wie einstige Marktführer ihre führende Position eingebüßt haben, weil andere Unternehmen das disruptive Potenzial von IT/IS erkannt und für sich genutzt haben.

## 11.1.1    Grenzen des industrialisierten IT-Managements und Anforderungen an ein neues Paradigma

Noch immer stellt die IT-Organisation vieler Unternehmen ausschließlich IT-Infrastrukturdienste und darauf aufbauende Informationssysteme bereit. Hinzu kommen flankierende Dienstleistungen wie der IT-Helpdesk sowie Aufgaben im Kontext von IT/IS-Projekten. Ob eine solche Ausrichtung genügt, um an der Digitalisierung von Geschäfts- und Wertschöpfungsmodellen treibend mitzuwirken, ist fraglich. In der Zukunft wird die zentrale Herausforderung des IT-Managements darin bestehen, die oben skizzierten Innovationen (mit)zuentwickeln, zu implementieren und die notwendigen organisatorischen Veränderungen im Unternehmen zu begleiten. Hierbei ist das Augenmerk auf Aspekte zu lenken, die bisher selten im Blick von IT-Führungskräften waren: Wie kann die IT-Organisation neue Geschäfts- und Wertschöpfungsmodelle auf Basis von neuen Technologien (mit)entwickeln? Welche Daten stehen dem Unternehmen zur Verfügung, welche Daten werden derzeit generiert und können in Zukunft generiert werden? Welche Schlussfolgerungen können aus ihnen gezogen werden? Welche technologischen Innovationen sind zu erwarten und welches Potenzial bieten sie? Auch wenn es heute wenig konkrete Handlungsempfehlungen für Unternehmen gibt, die zu einer leichten Beantwortung dieser und anderer Fragen führen, zeichnet sich doch ab, dass die bestehenden IT-Management-Paradigmen *Plan-Build-Run* und *Source-Make-Deliver* den neuen Herausforderungen nur sehr bedingt gewachsen sind.

Das *Plan-Build-Run*-Paradigma führt durch aufwändige Planungsphasen zu längeren Time-to-Market-Zeiten, die bei schnellen Innovationszyklen zur Herausforderung werden. Die klassische IT-Planung ist zu starr und nicht flexibel genug, um auf Markt- und Technologietrends in angemessener Zeit reagieren zu können. In der Entwicklungsphase erarbeiten IT-Organisationen zum Teil eigene Lösungen und Bündeln ihre Ressourcen nicht in ausreichender Form. Darüber hinaus betont *Plan-Build-Run* das effiziente Management der IT-Wertschöpfungskette und ignoriert kurzfristige externe marktorientierte oder technologische Impulse. Hinzu kommt, dass Organisationen, die dem *Plan-Build-Run*-Paradigma folgen, Strukturen ausbilden, die zwar die Entwicklung von IT/IS-Kompetenzen fördern, aber selten zur Akkumulation von Branchen-, Geschäftsmodell- oder (vertieftem) Geschäftsprozess-Know-How führen.

Die Fokussierung auf die Eigenentwicklung hat das *Source-Make-Deliver*-Paradigma abgelegt und schafft einen breiteren Bezugsrahmen. Es fokussiert stärker auf Lieferanten- und Kundenbeziehungen für die Beschaffung und Bereitstellung von Dienstleistungen oder anderen Ressourcen und öffnet damit die IT-Organisation für eine intensive Nutzung von Partnernetzwerken. Die Einbringung von Partnern kann dabei eine weitere Steigerung der Effizienz einer IT-Organisation bedeuten, da jeder Partner sich auf seine Kernkompetenz konzentrieren kann. Dieses Paradigma ist damit ebenfalls auf Prozesseffizienz ausgerichtet. Demnach gilt auch hier: Das Paradigma ist wenig dafür geeignet, auf Basis von weitreichendem Geschäfts-Know-how externe Impulse aufzunehmen und dann entsprechende Innovationen auf den Weg zu bringen. Die IT-Organisation wird explizit nicht als aktiver Initiator von Innovationen auf Augenhöhe mit den Fachbereichen gesehen. Vielmehr ist sie reaktiver Dienstleister, der auf Anforderung Services entwickelt und bereitstellt.

Die zuvor beschriebenen Herausforderungen der Digitalisierung können weder die Fachbereiche noch die IT-Organisation losgelöst voneinander erfolgreich meistern. Im Zeitalter der Digitalisierung gibt es unserer Meinung nach drei wesentliche Anforderungen an die zukünftige IT-Organisation, die eine Transformation der IT-Organisation erfordern (siehe **Tabelle 11.1**).

Anforderung an ein neues Paradigma ist zum einen, die **Innovationsfähigkeit** der IT-Organisation durch mehr Agilität zu erhöhen. Damit gewinnt die Organisation an Flexibilität und kann auf Ereignisse am Markt in angemessener Zeit reagieren. Erste Schritte wären hier beispielsweise eine rollierende Planung und flexiblere Budgets, damit Innovationen schneller umgesetzt und vorangetrieben werden können. Weiterhin werden kollaborierende und kundenorientierte Modelle der Zusammenarbeit und Innovationsentwicklung benötigt.

Weiterhin sollte der zukünftige Fokus von IT-Organisationen weniger auf der Erstellung und Entwicklung, als vielmehr auf einer **Gestaltungsfähigkeit** der richtigen Lösung für den spezifischen Einsatzzweck liegen. Das Design der Lösung sollte stets vom Kunden aus gedacht und konzipiert werden. Für das Lösungsdesign kann das Partnernetzwerk einbezogen werden, so dass jeder Partner seine Sichtweisen einbringen kann. Durch diese offenen Kooperationen werden aus Innovationsansätzen Lösungsdesigns, die weiterentwickelt und für den operativen Einsatz vorbereitet werden. Ein neues Paradigma sollte daher auch Design-Thinking-Ansätze berücksichtigen, um innovative Produkte und Services auf die Nutzerbedürfnisse ausgerichtet konzipieren und zum operativen Einsatz bringen zu können. Dabei kann die eigentliche Implementierung der Innovation im Sinne von Technologieentwicklung, -konfiguration oder -integration oft externen Partnern überlassen werden. Es ist dabei lediglich zu berücksichtigen, dass sich die entwickelten Designs möglichst nahtlos in die Unternehmensarchitektur integrieren lassen, was ein dediziertes Architekturmanagement erfordert.

Die Dynamik der Entwicklungen in der Digitalisierung erzeugt einen stetigen Veränderungsdruck für Unternehmen. Diese Unternehmen und vor allem deren IT-Organisation werden gefordert sein, die Veränderungen schnell und verlässlich voranzutreiben und umzusetzen. Das erfordert eine weitgehende **Transformationsfähigkeit**. Nach der Gestaltung und folgenden Umsetzung von Innovationen im Kontext von Geschäfts- und Wertschöpfungsmodellen ist das Unternehmen mit samt seinen Strukturen und Abläufen entsprechend zu verändern. Viele Organisationen zeichnen sich jedoch durch ein hohes Beharrungsvermögen aus. Das Veränderungsmanagement gehört daher zu den wichtigen Anforderungen an ein zukünftiges Paradigma. Für die IT-Organisation bedeutet das neue Paradigma einen Rollenwandel vom Service Provider zum Innovationspartner auf Augenhöhe.

**Tabelle 11.1**      Anforderungen an ein neues Paradigma

| Bereich | Anforderung |
|---|---|
| **Innovations-fähigkeit** | Agilität, Flexibilität, Budget-Pools, rollierende Planung, Innovationsprozess, Kundenzentrierung und besseres Verständnis der Nutzer-Bedürfnisse, Innovations-Kollaborations-Modelle, aktives Innovationsmanagement |
| **Gestaltungs-fähigkeit** | Kundenzentriertes Design von IT-Lösungen, Partner-Netzwerke, Design Thinking, Software-as-a-Service, Projektportfoliomanagement, Architekturmanagement |
| **Transformations-fähigkeit** | Veränderungsmanagement, Kollaborationsformen mit den Fachabteilungen, Kulturwandel zur Innovationspartner- statt IT-Dienstleisterrolle |

Quelle: Eigene Darstellung

## 11.3 Das neue Paradigma: *Innovate-Design-Transform*

### 11.3.1 Überblick und Zielbild der innovativen IT-Organisation

Um die oben skizzierten Herausforderungen im IT-Management bewältigen zu können, erfordert es ein neues Zielbild der IT-Organisation, in dem die Anforderungen an die Innovation-, Gestaltungs- und Transformationsfähigkeit erfüllt werden können. Das neue Paradigma *Innovate-Design-Transform* (IDT-Modell) ermöglicht es den drei Kernpunkten der Anforderungen an ein neues Paradigma gerecht zu werden (siehe **Abbildung 11.1**):

■ **Innovate:** Hier geht es darum, gemeinsam mit den Fachbereichen und externen Partnern neue und innovative Geschäfts- und Wertschöpfungsmodelle zu entwickeln. Dieses Vorgehen ist geprägt von Kreativität, Agilität und Flexibilität.
Zentrale Frage: Mit welchen IT-gestützten Innovationen Geschäfts- und Wertschöpfungsmodellen kann das Unternehmen erfolgreicher werden?

■ **Design:** Die zuvor entwickelten Innovationsideen werden hier in Detailkonzepte für innovative und kundenorientierte Lösungen und IT/IS-Services überführt. Der Schwerpunkt liegt dabei auf funktionalen Designs und Ergonomie aber auch auf Effizienz und Effektivität der Lösungen.
Zentrale Frage: Wie sollen Lösungen und IT/IS-Services zur Umsetzung der Innovationen aussehen?

■ **Transform:** Nachdem die Innovation in Designs überführt (und implementiert) wurde, geht es nun darum, das Unternehmen so zu verändern, dass das neue Geschäfts- oder Wertschöpfungsmodell zur Ausführung gelangt. Hierbei geht es vor allem um Struktur-, Prozess- und Kulturwandel, die ein intensives Veränderungsmanagement benötigen.
Zentrale Frage: Wie ist die Gesamtorganisation zu verändern, damit die Innovationen tatsächlich zur Anwendung kommen und das Unternehmen erfolgreicher machen?

Im Folgenden werden diese drei Komponenten des neuen IT-Management-Paradigmas detailliert diskutiert.

**Abb. 11.1** *Innovate-Design-Transform* (IDT-Modell) – Quelle: Eigene Darstellung

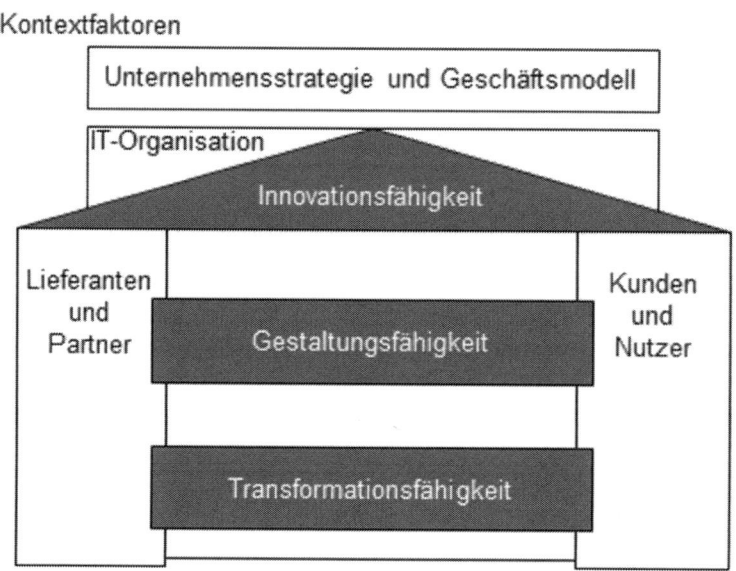

## 11.3.2    Innovate

Die gezielte Entwicklung von Innovationen bildet die erste Phase des *Innovate-Design-Transform*-Paradigmas. Dies erfordert Bemühungen in Hinblick auf (a) strategische Zielsetzungen und entsprechende Budgets, (b) die kooperative Zusammenarbeit mit Kunden und Partnern, (c) stringente Prozessen des Innovationsmanagements sowie (d) individuellen Freiräumen und einer Innovationskultur. Diese Elemente werden im Folgenden näher erläutert.

IT/IS-bezogene Innovationstätigkeiten sollten klaren Innovationszielen folgen, die in der IT-Strategie verankert sind. Ohne eine solche strategische Verankerung wird es schwer, notwendige Prioritäten zu setzen, den Mitarbeitern die Innovationstätigkeit zu vermitteln, sie zielgerichtet zu führen und den Erfolg der Innovationstätigkeit zu messen. Anders als bei den tradierten IT-Management Paradigmen wird sich die Innovationstätigkeit jedoch auf (interne und externe) Kunden und Geschäftspartner und weniger auf die Optimierung interner IT-Prozesse konzentrieren. Andernfalls wird es nicht zur (Weiter-)Entwicklung von digitalisierten Geschäfts- und Wertschöpfungsmodellen kommen. Natürlich genügt es nicht nur, Ziele festzuschreiben. Die innovative IT-Organisation der Zukunft muss auch über die finanziellen Ressourcen verfügen, Innovationen auch wirklich voranzutreiben zu können. Die Budgets der IT-Organisationen sollten daher ein Innovationsbudget vorsehen oder flexible Budgetpools enthalten.

Da die Innovationstätigkeit nach außen gerichtet ist, bedarf es neuer Kooperationsmodelle für die Zusammenarbeit mit Kunden und Geschäftspartnern. Bisher sind in vielen Unternehmen die Schnittstellen zwischen IT und Fachabteilungen formalisiert und vertraglich geregelt. So kommen beispielsweise Service-Level-Agreements (SLA) zum Einsatz, die präzise die Rechte des Kunden und Pflichten der IT-Organisation regeln. Hinzu kommt, dass IT-Organisationen oftmals eine andere Sprache und Kultur pflegen als ihre Kunden, was die Kommunikation weiter erschwert. Es ist fragwürdig, ob auf Basis solcher Schnittstellen eine vertrauensvolle, kreative, flexible und zukunftsorientierte Zusammenarbeit entstehen kann. Daher müssen sich heutige IT-Organisationen die Frage stellen, wie die Zusammenarbeit mit Kunden in der Zukunft aussehen soll. Gleichzeitig kann es notwendig sein, externe Partner in die Innovationsarbeit zu integrieren, um beispielsweise Kompetenzdefizite auszugleichen und externe Impulse aufzunehmen. Solche offenen Innovationstätigkeiten können den Innovationserfolg nachhaltig steigern. Beispielsweise können Kunden- und Lieferanten bei der Entwicklung neuer Produkte und Services aktiv mitwirken und ihre Wünsche beispielsweise über eine dafür vorgesehene Plattform äußern.

Nicht jede Innovationsidee schafft es bis zum produktiven Einsatz. In der Regel werden eine Vielzahl von Innovationsideen generiert und geprüft, und nur die vielversprechendsten werden weiterverfolgt. Um einen Überblick über die Innovationsaktivitäten einer IT-Organisation zu behalten und sie zielgerichtet priorisieren und steuern zu können, ist ein (Offener-)Innovationsmanagement-Prozess zu etablieren. Dieser sollte die Prüfung der Machbarkeit von Ideen sowie ihre finanzielle Bewertung umfassen. Besonders bei der Ausweitung der Innovationsaktivitäten und verstärkter Kooperation von Unternehmen unterschiedlicher Branchen kann dies dabei helfen, zu verstehen, welche Aktivitäten sich positiv und welche sich negativ auf den Innovationserfolg auswirken.

Damit kollektive Arbeit und Innovationstätigkeit entstehen können, sind Freiräume in der IT-Organisation notwendig. Nur Mitarbeiter, die sich mit geschäftlichen Entwicklungen und Technologien beschäftigen können, werden kreativ und initiativ die oben beschriebenen Innovationen hervorbringen. Dazu kommt die Notwendigkeit von interdisziplinären Teams, bei denen verschiedene Ausbildungshintergründe, Erfahrungen und Kompetenzen zusammen kommen. Ein offenes Innovationsklima in den IT-Organisationen, das Kollaboration und Freiräume erlaubt, ist ebenso erforderlich wie innovationsorientierte Anreizsysteme.

## 11.3.3   Design

Nachdem Konzepte für Geschäfts- und Wertschöpfungsmodell-Innovationen entwickelt wurden, sind diese einer Umsetzung zuzuführen. Dabei kommt dem Design im Sinne einer detaillierten fachlichen und technischen Spezifikation als Grundlage für die spätere Entwicklung eine besondere Rolle zu. Es ist zu beobachten, dass Anwender von IT/IS immer weniger bereit sind, Abstriche im Bereich der Gestaltung von Benutzeroberflächen, insbesondere der Ergonomie zu akzeptieren. Vielfach werden Erfahrungen im Umgang mit Endgeräten und Applikationen für Privatkunden und Konsumenten auf betriebliche Informationssysteme übertragen. Anwender erwarten eine ähnliche einfache Bedienung, die (nahezu) keine Schulung erfordert, sowie eine kontinuierliche Weiterentwicklung und Verbesserung von Systemen in kurzen Zeitintervallen. In ähnlicher Weise erfordert die Wettbewerbsintensität in vielen Branchen die schnelle Bereitstellung neuer Lösungen (kurze „Time-to-Market"). Aus diesen Gründen ist es für Unternehmen erfolgsentscheidend, schnell funktionsfähige Systeme entwickeln zu können, die eine hohe Akzeptanz bei den Anwendern genießen.

Während dem Design von IT/IS-Lösungen eine zentrale Rolle zukommt, verliert die eigentliche Entwicklung der Lösungen (Programmierung, Test, usw.) an Bedeutung. Hier stehen spezialisierte Dienstleister zur Verfügung, die zwar oft nicht das notwendige Branchen-Know-How und die oben skizzierte Innovationskompetenz haben, aber aufgrund spezifischer Technologiekenntnisse und Projekterfahrung auf Basis präziser Vorgaben effizient und auch kostengünstig Lösungen implementieren können. Diese Technologie- und Projektkompetenz kann von solchen Anbietern oft besser entwickelt und aufrechterhalten werden, weil sie Skaleneffekte durch die Zusammenarbeit mit einer Vielzahl von Kunden erzielen können. Damit wird es für viele Unternehmen immer weniger attraktiv, Ressourcen für die technische Realisierung innovativer IT/IS vorzuhalten.

So wird sich in der Zukunft mehr als je zuvor eine „Design"-Kompetenz erfolgsentscheidend sein. Um den Design-Prozess erfolgreich abwickeln zu können, sind (a) interdisziplinäre Teams unter Einbindung von Partnern, (b) agile Projektmanagement-Prinzipien und Design-Thinking sowie (c) die frühzeitige Involvierung der späteren Entwicklungspartner notwendig. Diese Aspekte werden im Folgenden näher erläutert.

Die Gestaltung von innovativen, kundenorientierten IT/IS-Lösungen sollte in interdisziplinären Teams erfolgen, da fachliche Expertise aus verschiedenen Bereichen notwendig ist. Meist sind profunde Marktkenntnisse, Technologie-Know-How, Wissen hinsichtlich der Unternehmensarchitektur sowie Geschäftsprozesskenntnisse erforderlich. Weiterhin erforderlich sind Projektmanagement-Kompetenz sowie gegebenenfalls weiteres Wissen aus betroffenen Bereichen wie beispielsweise Marketing oder Logistik. Nicht selten ist dieses Wissen nicht vollständig im Unternehmen vorhanden, weswegen Partner-Netzwerke zur Kollaboration genutzt werden sollten, um integrierte und abgestimmte Lösungen anzubieten.

Der Fokus der Lösungsentwicklung in den interdisziplinären Kollaborationsteams sollte auf einer integrierten Methode beruhen, die kunden- und serviceorientiert ist, damit die Gestaltung der Lösung nicht auf technologischen Feinheiten sondern auf den Anforderungen der Kunden und Anwender beruht und die Erfordernisse der Geschäftsmodell- und Wertschöpfungsinnovation berücksichtigt. Der Prozess der Lösungsentwicklung kann durch die Design-Thinking-Methode bereichert werden, die für die Lösung komplexer Design-Fragestellungen in interdisziplinären Teams entwickelt wurde (Hilbrecht and Kempkens 2013). Agile Projektmanagement-Prinzipien wie bspw. eine enge Zusammenarbeit mit zukünftigen Anwendern und anderen Stakeholdern sowie die Entwicklung von IT/IS-Lösungen in (sehr) kurzen Zyklen mit jeweils nutzbaren Ergebnissen sind ebenfalls in

Betracht zu ziehen. So kann idealerweise die Zeit bis zur erstmaligen Nutzung der Ergebnisse verkürzt und damit der Wertbeitrag gesteigert werden. Zu prüfen ist in ebenfalls, inwieweit die IT/IS-Lösung mit der Unternehmensarchitektur und den Architekturplanung der Organisation harmoniert bzw. in welche Richtung die Unternehmensarchitektur weiterentwickelt werden sollte, damit die Lösung realisierbar ist.

Um zu vermeiden, dass der spätere Entwicklungspartner oder aber eigene Entwickler die Lösung und die mit der Lösung verfolgten Zielsetzungen nicht verstehen, sollten die Entwickler möglichst frühzeitig in den Design-Prozess involviert werden. Insbesondere dann, wenn nach agilen Projektmanagement-Prinzipien gearbeitet werden soll, ist dies unabdingbar, weil hier Design und Realisierung überlappend durchgeführt werden.

## 11.3.4    Transform

Die Umsetzung der zuvor konzipierten IT/IS-Lösungen erfordert Anpassungen auf Seiten der Fachbereiche und der IT-Organisation, die aufgrund ihrer weitreichenden Natur hier als Transformation bezeichnet werden. Um die Transformation erfolgreich durchführen zu können sind (a) Implementierungsprojekte oder -programme, (b) Governance-Strukturen und Controlling-Systeme sowie ein (c) umfangreiches Veränderungsmanagement in den Fachbereichen erforderlich.

Auf Seiten der IT-Organisation ist es zunächst erforderlich, dass die IT/IS-Lösungen technisch realisiert werden, was üblicherweise in Form eines Projektes oder Programms erfolgt. Zukünftig wird dies unserer Meinung nach häufiger als heute durch externe Partner oder in Wertschöpfungsnetzwerken erfolgen, da so sichergestellt werden kann, dass die notwendigen (technologischen) Kompetenzen vorhanden sind. Dabei ist die Gesamtarchitektur zu berücksichtigen, d.h. es ist eine möglichst nahtlose Integration in die bestehende Infrastruktur- und Applikationslandschaft anzustreben. Gleichzeitig ist zu beachten, dass Anpassungen in Hinblick auf Betriebs-, Wartungs- und Support-Prozesse notwendig sein können. So kann es beispielsweise erforderlich werden, einen Anforderungsmanagement-Prozess zu etablieren oder den bestehenden anzupassen, damit neue Lösungen von der Kundenanfrage bis hin zur Übergabe an den Kunden vollumfänglich und integriert gesteuert werden. Diese Veränderungen erfordern vielfach einen gezielten Aufbau von spezifischen Kenntnissen und Fähigkeiten bei den Mitarbeitern, was durch entsprechende Schulungs- und Weiterbildungsmaßnahmen realisiert werden kann.

Darüber hinaus kann es notwendig sein, Governance-Strukturen so zu verändern, dass das Management im Sinne der Geschäfts- oder Wertschöpfungsmodell-Innovationen agiert. Hierbei ist es beispielsweise wichtig, die Rollen und Verantwortlichkeiten für die angepassten Prozesse neu zu prüfen und auch diese, wo es notwendig ist, anzupassen. Weiterhin sind Controlling-Systeme von Bedeutung, um den Fortschritt der Transformation und ihren Zielerreichungsgrad zu messen. Dabei können beispielsweise Kennzahlen im Bereich des Anforderungsmanagements Aufschluss darüber geben, wie lange bestimmte Prozessabschnitte dauern oder welche Kosten für die Anforderungsumsetzung angefallen sind.

Auf der Seite der Fachabteilungen sind parallel die geplanten Geschäfts- und Wertschöpfungsmodell-Innovationen organisatorisch zu implementieren. Dies wird zu veränderten Geschäftsprozessen und Organisationsstrukturen führen. Aufgrund des Umfangs der Änderungen wird ein systematisches Veränderungsmanagement notwendig sein, um die Mitarbeiter im Rahmen der Veränderung mitzunehmen, da nur so Widerstände bei Mitarbeitern minimiert und eine reibungslose Umsetzung realisiert werden kann. Die IT-Organisation kann bei diesen Veränderungen unterstützen, da die Geschäftsprozesse eng mit den betroffenen IT/IS verbunden sind und beides nur ganzheitlich sinnvoll betrachtet werden kann.

## 11.4    Praktische Implikationen

### 11.4.1    Voraussetzungen für die digitale Transformation

Die Entwicklung einer IT-Organisation, die einem tradierten IT-Management Paradigma folgt, in Richtung *Innovate-Design-Transform* ist kein einfacher Prozess. Die notwendigen Veränderungen sind weitreichend und betreffen viele Aspekte einer IT-Organisation. So sind neue Strukturen zu schaffen, Prozesse anzupassen, Kompetenzen aufzubauen und auch ein Kulturwandel einzuleiten. Aus wissenschaftlicher Sicht können diese Veränderungen als Prozess des Aufbaus von organisationalen Fähigkeiten (*capabilities*) verstanden werden, die es einem Unternehmen erlauben, sich vom Wettbewerb zu differenzieren. Solche Fähigkeiten sind nur langfristig zu entwickeln, oft schwer zu imitieren, kaum substituierbar und rar. Es ist daher nicht überraschend, dass es in vielen Branchen nur eine Handvoll Unternehmen versteht, die Chancen der Digitalisierung für sich zu nutzen und hieraus nachhaltige Wettbewerbsvorteile abzuleiten. Somit ergeben sich die folgenden Implikationen für das Management der Transformation: Erstens ist zu akzeptieren, dass der Transformationsprozess nicht im Kontext eines einmaligen begrenzten Projektes vollzogen werden kann. Vielmehr bedarf es einer langfristigen Initiative, damit die notwendigen Fähigkeiten entwickelt werden können. Zweitens darf die Transformation nicht als rein technologische Initiative interpretiert werden. Stattdessen betrifft sie nahezu alle Bereiche des strategischen wie operativen Managements. In vielen Fällen sind weitreichende Veränderungen in Hinblick auf das Wertesystem und das Verhalten der Mitarbeiter erforderlich. Dies unterstreicht die besondere Rolle eines umsichtigen Veränderungsmanagements. Drittens erfordert die digitale Transformation eine Außenorientierung. Diese ist zum einen notwendig, um frühzeitig relevante marktorientierte und technologische Entwicklungen zu identifizieren und in der Folge analysieren zu können. Zum anderen erfordert die digitale Transformation oft Kompetenzen und Ressourcen, die kurz- oder mittelfristig nur von erfahrenen Partnern beigesteuert werden können.

## 11.4.2    Fähigkeiten der IT-Organisation der Zukunft

Vor diesem Hintergrund stellt sich die Frage, auf welche Tätigkeitsbereiche, Prozesse und Fähigkeiten die IT-Organisation der Zukunft ihre Schwerpunkte setzen soll. Diese Frage kann am besten vor dem Hintergrund allgemeiner Technologie- und IT-Management-Trends auf der einen Seite und den spezifischen Erfordernissen des *Innovate-Design-Transform*-Paradigmas auf der anderen Seite beantwortet werden. Die zukünftigen Fähigkeiten der IT-Organisation lassen sich den Kategorien (a) der Innovationsfähigkeit, (b) der Gestaltungsfähigkeit und (c) der Transformationsfähigkeit, wie in **Abbildung 11.2** dargestellt, zuordnen.

---

**Abbildung 11.2    Fähigkeiten im Paradigma *Innovate-Design-Transform* –**
**Quelle: Eigene Darstellung**

---

---

Die Entwicklung der Informationstechnologie der letzten Dekaden kann durch verschiedene Merkmale charakterisiert werden: Preisverfall, Leistungssteigerung, Standardisierung, Flexibilisierung und Ubiquität wobei auf die ersten beiden Aspekte hier nicht vertieft eingegangen werden soll.

Die Standardisierung betrifft mittlerweile nahezu alle Elemente einer IT/IS-Architektur. Sie findet auf der Ebene der Hardware (bspw. für Serverkomponenten) gleichermaßen statt wie auf der Ebene der Software (bspw. bei der Konsolidierung des Informationssystemportfolios). In den vergangenen Jahren kann zudem beobachtet werden, dass auch IT- und Geschäftsprozesse zunehmend der Standardisierung unterliegen (bspw. durch Einsatz des de-facto Standard ITIL im IT-Service Management). Das ist nicht verwunderlich, weil die Standardisierung Vorteile wie geringere Koordinationsbedarfe, einfachere Integration oder auch geringeren Know-How-Bedarf verspricht. Standardisierung erlaubt es IT-Organisationen und Unternehmen einfacher als früher, Lieferanten und Dienstleister zu wechseln und Teile der (IT-)Wertschöpfungskette auszulagern. Es ist davon auszugehen, dass sich dieser Trend fortsetzt und Organisationen sich mehr als je zuvor auf ihre Kernaufgaben konzentrieren und alles andere spezialisierten Lieferanten bzw. Dienstleitern überlassen.

Informationstechnologie ist – auch gefördert durch Erfolge im Bereich der Standardisierung – zunehmend flexibel. Es ist leichter als je zuvor, Dienste und Services wie beispielsweise Speicherkapazität oder auch Rechenleistung kurzfristig bereitzustellen. Technologische Konzepte wie Cloud Computing oder Virtualisierung ermöglichen eine solche Flexibilisierung. Für Unternehmen bedeutet dies, dass sie schneller auf marktorientierte und technologische Entwicklungen reagieren und hierbei auch einfacher als bisher externe Partner einbinden können. Auch ist es möglich, Spitzen in der Geschäftstätigkeit vergleichsweise einfach auszugleichen.

Durch die Miniaturisierung der Informationstechnologie und der Verbreitung von sehr leistungsfähigen Wide Area Networks (insbesondere das Internet) können IT/IS-Services heute praktisch überall und zu jeder Zeit verfügbar gemacht werden. Damit verringert sich die Ortsgebundenheit von IT/IS und Unternehmen können leichter mit Partnern und Dienstleistern zusammenarbeiten und deren Services für die eigene IT/IS-Wertschöpfungskette nutzen.

Aus diesen Entwicklungen leitet sich ab, dass es für IT-Organisationen zunehmend leichter wird, nicht differenzierende Teile ihrer Wertschöpfungskette mit wenig Friktionen an externe Partner abzugeben und somit eine Konzentration auf wettbewerbsentscheidende Aktivitäten einzuleiten. Diese wettbewerbsentscheidenden Aktivitäten ergeben sich aus den Schwerpunktsetzungen der IT-Organisation der Zukunft. Sie betreffen beispielsweise die Innovations- und Designkompetenz, die Fähigkeit Lieferanten, Partner und Dienstleister auszuwählen und zu steuern sowie eine nachhaltig flexible und kostengünstige Gesamtarchitektur zu entwickeln und zu pflegen. Dabei stehen technische Aktivitätsfelder weniger im Mittelpunkt. Stattdessen gewinnen Analysetätigkeiten, kreative Prozesse und Steuerungsprozesse an Bedeutung. **Tabelle 11.2** gibt einen Überblick über wichtige Fähigkeiten der IT-Organisation der Zukunft und ihrer zukünftigen Bedeutung.

**Tabelle 11.2**    Fähigkeiten der innovativen IT-Organisation

| | Fähigkeiten der IT Organisation | Beschreibung |
|---|---|---|
| Neue Fähigkeiten | Kreativität, Beratungs- und Problemlösungsfähigkeit | Um die intendierten Wertschöpfungs- und Geschäftsmodellinnovationen zu realisieren, bedarf es eines hohen Maßes geschäftlicher und technischer Kreativität. Die IT-Organisation der Zukunft nimmt mehr als je zuvor eine beratende und gestaltende Rolle bei der Ideenfindung und -Konzeptualisierung ein. |
| | Innovationsmanagement | Die Innovationsfähigkeit sollte in der IT-Organisation durch neue Strukturen und Abläufe gefördert und gesteuert werden. Erfolgreiche IT-Organisation planen und implementieren Innovationen im Kontext eines umfassenden Innovationsmanagements ganzheitlich. |
| | Design | IT-Organisationen benötigen eine ausgeprägte Design-Kompetenz, um auf der einen Seite aus Kunden- und Anwendersicht zufriedenstellende IT/IS-Lösungen konzipieren, und zum anderen, um externe Dienstleister für die Realisierung mit ausreichenden Spezifikationen ausstatten zu können. |
| | Veränderungsmanagement | Bei der Transformation ist die Unterstützung des IT-Managements und eine ausgeprägte Innovations- und Veränderungskultur erforderlich, die häufig einen Kulturwandel bedeutet, um die Veränderung in den Arbeitsablauf der Mitarbeiter zu integrieren und in der Organisation zu verankern. |

| Fähigkeiten der IT Organisation | Beschreibung |
|---|---|
| Anforderungsmanagement | Innovationsideen sind im Sinne eines integrierten Anforderungsmanagements zusammen mit allen anderen Anforderungen an neue oder veränderte IT/IS-Lösungen durchgängig bis zu ihrer abgeschlossenen Realisierung zu steuern. |
| Partner- und Lieferantenmanagement | Die Intensivierung der Zusammenarbeit mit externen Partnern und Dienstleistern erfordert ein verstärktes und stringentes Management von langfristigen, partnerschaftlichen Beziehungen und konkreten Prozessen und Projekten der Zusammenarbeit. |
| Projekt- und Programmmanagement | Der Großteil der Geschäfts- und Wertschöpfungsmodell-Innovationen wird in Form von Projekten oder Projektprogrammen abgewickelt. Um replizierbare und nachhaltige Projekt- und Programmerfolge zu gewährleisten, bedarf es entsprechender Management-Kompetenzen. |
| Architekturmanagement | Architekturmanagement-Fähigkeiten gewährleisten, dass die IT/IS-Architektur des Unternehmens hinreichend flexible ist, um die genannten Innovationen effizient und effektiv umsetzen zu können. Auf der anderen Seite soll durch sichergestellt werden, dass trotz steigender Innovationstätigkeit von Unternehmen Kostenstruktur, Flexibilität und Entwicklungsfähigkeit der Architektur nicht leiden. |
| Governance und Controlling | Eine rege Innovationstätigkeit wird stets auch Investitionen nach sich ziehen. Um sicherzustellen, dass diese zielgerichtet und vor dem Hintergrund realistischer Nutzenerwartungen getroffen werden, sind Governance-Mechanismen und ein effektives Controlling der IT-Werkschöpfung erforderlich. |

Fähigkeiten mit steigender Bedeutung

| Fähigkeiten der IT Organisation | Beschreibung |
|---|---|
| IT/IS-Realisierung | Konzipierte und spezifizierte IT/IS-Lösungen sind technisch auf Basis von Standardsoftware oder durch Programmierung zu implementieren. Hier geht es ein tiefgehendes Verständnis der notwendigen Technologien und die Fähigkeit diese entsprechend der Anforderungen zu entwickeln bzw. zu konfigurieren. |
| Service-Bereitstellung | Einmal entwickelte IT/IS-Lösungen sind zu betreiben und warten. Hierbei geht es insbesondere um den effizienten Betrieb von Rechenzentren sowie die Bereitstellung von IT/IS-Lösungen auf Endgeräten von Anwendern oder aber die Anbindung von anderen Geräten (z.B. Endprodukte). |
| Support | Neben der reinen Entwicklung und Bereitstellung von IT/IS-Lösungen sind die Anwender entsprechend zu betreuen. Hier geht es beispielsweise um Service-Desks. |

*(Die linke Spalte ist vertikal beschriftet: Fähigkeiten mit sinkender Bedeutung)*

Quelle: Eigene Darstellung

## 11.5     Zusammenfassung und Ausblick

Viele IT-Organisationen folgen derzeit den Paradigmen *Plan-Build-Run* oder *Source-Make-Deliver*, standardisieren ihre Leistungserstellung, streben nach Effizienzsteigerungen, sind eher reaktiv und interagieren mit ihren Kunden über formalisierte Schnittstellen. Für die neuen Herausforderungen der Digitalisierung von Geschäfts- und Wertschöpfungsmodellen sind diese Paradigmen eher ungeeignet.

Die Anforderungen an ein neues Paradigma sind vor allem Innovationsfähigkeit, Gestaltungsfähigkeit und Transformationsfähigkeit, woraus sich das neue Paradigma *Innovate-Design-Transform* für die IT-Organisationen der Zukunft ableitet. Im Zentrum stehen hierbei mit den Fachbereichen gemeinsam konzipierte, spezifizierte und umgesetzte Geschäfts- und Wertschöpfungsmodell-Innovationen.

Der Rollenwandel hin zu einer IT-Organisation, die dem Paradigma *Innovate-Design-Transform* folgt, ist eng mit dem Aufbau fortgeschrittener organisationaler Fähigkeiten und Kompetenzen verwoben. Während tradierte IT-Organisationen beispielsweise bewusst und zielgerichtet Implementierungskompetenzen entwickelt und vorgehalten haben, sind diese in Zukunft weniger wichtig. Stattdessen werden beispielsweise Kreativität, Flexibilität, Design-Kompetenz und auch Partner-Management an Bedeutung gewinnen. Dies geht auch mit einem Kulturwandel einher. Haben viele IT-Organisationen lange Jahre versucht eine Dienstleistungskultur zu etablieren, geht es nun vielmehr um eine Innovationskultur, die auch unternehmerisches und risikoorientiertes Handeln und Entscheiden einschließt.

# Literatur

[1] Bauernhansl T, ten Hompel M, Vogel-Heuser B (2014) Industrie 4.0 in Produktion, Automatisierung und Logistik: Anwendung, Technologien, Migration. Springer Vieweg, Wiesbaden, Germany

[2] Bharadwaj A, El Sawy OA, Pavlou PA, Venkatraman N (2013) Digital Business Strategy: Toward a Next Generation of Insights. MIS Quarterly 37:471-482.

[3] Buhl HU, Röglinger M, Moser F, Heidemann J (2013) Big Data Ein (ir-)relevanter Modebegriff für Wissenschaft und Praxis? Wirtschaftsinformatik 55:63-68.

[4] Hilbrecht H, Kempkens O (2013) Design Thinking im Unternehmen - Herausforderung mit Mehrwert. Digitalisierung und Innovation. Springer Gabler, Wiesbaden, Germany,

[5] Kagermann H, Österle H, Jordan JM (2011) IT-Driven Business Models: Global Case Studies in Transformation. Wiley, Hoboken, New Jersey, USA

[6] Kagermann H, Riemensperger F, Hoke D, et al (2014) Smart Service Welt - Umsetzungsempfehlungen für das Zukunftsprojekt Internetbasierte Dienste für die Wirtschaft. acatech - Deutsche Akademie der Technikwissenschaften, Berlin, Germany

[7] Moll K-R (1994) Informatik-Management. Springer, Berlin, Germany

[8] Zarnekow R (2007) Produnktionsmanagement von IT-Dienstleistungen. Springer, Heidelberg, Germany

[9] Zarnekow R, Brenner W, Pilgram U (2005) Integriertes Informationsmanagement - Strategien und Lösungen für das Management von IT-Dienstleistungen, 1st edn. Springer, Heidelberg, Germany

# 12 Einflussfaktoren und Ausgestaltungskonzepte von Steuerungsmechanismen bei Captive Shared Service Providern

*Marc M. Zinkel*

## 12.1 Einleitung

Beschäftigen sich Unternehmen mit der Implementierung oder Optimierung von Governance und Steuerung in Organisationen, findet oft eine unmittelbare Fokussierung der Diskussion auf etablierte Frameworks[1], deren Anwendung und Ausprägung statt. Im Mittelpunkt der Diskussion stehen zumeist direkt Prozesse, Berichtslinien, Gremienlandschaften und Steuerungsgrößen, etc.. Unterbelichtet bleibt jedoch oft die grundsätzliche Disposition einer Organisation, deren Wesensmerkmale sich aus Rahmenparametern des Konzernumfelds ableiten lassen, gleichermaßen aber die Ausprägung und Anwendung der Frameworks signifikant beeinflussen. Dies mündet in der Folge entweder in immer wiederkehrende grundsätzliche Fragestellungen während der Ausgestaltung und Implementierung und/oder in unzureichender Wirksamkeit und Effizienz in der täglichen Anwendung der Frameworks. Für konzerninterne (Captive) Shared Service Provider (CSSPs) ist diese Auseinandersetzung besonders erfolgskritisch, da sie in der Regel wie kaum eine andere Organisation harten Marktmechanismen und -ansprüchen ausgesetzt und gleichzeitig den Konzernregeln unterworfen ist.

Ziel der vorliegenden Abhandlung ist es, wesentliche Einflussfaktoren und Rahmenparameter im Konzernumfeld herauszuarbeiten, idealtypische CSSP-Formen abzuleiten, die relevanten Steuerungs- und Governance-Mechanismen zu identifizieren und deren prinzipielle Ausprägung zu ermitteln. Dabei stehen Kernfragen wie beispielsweise die der grundsätzlichen Ausgestaltung (Cost Center vs. Profit Center vs. Investment Center), der Transformationsfinanzierung, der primären Steuerungsdimension und des Controlling-Konzepts im Zentrum der Betrachtung. Sicherlich lässt sich hierbei kein digitales Regelwerk formulieren, das in richtig und falsch aufteilt, jedoch lassen sich entlang idealtypischer CSSP-Formen in sich geschlossene Ausprägungsprofile entwickeln.

---

[1] Z. B. Cobit, ITIL, ISO X, CMMI

**Abbildung 12.1**   Steuerungsansatz

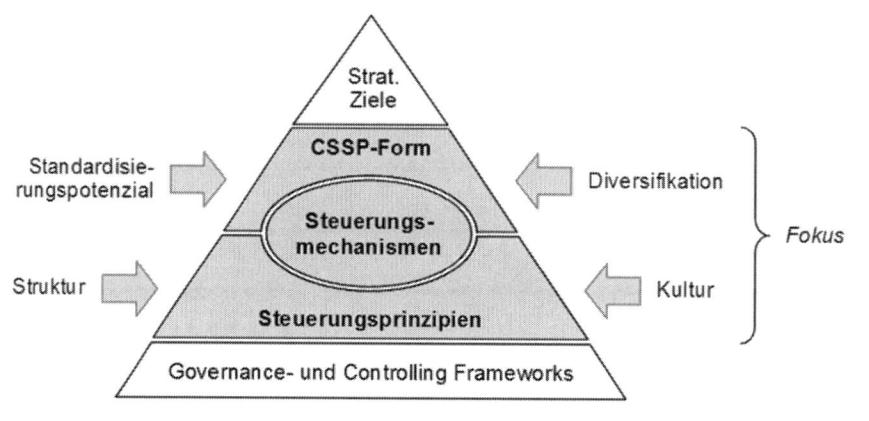

## 12.2    Relevante Steuerungsmechanismen und ihre grundsätzlichen Ausprägungen

Steuerungsmechanismen für (Captive) Shared Service Provider bewegen sich bzgl. ihres Wirkungsbereichs entlang eines Kontinuums zwischen interner und externer Steuerungswirkung. Extern fokussierte Steuerungsmechanismen beziehen sich auf die Steuerung der Liefer- und Leistungsbeziehungen zwischen Provider und Kunden sowie Zulieferern. Intern fokussierte Steuerungsmechanismen regeln die Steuerung und Kontrolle der internen Leistungserstellung.

**Abbildung 12.2**   Steuerungsmechanismen

### Steuerungsmechanismen

**intern**                                                                    **extern**

Steuerung von Standards und Architekturen

Steuerungsbasiskonzept                                      Kundensteuerung

Projekt Portfolio Steuerung                                 Preissteuerung

Finanzsteuerung          Vertriebssteuerung              Providersteuerung

Struktursteuerung        Kundensegmentierung           Kontrahierungszwang

Transformationssteuerung

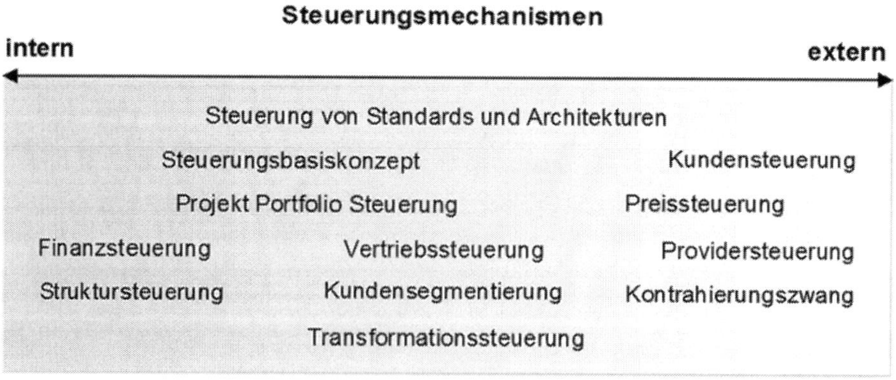

Der CSSP muss ein **Basiskonzept** festlegen, nach dem die Organisation gesteuert wird. Als Ausprägungen kommen dabei das Cost Center, das Profit Center oder das Investment Center Konzept in Frage. In der Regel werden CSSPs als Profit Center organisiert[2], um Vergleichbarkeit mit dem Drittmarkt herstellen und die Leistungserstellung an Profitabilitätszielen ausrichten zu können[3]. Während das Cost Center Konzept (Steuerung einer Organisationseinheit über Kostenziele bei festen Qualitätsparametern – v.a. bei Leistungen ohne Marktvergleichsmöglichkeit[4]) bei internationalen Liefer- und Leistungsbeziehungen als Option aus steuerlichen Gründen ausfällt (Transferpreisregelungen), ist eine Entscheidung zugunsten des Investment Center Konzepts (verfügt über das Profit Center hinaus über Entscheidungskompetenz bzgl. Kapitaleinsatz[5]) sehr stark mit der **Steuerung von Standards und Architekturen** gekoppelt. Diese kann entweder durch eine (Holding) Zentralfunktion, durch den CSSP selbst oder durch die jeweiligen Geschäftseinheiten erfolgen. Wird ein zentrales Steuerungsmandat auf den CSSP übertragen, bietet sich als Steuerungsbasiskonzept das Investment Center an.

Ein weiterer wesentlicher Mechanismus ist die Festlegung der **Struktursteuerung:** Provider sind in der Regel nach Servicelines aufgestellt. Diese Servicelines liefern ihre Leistungen in der Regel über verschiedene Standorte verteilt an ihre Kunden. In internationalen Konzernen werden lokale Lieferzentren etabliert, die v.a. die kundenspezifischen Leistungskomponenten erstellen, in zentralen Lieferzentren werden mit minimierten Faktorkosten hoch standardisierbare, großvolumige Leistungskomponenten konsolidiert. Der CSSP muss eine Festlegung treffen, auf welchem Strukturelement (Serviceline oder Standort) in dieser Matrix die Primärsteuerung aufgesetzt wird. Legt er die Serviceline fest, liegt der Steuerungsfokus auf den leistungserbringenden Einheiten, global aufgestellten Liefermodellen für End-to-End-Services, vereinheitlichten Produkt- und Serviceportfolios sowie der durchgängigen Steuerung der Herstellkosten und der Produktprofitabilität. Entscheidet er sich für die standortgetriebene Primärsteuerung, rücken Flexibilität bei Kundenanforderungen, Kundenzufriedenheit und Standortprofitabilität in den Steuerungsmittelpunkt.

Eng verknüpft mit der Struktursteuerung ist die **Finanzsteuerung.** Hier muss prinzipiell die Frage geklärt werden, ob die Steuerung der Strukturelemente Serviceline und Standort zentral oder dezentral erfolgen soll. Zentrales Controlling definiert sich aufbau- und ablauforganisatorisch als zentrale Einheit, die die Finanzsteuerung zentral über alle Strukturelemente umsetzt.[6] Das dezentrale Controlling wird vor allem durch Heterogenität und Vielzahl an Strukturelementen getrieben, um die Controllingfunktion nicht zu sehr vom Strukturelement zu entkoppeln. Dem Dotted-Line-Prinzip folgend bleibt jedoch eine zentrale Controllingfunktion bestehen, deren Rolle sich v.a. auf die Definition von Verfahrensvorgaben sowie Aggregation und Auswertung dezentraler Daten konzentriert.[7]

---

[2] Vgl. von Glahn/Keuper (2006), S. 20
[3] Vgl. Schomann/Koch (2008), S. 226
[4] Vgl. Kutschker, Schmid (2008), S. 629
[5] Vgl. Lankhorst/Quartel/Steen (2010), S. 82
[6] Vgl. Roß/Kahlhoefer (2007), S. 142
[7] Vgl. Burmeister/Temmel (2007), S. 96 ff

Die **Vertriebssteuerung** kann kundenstrukturorientiert oder serviceline-orientiert ausgeprägt werden. Im ersten Fall werden die vertrieblichen Aktivitäten über die jeweiligen Servicelines gebündelt und nach Kunden oder Kundengruppen zugeteilt. Im zweiten Fall vertreibt jede Serviceline ihre Leistungen eigenständig an die jeweiligen Kunden.

Die **Steuerung von Projektportfolios** erfährt mögliche Ausprägungen in zwei Dimensionen. Zum einen ist festzulegen, ob Projektportfolios zentral oder dezentral, zum anderen, ob sie nachfrage- oder angebotsorientiert gesteuert werden. Eine zentrale Projektportfoliosteuerung bündelt zentral die Entscheidung über die Umsetzung und Mittelallokation auf Projekte und geht zumeist mit einer zentralen Steuerung der erforderlichen Planungsprozesse sowie Fortschritts- und Verbrauchskontrollen einher. Organisatorisch werden thematisch oder strukturell zusammenhängende Projekte in Subportfolios gebündelt. In einer dezentralen Steuerung erfolgt die Portfoliosteuerung auf Subportfolioebene oder darunter. Die nachfrageorientierte Portfoliosteuerung allokiert die erforderlichen Budgetmittel auf Basis priorisierter und freigegebener Projektvorhaben auf die relevanten Liefereinheiten. Im Gegensatz dazu orientiert sich eine angebotsorientierte Portfoliosteuerung vorab an festgesetzten Budgetobergrenzen, wobei die Projektbudgets von vornherein auf die Liefereinheiten verteilt werden.

Für die **Preissteuerung** kommen in Abhängigkeit vom Steuerungsbasiskonzept in der Praxis vorwiegend drei Varianten in Betracht: Preise auf Basis Vollkosten, Cost+-Verrechnung und Benchmark-Pricing. Die Preisbildung auf Basis Vollkosten findet Anwendung im Cost Center Konzept. Ebenso wie das Cost Center Konzept bei internationalen Liefer- und Leistungsbeziehungen als Option wegfällt, verhält es sich mit diesem Preismechanismus. International findet das Dealing-At-Arm's-Length-Prinzip Anwendung, das für die konzerninterne Verrechnung Preise wie unter Dritten fordert[8]. Dies führt auch dazu, dass Standardprodukte, die mehreren (internationalen) Kunden angeboten werden, keiner Preisdifferenzierung im Konzerninnenverhältnis unterzogen werden dürfen, sofern nicht landesindividuell eine entsprechende Preisermittlung durchgeführt wird. Daher werden die Transferpreise in der Regel entweder durch Preisvergleiche von Services gleicher Beschaffenheit (Benchmark-Pricing) oder durch die gesamten servicespezifischen Selbstkosten, zzgl. einer Gewinnmarge (Cost+-Verrechnung) ermittelt[9].

Die **Kundensteuerung** kann bei CSSPs in vier idealtypischen Ausprägungen erfolgen. Die abstimmungsorientierte Kundensteuerung ist durch die Einbindung und weitgehende Einflussnahme eines breiten Kundenspektrums bei z. B. der Definition und dem Design von Services und Produkten geprägt. Im Kontrast dazu steht die mandatsorientierte Kundensteuerung, die zentrale Vorgaben hoheitlich oder mit eigenem Mandat bei den Kunden durchsetzt. Die beiden erstgenannten Ausprägungen können jeweils nach kollaborativ-integriertem und marktorientiert-distanziertem Liefer- und Leistungsaustausch differenziert werden. Der kollaborativ-integrierte Ansatz ist geprägt von paritätisch besetzten Teams in Projekten, bis hin zu Design und Entwicklung von Services und beruht auf einer

---

[8] Vgl. Helde (2000), S. 22
[9] Vgl. Rek/Brück/Pache/Labermeier (2008), S. 58 ff

eher informellen Kunden-Lieferantenbeziehung. Der marktorientiert-distanzierte Ansatz beschreibt einen vertraglich dominierten Beziehungsstil, der seinen Fokus auf die Definition, Analyse und Optimierung der Leistungsindikatoren legt und bei dem die Zusammenarbeit formalen Regelungen folgt. **Die Steuerung der Lieferanten (Providersteuerung)** folgt den gleichen prinzipiellen Ausprägungen. Die Wahl der jeweiligen Ausprägung leitet sich aus den Anforderungen und Zielsetzungen der jeweiligen Zulieferbeziehung ab, während die Kundensteuerung durch die im weiteren Verlauf zu diskutierenden Konzerneinflussfaktoren bestimmt wird.

In den seltensten Fällen werden Captive Shared Services ohne Organisationshistorie aufgesetzt. Daher geht meistens mit der Implementierung einer solchen Organisation ein Transformationsprogramm einher, das die Konsolidierung der Servicefunktionen und ggf. ihre gleichzeitige Optimierung zum Ziel hat. Kollaborative Transformationssteuerung und Value-Based-Deal-Steuerung sind die zwei zu betrachtenden Gestaltungsformen der **Transformationssteuerung**. Kollaborativ beschreibt in diesem Zusammenhang die mit dem zukünftigen Kunden integriert durchgeführte Transformation, in der bestehende Funktionen der Kunden auf definierte Standardprodukte und -services migriert werden und mit Abschluss der Migration dem Leistungsumfang des CSSP zugeschrieben werden. Im Gegensatz dazu sieht die Value-Based-Deal-Steuerung ein kommerzielles Outsourcing der relevanten Funktion zum CSSP vor, der dann im Nachgang im Innenverhältnis die erforderlichen Migrationen umsetzt und steuert.

Für den CSSP ist bzgl. der **Kundensegmentierung** zu entscheiden, ob er lediglich innerhalb des Konzerns tätig ist oder als Drittmarktanbieter auftreten soll. Eine ebenso übergeordnete Festlegung ist bzgl. des **Kontrahierungszwangs** zu treffen. Wenn ein Kontrahierungszwang eingesetzt wird, ist zwischen einem generell gültigen und einem selektiven Kontrahierungszwang zu unterscheiden. Letztgenannter erstreckt sich auf ein bestimmtes Leistungsspektrum oder ausgewählte Produktionsstufen (Wertschöpfungstiefe).

**Abbildung 12.3**   Ausprägungen der Steuerungsmechanismen

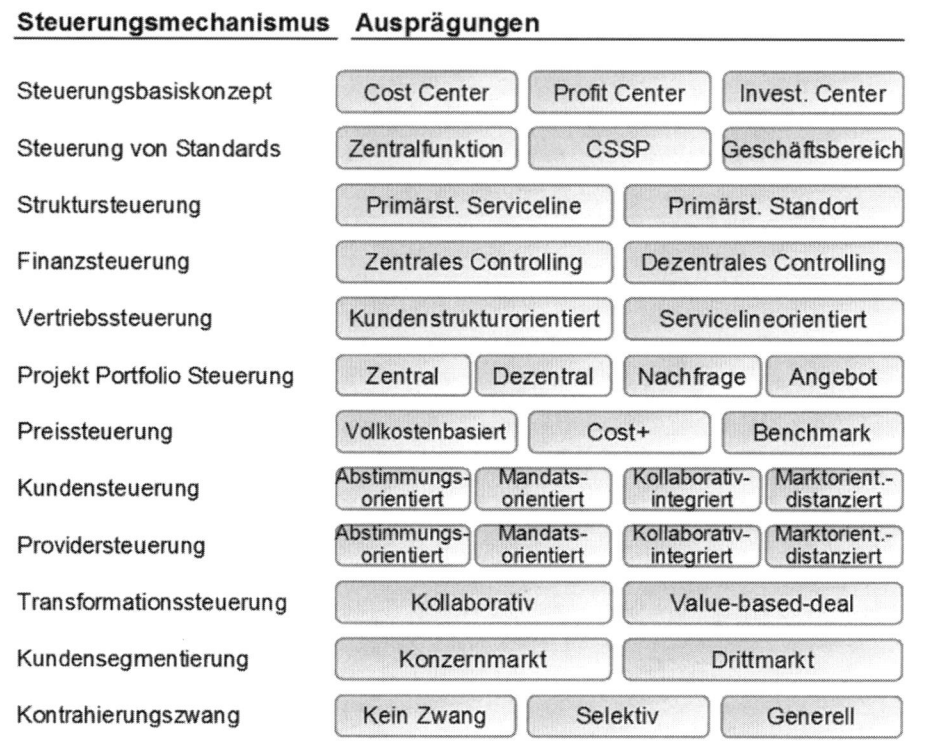

# 12.3   Einflussfaktoren auf Steuerungsmechanismen

Unternehmen verfolgen mit der Implementierung von Shared Service Organisationen stetig ambitioniertere Ziele. Während zunächst Standardisierungs- und Kostenziele bei konstanter Qualität verfolgt wurden, wachsen die Erwartungen darüber hinaus zusehends in Richtung Kundenorientierung, Qualitätssteigerung, höhere Umsetzungsgeschwindigkeit, Flexibilität in der Leistungserbringung sowie Übernahme und Integration von teils wertschöpfenden Services. Darüber hinaus werden Ziele wie Konzentration auf Kernkompetenzen, optimierte Kapazitätsauslastung, und effektiverer Einsatz von Experten verfolgt[10].

Neben der individuellen Zielkonstellation nehmen weitere Konzerneinflussfaktoren signifikanten Einfluss auf die Ausprägung und Konzeption der beschriebenen Steuerungsmechanismen.

---

[10] Vgl. Keuper/Oecking (2008), S. 478 ff

## 12.3.1 Diversifikation und Standardisierungspotenzial als Treiber unterschiedlicher CSSP Form

Konzerndiversifikation und Standardisierungspotenziale sind wesentliche Einflussgrößen für die Definition von Leistungsumfang und Wertschöpfungstiefe und prägen somit die Form von CSSPs.

Der Begriff der **Diversifikation** beschreibt die Auffächerung der Geschäftstätigkeit einer Unternehmung in Produkte und Märkte mit der Zielsetzung des zusätzlichen Wachstums oder der Risikominimierung[11]. Differenzierend bzgl. CSSPs wirken vertikale Diversifikation (Erweitung der Geschäftstätigkeit in der angestammten Wertschöpfungskette[12]) und vor allem laterale Diversifikation (Geschäftstätigkeit in nicht verwandten Branchen und/oder Märkten[13]), weniger die horizontale Diversifikation.

Unter **Standardisierung** ist die Vereinheitlichung von Verfahren, Prozessen, Produktionsmitteln und Regeln mit dem Ziel der Effizienz- und Qualitätssteigerung zu verstehen[14]. Damit beschreibt das Standardisierungspotenzial die gesamte oder verbleibende Effizienzsteigerungsmöglichkeit bzgl. der oben genannten Objekte.

Entlang der Einflussgrößen Diversifikation und Standardisierungspotential lassen sich Vorgaben für den Leistungsumfang und die Wertschöpfungstiefe von Shared Service Organisationen ableiten. Diese resultieren in idealtypischen CSSP Formen, auf die die Steuerungsmechanismen in unterschiedlicher Ausprägung Anwendung finden. Der **Leistungsumfang** beschreibt dabei die Anzahl von Services, die sich z. B. durch Technologien oder Funktionen definieren. Unter der **Wertschöpfungstiefe** soll in diesem Zusammenhang die Übernahme der Verantwortung über einzelne Produktionsstufen verstanden werden[15]. Dies ist unabhängig davon, wie hoch der Eigen- und Fremdfertigungsanteil entlang der Produktionsstufen ist.

---

[11] Vgl. Gabler Wirtschaftslexikon (2011)
[12] Vgl. Wirtschaftslexikon24 (2011)
[13] Vgl. Wirtschaftslexikon24 (2011)
[14] Vgl. Wikipedia (2011)
[15] Vgl. Koch (2006), S. 10

**Abbildung 12.4**   Provider-Modelle

Im Falle einer geringen Diversifikation bei gleichzeitig hohem Standardisierungspotenzial bietet sich die Konsolidierung von Shared Services in maximaler Breite und Tiefe in einem **Full Service Provider Modell** an. Die relativ niedrige Anforderungsheterogenität ermöglicht ein breites Servicespektrum, die maximierte Wertschöpfungstiefe stellt sicher, dass die hohen Standardisierungspotenziale über alle Produktionsstufen gehoben werden.

Fällt das Standardisierungspotenzial niedriger aus – bei ebenfalls geringer Diversifikation – sollten in einem **Service Provider Modell** die Möglichkeiten einer möglichst breiten Abdeckung von Technologien und Funktionen ausgeschöpft werden. Die Wertschöpfungstiefe reduziert sich auf diejenigen Produktionsstufen, die Standardisierungspotential aufweisen.

Stark diversifizierte Konzerne stellen entsprechend ihrer unterschiedlichen Produkte und Geschäftsmodelle unterschiedliche Anforderungen an Serviceleistungen. Dadurch reduzieren sich Menge und Vielfalt an gemeinsam nutzbaren Funktionen, Technologien und Prozessen. Dies führt zu einer Reduzierung von sowohl Leistungsbreite als auch -tiefe im Vergleich zum Full Service Provider Modell. **Selective Service Provider** fokussieren das Service Portfolio entsprechend.

Sind neben dem hohen Diversifikationsgrad die Standardisierungsmöglichkeiten stark limitiert, reduziert eine Shared Service Organisation im **Opportunity Enabler/Service Broker** Modell ihr Leistungsspektrum vertikal und horizontal und reduziert sich auf die Analyse, Konzeption und Umsetzung einzelner Bündelungs- oder Standardisierungsmöglichkeiten sowie die optimale Ressourcenallokation über die Unternehmenseinheiten hinweg.

## 12.3.2    Konzernstruktur und -kultur als Treiber unterschiedlicher Steuerungsprinzipien

Neben Diversifikationsgrad und Standardisierungspotential bilden Konzernstruktur und -kultur eine zweite prägende Einflussdimension, die wesentlich das Kunden-Lieferanten-verhältnis und die Realisierungsmotivation der Kunden bestimmen.

Bezüglich der **Konzernstruktur** ist zwischen segregiertem Konzern (Stammhauskonzern) und integriertem Konzern mit den Ausprägungen Management- und Finanzholding zu unterscheiden[16]. Während im Stammhauskonzern die strategische Führung und Teile der operativen Geschäftsfunktionen eine rechtliche Einheit bilden, werden im integrierten Konzern Mutter- und Tochtergesellschaften entlang einer Geschäftsbereichslogik rechtlich und organisatorisch identisch strukturiert. Dabei nimmt die Management Holding die strategische Führungsrolle war, die Finanzholding verzichtet darauf und beschränkt sich auf finanzielles Beteiligungsmanagement[17]. Vereinfachend wird im weiteren nach zentralem Führungsmandat (Stammhauskonzern, Management Holding) und dezentralem Führungsmandat (Finanzholding) differenziert und dementsprechend der Zentralisierungsgrad der Steuerung als Ausprägung angewandt.

Der Begriff der **Konzernkultur** beschreibt das Phänomen potentiell subkulturell ausgeprägter Wertegefüge und Verhaltensmuster, die nicht zwangsläufig homogen zu einem Konzernwerteverständnis aggregierbar sind[18]. Folglich wird zwischen homogenen und heterogenen Konzernkulturen unterschieden.

Konzernkultur und -struktur nehmen einerseits Einfluss auf die **Interaktion** (aufeinander bezogenes[19], abgestimmtes Handeln zwischen Kooperationspartnern[20]) zwischen Kunde und Lieferanten und bestimmen damit Normierung und Formalisierung der Liefer- und Leistungsbeziehungen.

Andererseits ergeben sich unterschiedliche Ausprägungen der **Realisierungsmotivation**. Als Motivation sind Prozesse und Konstrukte zu verstehen[21], die Ziel, Ausmaß und Verlauf von Verhalten bestimmen[22]. Für CSSPs ist speziell die Motivation der Kunden zur Realisierung von Shared Service Vorhaben und damit das richtige Motivationsmuster von Bedeutung.

---

[16] Vgl. Bach (2008), S. 19 ff
[17] Vgl. Bühner (1996), S. 406
[18] Vgl. Lange (2002), S. 58 f
[19] Vgl. Brockhaus (1989), S. 560
[20] Vgl. Clauß (1976), S. 259
[21] Vgl. Asanger/Wenninger (1992), S. 463
[22] Vgl. Fröhlich (1968), S. 275

**Abbildung 12.5**    Steuerungsprinzipien

Zentralistisch geführte Konzerne können bei einem hohen Homogenitätsgrad der Konzernkultur die direkte und gleichgerichtete Umsetzung von Vorgaben veranlassen. Die Kundeninteraktion des CSSPs ist über die Geschäftseinheiten vereinheitlicht. Dem **Kongruenzprinzip** folgend, wird dem CSSP ein starkes Steuerungsmandat übertragen.

Kulturelle und strukturelle Ausprägungen können sich gegenseitig beeinflussen. Ein zentrales Führungsmandat wird durch starke kulturelle Unterschiede zwischen den Geschäftseinheiten geschwächt. Daraus ergibt sich ein vergleichsweise leicht abgeschwächtes **Konformitätsprinzip**. Konzernvorgaben werden differenzierter angewendet, die Interaktion erfolgt zwar klar geregelt, berücksichtigt aber unterschiedliche Kulturausprägungen. Das bedeutet für einen CSSP, dass er nach wie vor mit einem starken Konzernmandat agieren kann, seine Steuerungs- und Interaktionsmechanismen jedoch situativ und kundenindividuell anpassen muss.

Das **Konsensprinzip** berücksichtigt das fehlende Steuerungsmandat. Dadurch ist der CSSP gezwungen, eine unabhängige Wertbeitragsposition aufzubauen, die Konzern- und Geschäftsbereichsinteressen über geschäftsbereichsindividuelle ökonomische Steuerungshebel integrierbar macht. Die Kulturhomogenität bietet jedoch Absprache- und Konsenschancen, die der CSSP durch Vereinbarungen von Minimumstandards für die Kundeninteraktion nutzen muss.

**Divergenzprinzip**: Das Fehlen eines starken Führungsmandats wird in heterogenen Konzernkulturen zu einer noch höheren Herausforderung. Effektive Anreize kann der CSSP nur durch Anwendung von Marktmechanismen setzten, die ihn aus vertraglicher und ökonomischer Sicht auf eine Stufe mit einem Drittmarktanbieter heben.

# 12.4　Ausgestaltungskonzepte von Steuerungsmechanismen

Die im vorigen Abschnitt herausgearbeiteten Einflussfaktoren wirken unterschiedlich auf Steuerungsmechanismen. Um zu einem Ausgestaltungskonzept zu gelangen, werden in diesem Abschnitt zunächst die relevanten Steuerungsmechanismen klassifiziert, gemäß der Wirkung der Einflussfaktoren. Danach erfolgt das Ausgestaltungskonzept, das als Synthese die Ausprägung der Steuerungsmechanismen in Abhängigkeit von den Einflussfaktoren darstellt. Abschließend wird anhand eines Beispielszenarios die Anwendung des Ausgestaltungskonzepts veranschaulicht.

## 12.4.1　Klassifizierung der Steuerungsmechanismen

Die identifizierten Steuerungsmechanismen lassen sich in drei Kategorien einordnen:

a. Steuerungsparameter, deren Ausgestaltung durch die identifizierten Steuerungsprinzipien beeinflusst wird und die von der CSSP Form unabhängig sind

b. Steuerungsparameter, deren Ausgestaltung sowohl von der CSSP Form als auch vom Steuerungsprinzip bestimmt werden

c. Konstituierende Steuerungsparameter, auf die CSSP Form und das Steuerungsprinzip keine differenzierende Wirkung haben

**Tabelle 12.1**　Klassifizierung der Steuerungsmechanismen

| Steuerungsmechanismus | Einfluss durch ... | | Einflussfaktoren nicht differenzierend |
| --- | --- | --- | --- |
| | ... CSSP Form | ... Steuerungsprinzip | |
| Steuerungsbasiskonzept | | X | |
| Kundensteuerung | | X | |
| Transformationssteuerung | | X | |
| Steuerung von Standards und Architekturen | (X) | X | |
| Struktursteuerung | X | X | |

| Steuerungsmechanismus | Einfluss durch ... | | Einflussfaktoren nicht differenzierend |
|---|---|---|---|
| | ... CSSP Form | ... Steuerungsprinzip | |
| Finanzsteuerung | X | X | |
| Projekt Portfolio Steuerung | X | X | |
| Kontrahierungszwang | (X) | (X) | X |
| Kundensegmentierung | | | X |
| Vertriebssteuerung | | | X |
| Preissteuerung | | | X |
| Providersteuerung | | | X |

Die Ausgestaltung der Steuerungsmechanismen Steuerungsbasiskonzept, Kundensteuerung, Transformationssteuerung und die Steuerung von Standards und Architekturen leitet sich direkt aus strukturellen und kulturellen Treibern und der resultierenden Steuerungsprinzipien ab und ist prinzipiell auf jede CSSP-Form anwendbar.

Die Struktursteuerung erfährt eine leichte Differenzierung durch die CSSP-Form. Die Steuerungsprinzipien wirken nur im Zusammenspiel mit dem Status der Transformation differenzierend (siehe unten).

Das durch die Diversifikation beeinflusste Leistungsspektrum des Providers beeinflusst die zentrale oder dezentrale Ausprägung der Finanz- und Projekt Portfoliosteuerung. Gleichermaßen werden sie durch die Führungsmandatsverteilung im Konzern bestimmt.

Kontrahierungszwang, Kundensegmentierung, Vertriebs-, Preis- und Providersteuerung werden durch die CSSP-Form und die Steuerungsprinzipien nicht beeinflusst.

## 12.4.2  Ausgestaltungskonzept

Mit dem Ausgestaltungskonzept wird als Synthese die jeweilige Ausprägung des Steuerungsmechanismus in Bezug auf die Einflussfaktoren zugeordnet.

**Abbildung 12.6**   Steuerungsbasiskonzept

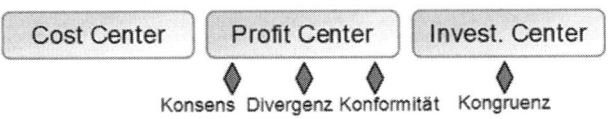

Grundsätzlich kann jede der betrachteten CSSP-Formen als Cost-, Profit oder Investment Center aufgesetzt werden. Neben dem Ausschlusskriterium Internationalität (Cost Center kann bei CSSPs mit internationalen Liefer- und Leistungsbeziehungen nicht eingesetzt werden) wird die Ausprägung des **Steuerungsbasiskonzepts** vor allem durch das jeweilige Steuerungsmandat bestimmt. Bei dezentralen Konzernstrukturen werden die relevanten Forschungs- und Entwicklungsleistungen primär von den Geschäftsbereichen bestimmt und finanziert werden. Der CSSP agiert als Auftragsentwickler. Insofern kommt das Investment Center als Basiskonzept am ehesten für einen zentralen Konzern mit homogener Konzernkultur in Betracht, sollte aber grundsätzlich angewendet werden, wenn die Steuerung von Standards und Architekturen beim CSSP angesiedelt ist (siehe unten).

**Abbildung 12.7**   Kundensteuerung

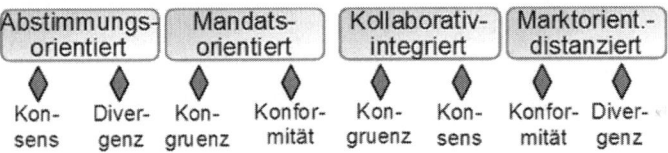

Bei der **Kundensteuerung** sind Konzernkultur und Konzernstruktur gleichermaßen ausschlaggebend. Nach dem Kongruenzprinzip kann der CSSP mit einem starken zentralen Mandat und in einer homogenen Konzernkultur mit dem Kunden gemeinsam und weitgehend informell auf Basis gemeinsamer Werte und Normen und einer einheitlichen Konzern-Policy agieren. Ist die Konzernkultur bei gleichem zentralem Mandat dagegen sehr heterogen (Konformität), wird der CSSP die Kundensteuerung stärker formalisieren und normieren müssen. Das Konsensprinzip ergibt sich aus Konzernen mit dezentralen Führungsmandaten und einer homogenen Kultur über die Geschäftseinheiten hinweg. Zwar kann der CSSP hier mit dem Kunden auf eher informeller Basis gemeinschaftlich zusammenarbeiten, wird aber wesentliche Entscheidungen, die das Gemeininteresse berühren, z. B. über die operative Ausgestaltung von Produkten, Services, Prozessen und unterstützenden Tools, mit seinen Kunden abstimmen müssen. Außerdem muss er darauf achten, eine standardisierte Kundenschnittstelle zu implementieren, um mangels zentralen Mandats keine Effizienzverluste in der Kundeninteraktion hinnehmen zu müssen. Kann sich der CSSP nicht auf ein starkes zentrales Mandat berufen und steht er einem kulturell heterogenem Kundenkreis gegenüber, wird er neben den beschriebenen Abstimmungsprozeduren die Liefer- und Leistungsbeziehungen zwischen ihm und seinen Kunden stark formalisieren müssen.

**Abbildung 12.8**  Transformationssteuerung

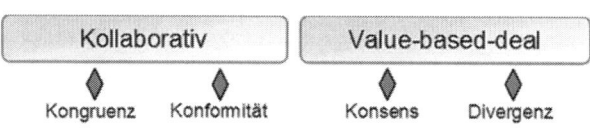

Die **Transformationssteuerung** folgt ähnlichen Regeln wie die Kundensteuerung, jedoch
weniger abhängig von der kulturellen Ausprägung. Ist der CSSP mit einem starken Mandat
ausgestattet (Kongruenz und Konformität), wird es ihm möglich sein, kollaborativ mit dem
Kunden die erforderlichen Konsolidierungs- und Migrationsprojekte umzusetzen. Fehlt das
zentrale Mandat werden die Kunden eben diese Erforderlichkeit vor allem hinsichtlich
ökonomischer Aspekte stärker hinterfragen. Dies führt in letzter Konsequenz zu Wirtschaftlichkeitsdiskussionen je Einzelinitiative. Ein Ausweg besteht für den CSSP in der
Verhandlung eines Outsourcing-Vertrags für einen bestimmten, nicht zu kleinteiligen
Funktionsumfang. Die Vorteile dieser Vorgehensweise sind, dass die Wirtschaftlichkeitsbetrachtung von Einzelinitiativen auf die Ebene einer kommerziellen Verhandlung eines
Gesamtvorhabens gehoben wird, sich für den Kunden die monetären Vorteile mit festgelegtem (ggf. sofortigem) Wirkungszeitpunkt und definierter Höhe in der Folge unmittelbar
materialisieren und die eigentliche Transformation durch den CSSP weitestgehend im
Innenverhältnis umgesetzt werden kann.

**Abbildung 12.9**  Steuerung von Standards

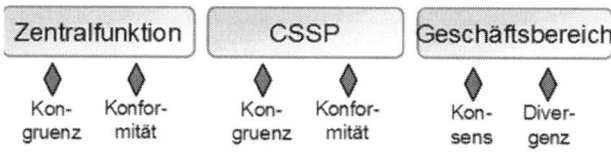

Eine zentrale **Steuerung von Standards** tritt eher bei zentralen Konzernstrukturen und
relativ geringer Diversifikation auf, dezentrale Vorgaben finden sich eher bei hoch diversifizierten oder dezentral gesteuerten Konzernen. Ist die Entwicklung und Festsetzung von
Standards beim CSSP angesiedelt, handelt er meist mit dem Mandat einer zentralen Steuerungseinheit nach den Charakteristiken zentraler Standardvorgaben. Demnach wird die
Allokation der Standardsteuerung auf den CSSP nur im Kongruenz- oder Konformitätsfall
sinnvoll möglich sein.

**Abbildung 12.10** Struktursteuerung

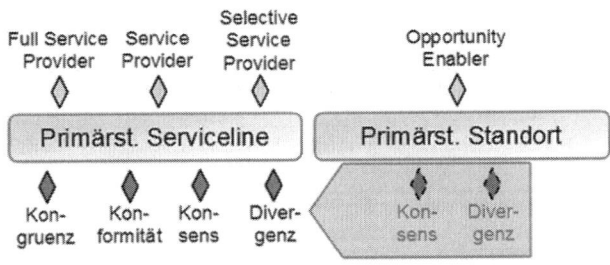

Ein CSSP sollte grundsätzlich seine **Struktursteuerung** primär funktional und somit auf die Serviceline ausrichten. Dadurch wird sichergestellt, dass vor allem international über alle Standorte hinweg die Serviceerbringung standardisiert und somit Kosteneffizienz erreicht werden kann. International ist der Standort aus finanz- und steuertechnischer Sicht ein obligatorisches Steuerungsobjekt (z. B. Notwendigkeit lokaler Steuerabschlüsse). Jedoch reduziert sich die Steuerungsfunktion des örtlichen Managements auf eher vertriebliche, administrative und finanzielle Aspekte, während das funktionale Management global unter Nutzung einer örtlichen Funktionsleitungsfunktion gesteuert wird. Eine Ausnahme stellt der Opportunity Enabler/Service Broker dar, der sehr stark kundenfokussiert Shared Service Möglichkeiten analysiert und entwickelt und mit Gesamtblick auf die im Konzern verfügbaren Kapazitäten und Qualifikationen den organisationsübergreifenden Ressourceneinsatz optimiert. Eine zweite Ausnahme entsteht aus der Verhandlung von Outsourcing-Verträgen als Mittel der Transformationssteuerung. Zum einen werden mit Abschluss des Handels nicht alle übertragenen Einheiten unmittelbar in die standardisierte Serviceerbringung des CSSP integrierbar sein, zum anderen werden bei kompletten Funktionsübernahmen auch immer Teilbereiche enthalten sein, die kundenspezifisch sind und bleiben, aber angesichts eines End-to-End-Services und der Vermeidung zusätzlicher organisatorischer Schnittstellen sinnvollerweise mit übertragen werden. Im Rahmen der Transformation sollte der CSSP den Transfer in die Serviceline-Primärsteuerung anstreben.

**Abbildung 12.11** Finanzsteuerung

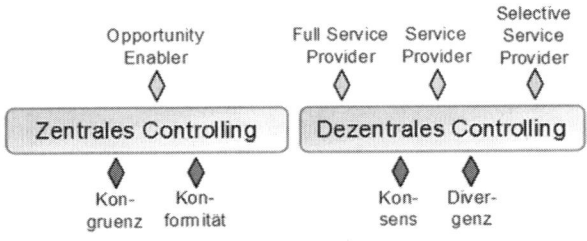

Bzgl. der CSSP Form bietet sich hinsichtlich der **Finanzsteuerung** ein dezentrales Controlling für die Formen mit ausgeprägtem Leistungsspektrum an, da die Heterogenität der Steuerungsgrößen in Zahl, Charakter und Anwendung mit zunehmendem Leistungsspektrum steigt. Bzgl. der Steuerungsprinzipien korreliert die Zentralisierung mit der Aufteilung des Führungsmandats im Konzern. Ein zentrales Führungsmandat (Kongruenz und Konformität) ermöglicht ein zentrales Controlling. Je dezentraler das Führungsmandat im Konzern ist, desto heterogener werden die kommerziellen Regelungen zwischen CSSP und Kunde, was letztendlich für einen dezentralen Controllingansatz spricht.

**Abbildung 12.12** Projekt Portfolio Steuerung

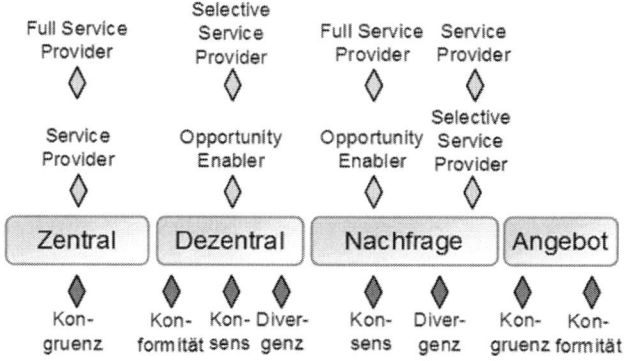

Der Zentralisierungsgrad der **Projekt Portfolio Steuerung** leitet sich bzgl. der CSSP Form primär aus der Konzerndiversifikation als Einflussgröße ab. Je weniger diversifiziert ein Konzern ist, desto weniger geschäftsbereichsindividuell sind die Projektvorhaben. Dies ermöglicht einen zentralen Steuerungsansatz, ohne durch die Zentralisierung die inhaltliche Nähe am Steuerungsobjekt zu verlieren. Darüber hinaus sollte die Projekt Portfolio Steuerung grundsätzlich nachfrageorientiert aufgesetzt werden. Eine angebotsorientierte Steuerung ist nur sinnvoll, wenn der CSSP ausschließlich Kostenreduktionsziele verfolgt und als Voraussetzung ein zentrales Führungsmandat im Konzern und Heterogenität in den Services bei den Kunden gegeben sind. Durch das Kongruenzprinzip wird die Heterogenität der Projekt Portfolios bzgl. Inhalten und Kundenanforderungen so fokussiert, dass ein rein zentrales Controlling mit der erforderlichen Nähe zum Steuerungsobjekt möglich ist. Durch das Kongruenz- und Konformitätsprinzip ist eine angebotsorientierte Portfoliosteuerung möglich.

Der **Kontrahierungszwang** ist ein konstituierender Steuerungsmechanismus, der sich unabhängig von grundsätzlichem oder selektivem Einsatz sehr stark auf Leistungsbreite und -tiefe bezieht. Da er Leistungsanreize, die gerade ein Profit- oder Investment Center setzen, vermindert, sollte dieser Mechanismus eher zur Gegensteuerung in Konzernen mit dezentralen Führungsmandaten oder im frühen Aufbau- und Implementierungsstadium eingesetzt werden, um dem CSSP die Möglichkeit zu verschaffen, Wettbewerbsfähigkeit zu erreichen. Ob der Kontrahierungszwang selektiv oder generell angewendet wird, wird durch die relative Wettbewerbsfähigkeit der einzelnen Services beeinflusst.

Die Entscheidung bzgl. der **Kundensegmentierung** ist nicht abhängig von den diskutierten Einflussdimensionen. Umgekehrt bieten die unterschiedlichen Konstellationen bessere oder schlechtere Voraussetzungen für ein Engagement am Drittmarkt. Agiert ein CSSP z. B. nach dem Divergenzmodell (ohne zentrales Mandat mit heterogenen Kulturen) und als eher spezialisierter Anbieter in einem stark diversifizierten Konzern (Selective Service Provider), ist er im Konzerninnenverhältnis bereits darauf angewiesen, Mechanismen zu entwickeln, die ihn für ein Drittmarktengagement wappnen.

Die **Vertriebssteuerung** ist grundsätzlich kundenstrukturorientiert. Ausnahmen ergeben sich bei stark heterogenen Serviceportfolios über unterschiedliche Verantwortungsbereiche je Kunde. Sollte sich ein CSSP aufgrund dessen für einen serviceline-orientierten Vertrieb entscheiden, sollte er intensiv Vorkehrungen treffen, wie er mit dadurch gesteigerten Herausforderungen bei z. B. Produkt- und Serviceintegration, Umsatzsteuerung und Kundenprofitabilitäts-Management fertig wird. Gerade die letzten beiden Beispiele stellen für einen CSSP, der zumeist aus einer kulturell einprägsamen Vollkostenhistorie kommt, eine Herausforderung dar, die durch eine organisatorische Zergliederung in der Vertriebssteuerung noch zusätzlich verstärkt wird.

Die Regeln zur Umsetzung von (internationalen) Verrechnungspreisen gelten grundsätzlich und sind bzgl. der **Preissteuerung** nicht von CSSP-Form oder Steuerungsprinzip abhängig. Die Anwendung von Preisbildungsmechanismen ist eher abhängig davon, in welcher Phase des Lebenszyklus der CSSP steht. Befindet sich der CSSP im Neuaufbau, wird es für ihn sehr schwierig werden, internationale Benchmark-Preise kurzfristig zu erreichen, was unweigerlich zu längerfristigen Anlaufverlusten des CSSP führt. Auf der anderen Seite setzt das Benchmark Pricing die schärfsten Wirtschaftlichkeitsanreize.

Die Anwendung bzgl. der **Providersteuerung** wird durch Art und Ausprägung des Zulieferobjekts individuell bestimmt, jedoch nicht durch Konzernfaktoren. Darüber hinaus ist die Providersteuerung stark abhängig von vorgegebenen oder durch den CSSP selbst getroffenen Fremd- und Eigenfertigungsentscheidungen. In jeglichem Fall von Fremdfertigung, die in der Verantwortung des CSSP liegt, wird die Providersteuerung unmittelbar zur Kernkompetenz des CSSP, da es für die Lieferung der End-to-End Services erfolgskritisch ist, mit den Partnern Service Level Agreements (SLAs) zu vereinbaren, die in Kombination mit den Servicekomponenten in Eigenfertigung die Einhaltung der mit den Kunden getroffenen SLAs gewährleisten.

## 12.5   Anwendungsbeispiel

Abschließend soll das Anwendungskonzept beispielhaft auf ein fiktives Beispiel angewendet werden.

Als Szenario dient ein multinationaler Konzern mit moderater Diversifikation. Das Dach des Konzerns bildet eine Finanzholding, die Geschäftseinheiten werden dementsprechend dezentral operativ geführt. Die internationale Expansion wurde v.a. durch Unternehmenszukäufe erreicht, wodurch Kultur, aber auch die relevanten Serviceprozesse und Technologien stark voneinander abweichen. Der Konzern setzt dem CSSP, der sich gerade im Aufbau befindet, „evolutorische" Ziele: Zunächst sollen Kosteneinsparungen bei stabiler Qualität durch Standardisierung in den Prozessen und Verfahren erreicht werden, in weiteren Phasen soll der CSSP für Qualitätsverbesserungen und schnellere Entwicklungszyklen sorgen und letztlich als Innovator agieren. Der CSSP ist frei in seinen Fremdfertigungsentscheidungen und hat sich eine Sourcing-Strategie zurechtgelegt, die als kernkompetenzferne und nicht strategisch klassifizierte Teile der Leistungsbreite über die volle Wertschöpfungstiefe für die Auslagerung vorsieht.

**Abbildung 12.13** Exemplarische Ausprägungen des Steuerungsmechanismus

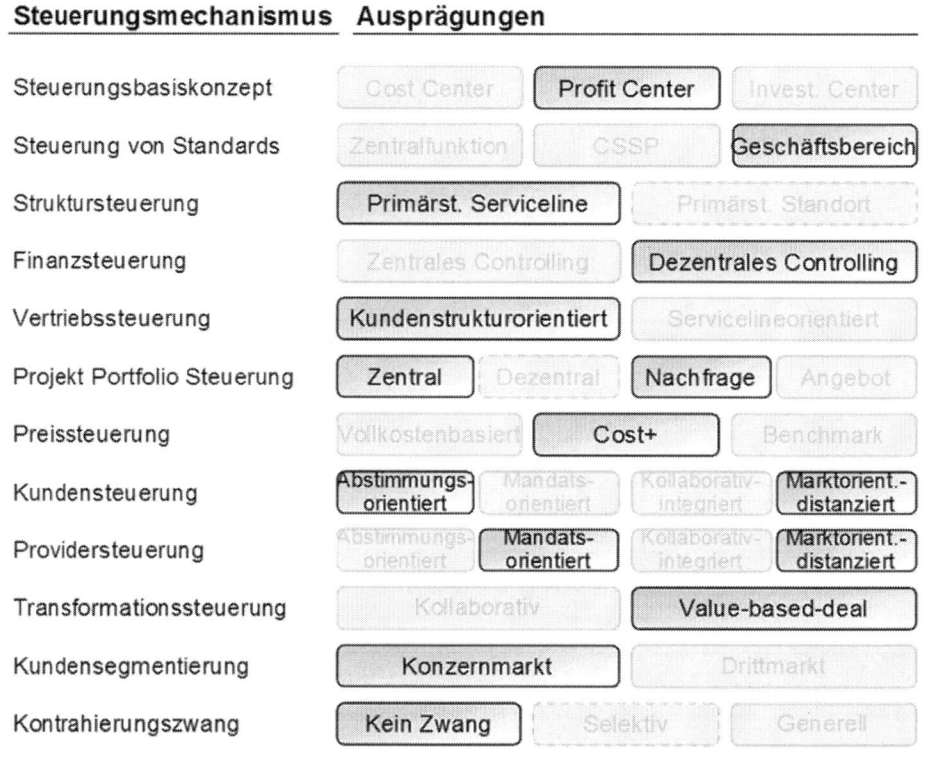

Daraus ergeben sich die CSSP Form eines Full Service Providers und Divergenz als Steuerungsprinzip sowie die folgenden resultierenden Ausprägungen der Steuerungsmechanismen:

Aufgrund des dezentralen Führungsmandats werden v.a. in der Aufbauphase des CSSP die Geschäftsbereiche die Standards setzen. Als Steuerungsbasiskonzept kommt somit und aufgrund der internationalen Liefer- und Leistungsbeziehungen lediglich das Profit Center in Betracht. Die Primärsteuerung wird grundsätzlich serviceline-orientiert gestaltet, ggf. machen die im Divergenzmodell erforderlichen kommerziellen Outsourcing-Verträge zwischen CSSP und Kunde (Transformationssteuerung) in der Transformationsphase eine Standortprimärsteuerung erforderlich. Die Ausprägung eines dezentralen Controllings wird sowohl durch die CSSP-Form des Full Service Providers als auch durch das Divergenzprinzip erforderlich. Spezielle Begründungen, von der grundsätzlichen kundenstruktur-orientierten Vertriebssteuerung abzuweichen, bestehen nicht. Vielmehr werden sich während des Aufbaus des CSSP die Serviceportfolioheterogenität und die Ansprechpartnervielfalt beim Kunden in Grenzen halten. Daraus lässt sich auch die zentrale Steuerung des Projekt Portfolios ableiten. Hier bietet das Ausgestaltungskonzept zwar einen Widerspruch (Full Service Provider – zentral, Divergenzprinzip – dezentral), jedoch dürfte die relativ geringe Diversifikation der Geschäftseinheiten eine zentrale Steuerung beim im Aufbau befindlichen CSSP zulassen. Der CSSP sollte sich in seiner Aufbausituation bzgl. der Preissteuerung mit der Cost+ Methode positionieren. Im skizzierten Konzernumfeld ist es jedoch wahrscheinlich, dass die Kundengruppe von Anfang an auf Benchmark-Preisen besteht. Kunden- und Providersteuerung werden beide von einer marktorientiert-distanzierten Zusammenarbeitsform geprägt sein. Für die Kundensteuerung ergibt sich das aus dem dezentralen Führungsmandat und der heterogenen Konzernkultur. Gegenüber den Lieferanten leitet sich die Ausprägung aus den harten Kostensenkungszielen und der Klassifizierung der fremdvergebenen Funktionen ab. In der Aufbausituation würde ein Engagement auf dem Drittmarkt die Konzentration auf das herausfordernde Konzerninnenverhältnis einschränken, ein Kontrahierungszwang scheint im Hinblick auf die Konzerneinflussfaktoren schwer durchsetzbar.

## 12.6    Fazit und Schlussbemerkung

Folgende Kernbotschaften lassen sich zusammenfassen:

- ■ Unternehmensdiversifikation und Standardisierungspotential determinieren Leistungsumfang und Wertschöpfungstiefe des CSSP

- ■ Die Kernprinzipien der CSSP Steuerung lassen sich aus den Rahmenparametern des Konzerns ableiten

- ■ Der Großteil der Steuerungsmechanismen wird durch die Steuerungsprinzipien und die CSSP-Form unmittelbar beeinflusst

- ■ Je föderaler und heterogener ein Konzern ist, desto marktwirtschaftlicher orientiert müssen die Steuerungsmechanismen angelegt sein

- ■ Der Grad der Föderalisierung der Steuerungsmechanismen orientiert sich an der Föderalität der Konzernstruktur

Für die Ableitung der optimalen Ausprägung der Steuerungsmechanismen im individuellen Fall spielen weitere Einflussfaktoren eine Rolle, die in diesem Beitrag unberücksichtigt bleiben. So ist das Maturitätsniveau der Bestandsorganisation und der nach Funktionsübertrag verbleibenden Organisation in der jeweiligen Geschäftseinheit ein kritischer Faktor. Unberücksichtigt bleiben auch Branchenspezifika, die vor allem Einfluss auf Leistungsumfang und Wertschöpfungstiefe des CSSPs nehmen. Weiter sind z. B. rechtliche und steuerliche Rahmenbedingungen zu berücksichtigen.

Darüber hinaus ist zu beachten, dass sich die Ausprägung des jeweiligen Steuerungsmechanismus in Abhängigkeit vom Lebenszyklus des CSSP verändern kann. Ein CSSP im Aufbau muss anders gesteuert werden als im eingeschwungenen Regelbetrieb.

Ein weiterer Aspekt ist, dass die skizzierten Ausprägungen aus den Einflussfaktoren abgeleitet sind. Andererseits kann es in einer unternehmensspezifischen Situation sinnvoll sein, abgeleitet aus der Konzernstrategie die exakt gegenteilige Ausprägung eines Steuerungsmechanismus als unterstützende Maßnahme eines Struktur- oder Kulturwandels zu implementieren.

# Literatur

[10] Asanger, R./Wenninger, G. (1992): Handwörterbuch Psychologie, Weinheim 1992

[11] Bach, N. (2008): Effizienz der Führungsorganisation deutscher Konzerne, Wiesbaden 2008

[12] Brockhaus Enzyklopädie, zehnter Band, 19. Auflage (1989), Mannheim 1989

[13] Bühner, R. (1996): Betriebswirtschaftliche Organisationslehre, München 1996

[14] Burmeister, P./Temmel, P. (2007): Controlling-Organisation in einem dezentral geführten Konzern – strategiegerechte Neustrukturierung des Controlling bei DPD GeoPost, in Gleich, R./Michel, U. (Hrsg.), Organisation des Controlling – Grundlagen, Praxisbeispiele und Perspektiven, Freiburg 2007, S. 91 – 112

[15] Clauß, G. (1976): Wörterbuch der Psychologie, Köln 1976

[16] Fröhlich, W. D. (1968): Wörterbuch zur Psychologie, München 1968

[17] Gabler Verlag (Herausgeber), Gabler Wirtschaftslexikon, Stichwort: Dealing-at-Arm's-Length-Grundsatz, online im Internet: http://wirtschaftslexikon.gabler.de/Archiv/80324/dealing-at-arm-s-length-grundsatz-v4.html

[18] Gabler Verlag (Herausgeber), Gabler Wirtschaftslexikon, Stichwort: Diversifikation, online im Internet: http://wirtschaftslexikon.gabler.de/Definition/Diversifikation.html

[19] Helde, S. (2000): Dreiecksverhältnisse im internationalen Steuerrecht unter Beteiligung einer Betriebsstätte, Köln 2000

[20] Keuper, F./Oecking, C. (2008): Shared-Service-Center – The First and the Next Generation, in Keuper, F./Oecking, C. (Hrsg.), Corporate Shared Services – Bereitstellung von Dienstleistungen im Konzern, Wiesbaden 2008, S. 475 – 502

[21] Koch, W. J. (2006): Zur Wertschöpfungstiefe von Unternehmen, Wiesbaden 2006

[22] Kutschker, M./Schmid, S. (2008): Internationales Management, München 2008

[23] Lange, N. (2002): Strategisches Konzernmanagement zur Führung diversifizierter Unternehmen, Norderstedt 2002

[24] Lankhorst, M. M./Quartel D. A. C./Steen, M. W. A. (2010): Architecture-Based IT Portfolio Valuation, in: Harmsen, F./Proper, E./Schalkwijk, F./Overbeek, S. (Hrsg.), Practice-Driven Research on Enterprise Transformation, Berlin, Heidelberg 2010, S. 78 – 106

[25] Rek, R./Brück, M./Pache, S./Labermeier, A. (2008): Internationales Steuerrecht in der Praxis, Wiesbaden 2008

[26] Roß, A./Kahlhoefer, A. (2007): „Unbundling" im Controlling – Implikationen von Entflechtung und Regulierung für die Controlling-Organisation von Energieversorgungsunternehmen am Beispiel der Mainova AG, in Gleich, R./Michel, U. (Hrsg.), Organisation des Controlling – Grundlagen, Praxisbeispiele und Perspektiven, Freiburg 2007, S. 133 – 150

[27] Schomann, M./Koch, A. (2008): Praxisinduzierte Kosten- und Nutzenbetrachtung von Corporate Shared Services, in Keuper, F./Oecking, C. (Hrsg.), Corporate Shared Services – Bereitstellung von Dienstleistungen im Konzern, Wiesbaden 2008, S. 221 – 240

[28] Von Glahn, C./Keuper, F. (2006): Shared-IT-Services im Kontinuum der Eigen- und Fremderstellung, in: Keuper, F./Oecking, C. (Hrsg.), Corporate Shared Services – Bereitstellung von Dienstleistungen im Konzern, Wiesbaden 2006, S. 5 – 24

[29] Wikipedia, Stichwort: Standardisierung, online im Internet: http://de.wikipedia.org/wiki/Standardisierung

[30] Wirtschaftslexikon24, Stichwort: Diversifikation, online im Internet: http://www.wirtschaftslexikon24.net/d/diversifikation/diversifikation.htm

[31] Wirtschaftslexikon24, Stichwort: Standardisierung, online im Internet: http://www.wirtschaftslexikon24.net/d/standardisierung/standardisierung.htm

# 13 Change Management-Aufgaben bei IT-Roll Outs nach dem Go Live

*Matthias Uebel, Rainer Frischkorn & Stefan Helmke*

## 13.1 Einführung

Veränderungen in den ERP-Systemen von Unternehmen führen häufig zu einschneidenden Umgestaltungen in den betroffenen Wertschöpfungsprozessen. Häufig muss bei globalen ERP-Systemen der Spagat zwischen einer integriert-harmonisierten vs. optimierten Lösung eingegangen werden. Nicht selten wird dieser Zielkonflikt strategisch zu Gunsten eines global harmonisierten Systems gelöst. Somit sind standortbezogen nicht selten neue nicht unbedingt optimale Arbeitsläufe mit dem neuen ERP-System verbunden.

Change Management soll klassisch dabei unterstützen, diese Veränderungen im Unternehmen zu bewältigen. Dabei liegt bei vielen Unternehmen der Kernfokus auf den Aktivitäten vor dem Go Live des neuen Systems. Aber gerade nach dem Go Live besteht die unternehmerische Chance bereits getätigte Investments in den Veränderungsprozess weiter zu amortisieren und mögliche organisatorische Reibungs- und Produktivitätsverluste abzubauen. Die Veränderung der Change Management-Ausrichtung nach Go Live ist in **Abbildung 13.1** verdeutlicht.

Ziel dieses Beitrags ist es, die nach einem Go Live anstehenden Change Management-Aufgaben zu systematisieren, ihre inhaltliche Ausgestaltung sowie ihre gegenseitigen Abhängigkeiten (Interdependenzen) zu verdeutlichen sowie angemessene organisatorische Ansätze aufzuzeigen, die eine nachhaltige Erreichung der oben aufgeführten Change Management-Ziele sicher stellen. Dabei liegt der Fokus nicht auf wissenschaftlichen Theorien, sondern vielmehr auf der praxisnahen und greifbaren Darstellung von bewährten „Leading Practices" im projektbezogenen Unternehmenskontext.

Zu diesem Zweck erfolgt im Kapitel 13.2 eine ausführliche Darstellung der nach dem Go Live eintretenden typischen Change Management-Situation und der daraus resultierenden Change Management-Aufgabenbereiche. Es wird gezeigt, dass eine einseitige Fokussierung auf klassische Support-Aufgaben nicht situationsgerecht ist und um weitere Change Management-Aufgaben ergänzt werden sollte. Es wird auf existierende Synergien zwischen den identifizierten Change Management-Aufgabenbereichen eingegangen.

In Kapitel 13.3 werden die empfohlenen Change Management-Aufgaben ausführlich vorgestellt und die tendenziellen Kapazitätsbedarfe für die Aufgabenbereiche beschrieben.

**Abbildung 13.1**   Phasen der organisatorischen Veränderung

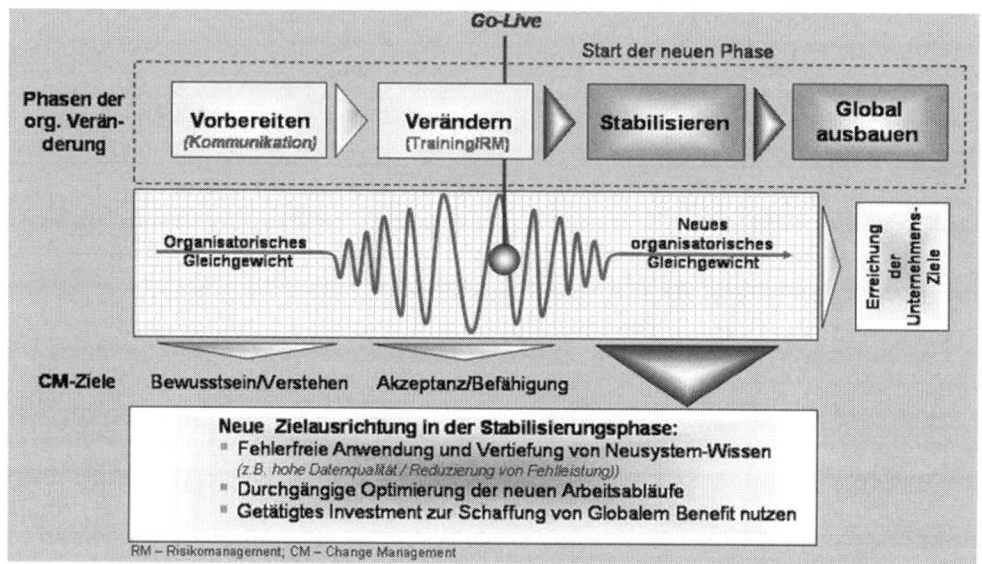

## 13.2    Ausrichtung des Change Management-Ansatzes nach dem Go Live

### 13.2.1    Vorausgehende Change Management-Aufgaben vor dem Go Live

Die Ausrichtung der vorausgehenden Change Management-Aktivitäten in der Phase vor dem Go Live dient klassischer Weise dazu, die Organisation auf die Veränderungen durch das neue ERP-System vorzubereiten. Geeignet erscheinende Mitarbeiter werden dabei häufig zu so genannten Prozessexperten ausgebildet. Sie tragen mit ihrem aufgebauten Fach- und Methodenwissen wesentlich zum Gelingen des Projektes bei und sind im Wesentlichen die Aufgabenträger der Change Management-Aufgaben. Die klassischen Change Management-Aufgaben vor dem Go Live konzentrierten sich auf die drei Bereiche Kommunikation, Training und Risikomanagement.

Im Bereich der Kommunikation ist eine interne Kommunikationsstruktur (Führungskreistreffen, Abteilungsbesprechungen etc.) zu schaffen, die es ermöglicht, die Informationsbedürfnisse in allen betroffenen Organisationsbereichen an den einzelnen Unternehmensstandorten zufrieden zu stellen und die Führungskräfte pro aktiv mit dem jeweiligen Stand des Projektfortschritts vertraut zu machen. Gleichzeitig werden die so geschaffenen Informationsstrukturen genutzt, um systembezogene Anfragen und Informationsbedarfe aufzunehmen und zu befriedigen. Somit ist es möglich systembezogene Informationen zwischen dem ERP-Roll Out Team und den späteren System-Anwendern (Usern) systematisch und nachhaltig auszutauschen.

Im Bereich Training sollte eine interne Trainingsorganisation aufgebaut werden, die es ermöglicht, die Anwender mit den prozessualen Veränderungen in ihrem Aufgabenbereich vertraut zu machen und die zum Teil neuen Abläufe am System zu trainieren. Im Rahmen von skriptbasierten Delta-Schulungen können die Anwender beispielsweise umfassend mit den Neuerungen am System vertraut gemacht und entsprechende Kenntnisse aufgebaut werden.

Im Bereich Risikomanagement erfolgt die systematische Aufnahme, Bewertung und Steuerung von systembezogenen Risiken. Als Risiken werden dabei diejenigen Veränderungen in den Prozessen bestimmt, deren negatives Potential zu Effektivitätsverlusten, Fehlern oder zeitlichen Mehraufwand in den Abläufen führen kann. Im Rahmen der Erarbeitung von risikospezifischen Lösungsansätzen soll sichergestellt werden, dass bis zum Go Live die Wirkung der Risiken vermieden, vermindert bzw. bewusst eingegangen wird. Ziel eines Risikomanagement-Ansatzes ist es hier, die aktive Auseinandersetzung mit negativen Veränderungen, die nach dem Go Live eine Verschlechterung des finanziellen Ergebnisses zur Folge hat. Insbesondere bei Risiken, die zu möglichem zeitlichem Mehraufwand führen, könnte vorerst nur durch Bereitstellung zusätzlicher Personalkapazitäten dieser zeitliche Mehraufwand abgefedert werden. Somit entsteht aber auch ein Produktivitätsverlust, der höhere Personalkosten bedingt.

## 13.2.2 Veränderung der Change Management-Aufgaben nach dem Go Live

Die Ausrichtung der Change Management-Aktivitäten erfährt nach dem Go Live eine inhaltliche Veränderung. Während zuvor der Fokus auf der Vorbereitung der Organisation auf die bevorstehenden Veränderungen durch Einführung des neuen Systems lag, gilt es nach Go Live, die Abläufe im Rahmen einer produktiven Aufgabenerledigung zu stabilisieren und zu optimieren. Das operative Geschäft sollte möglichst ohne Fehlleistungen und Irritationen in ein stabiles Arbeitsumfeld überführt werden, um die gesteckten Unternehmensziele zu erreichen. Dazu ist jedoch auch eine veränderte inhaltliche Ausrichtung der drei Change Management-Aufgabenbereiche wie nachfolgend abgebildet notwendig.

**Abbildung 13.2**   Veränderung der Change Management-Aufgaben

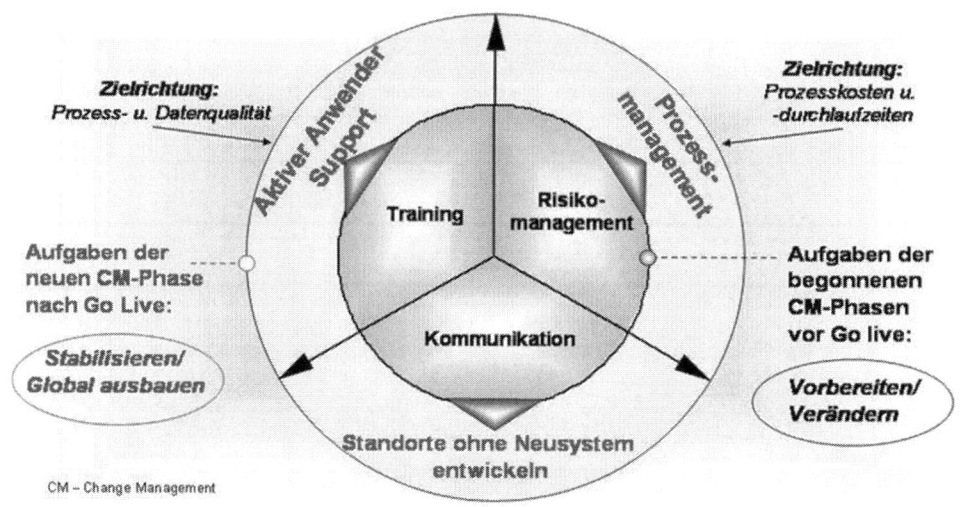

CM – Change Management

Der Change Management-Bereich Training geht in den Bereich „Aktiver Anwendersupport" zur Sicherstellung einer angemessenen Prozess- und Datenqualität über. Der klassische Anwendersupport ist in diesem Change Management-Aufgabenbereich zwar enthalten, spiegelt jedoch aufgrund seiner passiven Ausrichtung nur einen Aufgabenaspekt wider. Während beim klassischen Anwender-Support nur passiv auf anwenderinitiierte Daten- bzw. Systemprobleme reagiert wird, erfolgt beim aktiven Anwender-Support zusätzlich eine pro-aktive Prüfung von kritischen Datenbereichen sowie eine eigenständige Prüfung der Datenqualität. Somit wird der klassische Support um die Komponente Datenqualitätsmanagement erweitert. Die nützliche Synergie zwischen diesen beiden Komponenten ergibt sich aus der Tatsache, dass je besser die Datenqualität im System ist, umso weniger Prozessfehler entstehen, die „supportet" werden müssen (Reduzierung der Fehlleistung). Des Weiteren wirkt sich der erweiterte Fokus des Anwender-Support auch positiv im Rahmen von Anwender-Schulungen aus, so das nicht nur die durch Anwender erkannten Schulungsthemen trainiert werden, sondern auch die im Rahmen des Datenqualitätsmanagements identifizierten datenbezogenen Schwachstellen.

Der Change Management-Bereich Risikomanagement geht mit der Zielrichtung einer Verringerung von Prozesskosten und Durchlaufzeiten in den Bereich „Prozessmanagement" über. Während sich der klassische Aufgabenbereich Risikomanagement mit der frühzeitigen Identifikation und Eliminierung von entstehenden Risiken beschäftigt, konzentriert sich der Change Management-Aufgabenbereich Prozessmanagement auf die Sicherstellung systemkonformer Abläufe in den Unternehmensbereichen. Diese Notwendigkeit ergibt sich aus dem häufig bei internationalen Konzernen zu beobachteten Fall, dass das neue System die Prozesse aus einer IT-optimierten Welt in eine standardisierte bzw. harmonisierte Welt überführt. Somit ist als Konsequenz zu erwarten, dass die dezentrale Suche nach zusätzlichen IT-Tools, die eine wieder optimierende Prozessabwicklung unterstützen, zu bereichsindividuellen Insellösungen führt, die zum einen zu Nachteilen für andere Bereiche münden können und zum anderen existierende Systemkonventionen partiell vernachlässigen. Im Rahmen des Prozessmanagements soll diesen Tendenzen entgegengewirkt werden. Gleichzeitig erscheint es weiterhin sinnvoll, Maßnahmen zur Einsparung von möglichen zusätzlich aufzubauenden Personalkapazitäten zu konzipieren und umzusetzen. Zusätzlich sollte das Prozessmanagement die Aufgabe übernehmen, Kostentransparenz über die Wirkungen von prozessualen Optimierungsmaßnahmen in der Organisation zu schaffen.

Der Change Management-Bereich „Kommunikation" geht in den Change Management-Bereich „Standorte ohne Neusystem entwickeln" und somit von einer standortinternen zu einer standortübergreifenden Kommunikation über. Diese sinnvolle Neuausrichtung soll primär dazu dienen, die Nutzung der Potenziale des neuen Systems auf Basis eines Datenaustausches mit den Partnerstandorten im Konzernverbund zu unterstützen. Dieser Schritt sollte bei internationalen Konzernen nicht nur die logische Folge eines globalen Harmonisierungsgedankens sein, sondern erscheint auch vor dem Hintergrund der Amortisation der Systeminvestments, als gerechtfertigt. Ziel ist es in diesem Bereich die Partnerstandorte priorisiert an die neue Systemwelt heran zu führen und die Voraussetzungen für einen möglichst reibungslosen Datenaustausch mit dem Neusystem zu schaffen.

Die Ausrichtung der neuen Aufgabenbereiche ist in der **Abbildung 13.3** zusammenfassend dargestellt.

**Abbildung 13.3**   Change Management-Bereiche nach Go Live

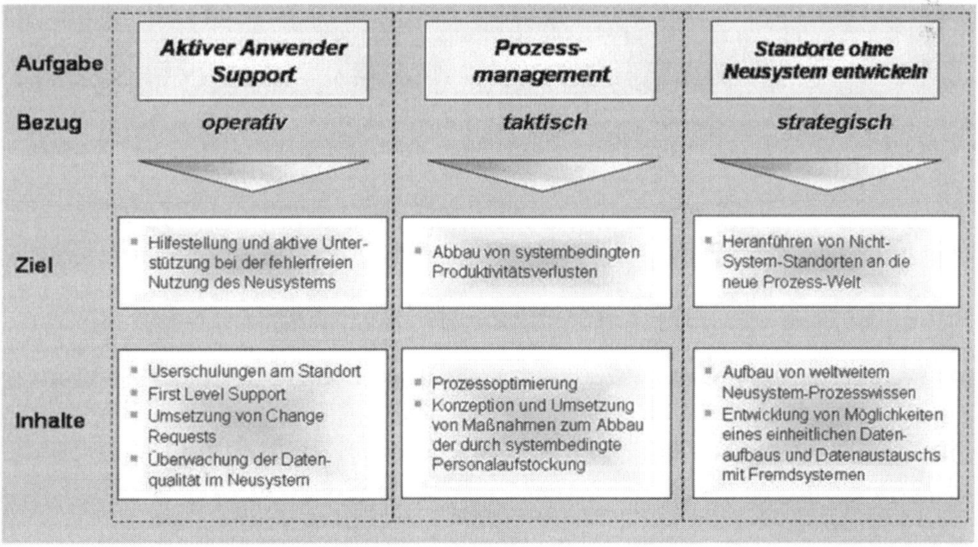

## 13.2.3 Synergien zwischen den neuen Change Management-Aufgaben

Synergien zwischen den Change Management-Bereichen „Aktiver Anwender-Support" und „Prozessmanagement":

Der Teilaufgabenbereich Datenqualitätsmanagement des aktiven Anwender-Supports hilft durch Verbesserung der Datenqualität im Change Management-Bereich Prozessmanagement die Durchlaufzeiten von Prozessen zu reduzieren und somit Produktivitätssteigerungen zu erzielen. Somit können datenqualitätsverbessernde Maßnahmen im Rahmen des Prozessmanagements aktiv einbezogen und umgesetzt werden. Gleichzeitig können die im Rahmen des Prozessmanagements gewonnenen Erkenntnisse direkt in die Schulungen im Rahmen des Anwender-Supports einfließen. So können erkannte optimierte Abläufe trainiert werden.

Synergien zwischen den Change Management-Bereichen „Prozessmanagement" und „Standorte ohne Neusystem entwickeln":

Eine wichtige Kernsynergie zwischen den Change Management-Bereichen „Prozessmanagement" und „Standorte ohne Neusystem entwickeln" besteht im bilateralen Austausch von Best-Practices. Ansatzpunkte zur Prozessoptimierung außerhalb der bestehenden Systeme bieten die Chance, auf beiden Seiten neue Ideen zur Steigerung der Produktivität zu entwickeln. Da Optimierungsansätze bei harmonisierten Systemen im Wesentlichen außerhalb des Systems zu finden sein werden, bietet es sich an, diese Lösungen auch für Fremdsysteme hinsichtlich ihrer Wiederverwendung zu überprüfen. Somit bietet der Bereich Prozessmanagement das Potential in bilateraler partnerschaftlicher Weise, das Interesse der Nicht-System-Standorte in einen Kommunikationsprozess einzusteigen (Win-Win-Situation) zu erhöhen. Gleichzeitig kann das vorhandene System-Prozesswissen auch zur Steigerung einer Datendurchgängigkeit für diese Standorte genutzt werden.

Synergien zwischen den Change Management-Bereichen „Aktiver Anwender-Support" und „Standorte ohne Neusystem entwickeln":

Zur Ermöglichung bzw. Verbesserung des Datenaustauschs mit Nicht-System-Standorten ist an diesen Standorten System-Prozesswissen aufzubauen. Dies kann in Form von spezifischen System-Schulungen (als Aufgabenbereich des Anwender-Supports) für entsprechende Anwender an diesen Standorten erfolgen. Gleichzeitig kann das beim Anwender-Support vorhandene Wissen zur Steigerung der Akzeptanz für einheitliche Prozesse an Nicht-System-Standorten genutzt werden. Somit bietet das Know-how des aktiven Anwender-Supports das Potential, Hemmnisse und Barrieren im Wege einer intensivierten prozessualen Standort-Vernetzung abzubauen.

Eine Zusammenfassende Übersicht zu den Synergien ist aus **Abbildung 13.4** ersichtlich.

**Abbildung 13.4**   Synergien zwischen den Change Management-Bereichen

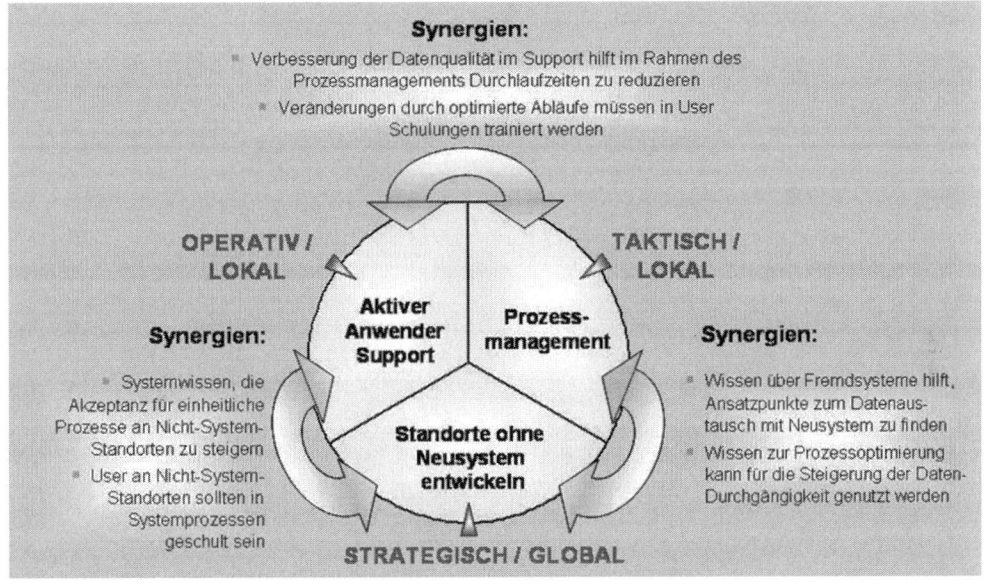

## Implikationen der Synergien zwischen den Change Management-Aufgabenbereichen

Die dargestellten Synergien zeigen, dass die drei Change Management-Aufgabenbereiche sich gegenseitig ergänzen und eng miteinander verzahnt sind. Um diese Verzahnung reibungsfrei und schnittstellenarm nutzen zu können, ist ein konzentrierter Pool an personellem Wissen unumgänglich. Dies bedeutet, dass den Mitarbeitern im Sinne von Aufgabenträgern der geschilderten Aufgabenbereiche eine besondere Bedeutung zukommt. Im Idealfall liegt hier eine Personenidentität vor, d.h. personelle Know-how-Träger kommen als Aufgabenträger für alle drei Change Management-Aufgabenbereiche in Frage. Dieser Aspekt stellt eine wichtige Anforderung bei der Wahl der organisatorischen Verankerung der Change Management-Aufgabenbereiche in der Organisationsstruktur dar. Diese Anforderung wird deshalb in Kapitel 14.2 wieder aufgegriffen.

## 13.3     Aufgaben einer Change Management-Organisation

### 13.3.1    Aktiver Anwender-Support

Die lokale Business Support Organisation wird im First Level-Bereich aus so genannten Key Usern (KUs) und im Second Level-Bereich aus so genannten Preferred Key Usern (PKUs) gebildet. Sowohl KUs als auch PKUs können aus dem Pool der Prozessexperten (siehe oben) gebildet werden. Die Supportorganisationen wird von einem Local Business Lead (LBL) geleitet.

Die Kernaufgaben des klassischen Supports bestehen aus den Bereichen Communication, Improvement und Support. Teilaufgaben im Bereich Communication sind:

- Sicherstellung einer regelmäßigen Kommunikation zu Usern,

- Sicherstellung einer regelmäßigen Kommunikation zu Führungskräften,

- Bildung und Nutzung eines KU-Netzwerkes.

Teilaufgaben im Bereich Improvement sind:

- Change Requests von anderen Standorten bzw. eigenem Standort für Global Change Control Board-Entscheidung prüfen bzw. vorbereiten,

- Anfordern und Abmelden von Rollen für User,

- Vorbereitung und Durchführung von Integrations- und Regressions-Tests.

Teilaufgaben im Bereich Support sind:

- On Demand User Coaching,

- Anlegen von Tickets in Ticket-System,

- Vorbereitung und Durchführung von lokalen Trainings,

- Bereitstellung von Trainings- und User-Dokumentation.

Der klassische Anwendersupport sollte jedoch um die Komponente Datenqualitätsmanagement zum aktiven Anwendersupport erweitert werden. Der Fokus in Datenqualitätsmanagement liegt auf der Qualität der im System eingestellten und verarbeiteten Daten. Das betrifft zum einen das tatsächliche Vorhandensein von Daten, zum Beispiel das Setzen von Endkennzeichen, und zum anderen das fehlerfreie und vollständige Eingeben von Datensätzen. Diese Aufgaben sind von großer Bedeutung, da durch steigende Volumina nicht abgeschlossener Datensätze in ERP-Systemen nicht selten mit Performanceverschlechterungen zu rechnen ist. Gleichzeitig können fehlerhafte Dateneingaben zu Prozessfehlern führen bzw. Nacharbeit verursachen. Beide Aspekte führen zu nicht gewünschten Produktivitätsverlusten am Standort. Um dies zu vermeiden sind die kritischen Datenbereiche zu identifizieren und die verursachenden User entsprechend zu sensibilisieren und zu trainieren. Gleichzeitig muss eine systematische Bereinigung der bereits vorhandenen fehlerhaften Datenbereiche erfolgen. Durch diese Erweiterung wird nicht nur eine Verbesserung der Datenqualität im System sichergestellt, sondern auch der Umfang der Inanspruchnahme des klassischen Supports verringert.

Die Erweiterungsfunktion zum pro-aktiven Anwender-Support ist in nachfolgender Abbildung zusammengefasst.

**Abbildung 13.5**   Erweiterung des klassischen Supports zur pro-aktiven Ausrichtung

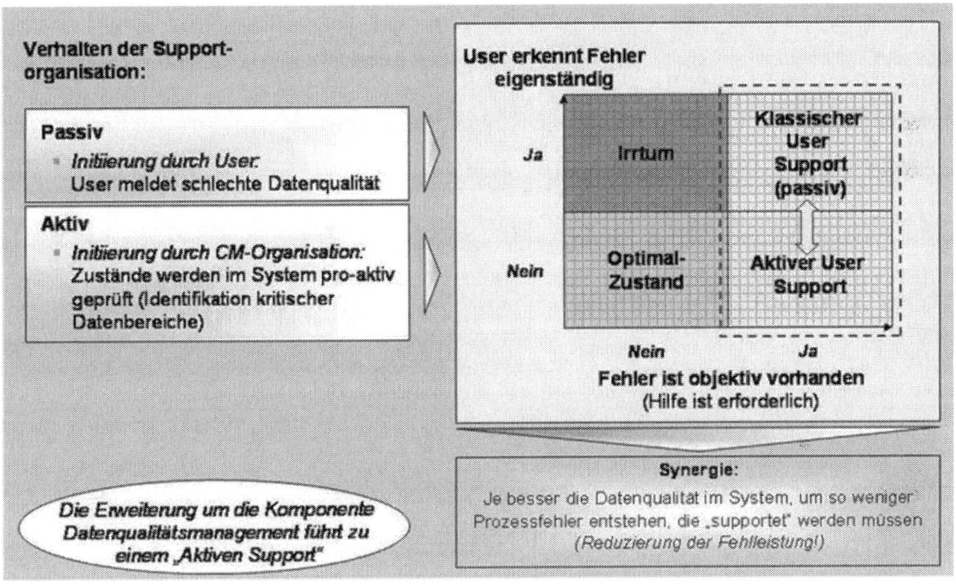

## 13.3.2   Prozessmanagement

Aus den bereits dargestellten organisatorischen Konsequenzen einer ERP-System-Einführung in Konzernstrukturen ergeben sich die Ziele im Aufgabenbereich Prozessmanagement wie folgt:

■ Konzeption und Umsetzung von Maßnahmen zur Einsparung der aufgebauten Personalkapazitäten unter Berücksichtigung eines „End-to-End"-Ansatzes,

■ Schaffung von Kostentransparenz über die Wirkungen von prozessualen Optimierungsmaßnahmen in der Organisation,

■ Sicherstellung der Datenkonformität mit existierenden System-Konventionen bei Einsatz zusätzlicher Tools.

Der Change Management-Aufgabenbereich Prozessmanagement umfasst die konsequente Fortführung der im Risikomanagement begonnenen Aufgaben. Dies betrifft insbesondere die Überwachung der Umsetzung von Lösungsansätzen im Risikomanagement unter Berücksichtigung eines konsequenten End-to-End-Prozessverständnisses. Somit wird sichergestellt, dass die Optimierungen in einem Bereich nicht zu Suboptima in anderen Bereichen führen. Die involvierten Preferred Key User (PKUs) fungieren dabei als Prozessexperten mit dem Status eines internen Beraters.

Besondere Bedeutung besitzt in diesem Zusammenhang, die Schaffung von Transparenz hinsichtlich der einzelnen geplanten Optimierungsmaßnahmen in den einzelnen Organisationsbereichen. Nur über ein konsequentes Nachhalten dieser Information können Managementaussagen über den Erfolg von prozessualen Lösungsansätzen zusammengetragen und veranschaulicht werden.

Primäres Effizienzziel im Prozessmanagement wird es sein, die zusätzlich aufzubauenden Personalkapazitäten in Form durch intelligente prozessuale Lösungen abzubauen und somit die Produktivität zu steigern. Zum einen muss nach Lösungsansätzen gesucht werden, die nachvollziehbare Einsparpotenziale bieten, zum anderen müssen diese Lösungsansätze auch von den entsprechenden Organisationsbereichen akzeptiert und operativ „gelebt" werden. In diesem Bereich ist eine konsequente Zusammenarbeit mit den Organisationsbereichen notwendig. Die Anzahl der durch diese Maßnahmen abgebauten personellen Kapazitäten ist gleichzeitig Benchmark für den Zielerreichungsgrad im Prozessmanagement.

Die PKUs stehen vor der Herausforderung, geeignete organisatorische Methoden und Instrumente zu entwickeln, um ihren Aufgaben im Rahmen des Prozessmanagements in systematischer Weise nachgehen zu können. Dies betrifft insbesondere die Art und Weise des Informationsaustausches und der Zusammenarbeit mit den relevanten Organisationsbereichen am Standort. Gleichzeitig sind entsprechende formale Standards zu erarbeiten, die eine Datenkonformität sicherstellen und systemischen Wildwuchs vermeiden. Der Erfolg wird dabei entscheidend von der Sensibilisierung und Unterstützung der späteren Systemanwender hinsichtlich der Bedeutung dieser Ziele abhängen.

### 13.3.3    Standorte ohne Neusystem entwickeln

Im Rahmen einer strategisch globalen Betrachtung, bietet eine Vorbereitung von nicht systembasierten internationalen Standorten zusätzliche Potenziale. Diese Vorbereitung umfasst die Einbindung der Partnerstandorte in eine zukünftige globale Systemharmonisierung. Zur Nutzung der Potenziale des Neusystems ist ein Datenaustausch mit den Partnerstandorten sinnvoll. Voraussetzung dafür ist ein entsprechendes Prozesswissen. Auf Basis des Prozesswissens können Anforderungen an Datenformate und -aufbau für einen Datenaustausch definiert werden.

Im Rahmen einer ersten priorisierenden Analyse ist zu bestimmen, welche Standorte im Konzernverbund die größten Nutzenpotentiale aufweisen und dementsprechend als erste

Standorte in den Vorbereitungsprozess einbezogen werden sollten. Diese erste Einschätzung basiert im Wesentlichen auf der Bedeutung der jeweiligen ERP-Systeme für die
Standorte selbst, der Bedeutung der Standorte im globalen Fertigungsverbund sowie auf
dem Umsetzungsaufwand bzw. der organisatorischen Akzeptanz. Mögliche Bewertungskriterien sind in nachfolgender Abbildung zusammengefasst.

**Abbildung 13.6**   Bewertungskriterien für Partnerstandorte

- Zukünftige Intensität der Zusammenarbeit mit Standort
- Wirtschaftliche Bedeutung des Standorts im Unternehmens-Netzwerk
- Vorhandenes ERP-Know how am Standort
- Anzahl und Nutzungsgrad ERP-Module
- Anzahl eigene ERP-User / Anzahl aller ERP-User
- Org. Akzeptanz am Standort
- Umsetzungsaufwand
- Umsetzungsdauer
- Erfolgswahrscheinlichkeit
- ...

Neben einer Sensibilisierung der Partnerstandorte für die Bedeutung des Themas, ist im
ersten Schritt eine vergleichende Analyse zwischen dem Neusystem und im jeweiligen
ERP-System der Partnerstandorte durchzuführen. Dabei sind insbesondere Gemeinsamkeiten und Unterschiede in den Prozessen, den einzugebenden Stamm- und Bewegungsdaten,
den verfügbaren Workflows sowie Datenformaten abzubilden. Auf Basis eines zu konzipieren Interaktionsmodells sind die möglichen und notwendigen Formen des Datenaustauschs
festzuhalten und Anforderungen zu spezifizieren. In einem bilateralen Prozess sind gemeinsame Konvention zu finden die einen Datenaustausch aufwandsarm ermöglichen und
unterstützen. Dazu ist auf Seiten der Partnerstandorte der Aufbau von systembezogenen
ERP-Wissen notwendig. Dieses Wissen sollte in prozessbezogenen Trainings transferiert
werden.

Gleichzeitig bietet die Einbindung von Partnerstandorten die Chance, Synergien in Form
von Best Practice-Ansätzen zu heben. Insbesondere die Prozessoptimierung für Abläufe
außerhalb des Neusystems bietet Möglichkeiten zur Produktivitätssteigerung. Somit können bei gleichartigen prozessualen Problemen die eigenen Lösungen mit denen der Partnerstandorte verglichen werden. Dieser gegenseitige Lernprozess verstärkte die Intensität
einer gemeinsamen zielführenden Kommunikation und schafft gleichzeitig einen prozessualen Mehrwert.

## 13.4    Fazit

Change Management ist ein komplexes Gebilde mit vielschichtigen Facetten. Die Veränderung von ablaufbezogenen Strukturen durch die Einführung neuer IT-Systeme besitzt vielfältige Auswirkungen auf die Effektivität und Effizienz von Organisationen.

Die Ausführungen haben gezeigt, dass inhaltliche Veränderungen in den Aufgabenbereichen des Change Management vor und nach dem Go Live erforderlich sind. Der intelligenten Strukturierung und Ausrichtung dieser Aufgaben kommt eine besondere Stellung zu. Es sind aber auch Initiatoren im Unternehmen gefragt, die visionär die Bedeutung erkennen und eine entsprechende Management Attention im Unternehmen erzeugen.

Change Management benötigt einen klaren Aktionspfad. Nur über die organisatorische Gestaltung von umsetzungsbezogenen Aufgaben lassen sich Change Management-Ziele planvoll erreichen. So kann zumindest versucht werden, die oft als zu „weich" beschriebene Züge von Change Management etwas zu „erhärten".

## Literatur

[1]  Anderson, David: Kanban: Evolutionäres Change Management für IT-Organisationen, Heidelberg 2011.

[2]  Doppler, Klaus et al.: Unternehmenswandel gegen Widerstände: Change Management mit den Menschen, 2. Aufl., Frankfurt a. M. 2011.

[3]  Doppler, Klaus / Lauterburg, Christoph: Change Management: Den Unternehmenswandel gestalten, 12. Aufl., Frankfurt a. M. 2008.

[4]  Gaulke, Markus: Risikomanagement in IT-Projekten, 2. Aufl. München 2004.

[5]  Lang, Michael et al. (Hrsg.): Perfektes IT-Projektmanagement: Best Practices für Ihren Projekterfolg, Düsseldorf 2012.

[6]  Lauer, Thomas: Change Management: Grundlagen und Erfolgsfaktoren, Berlin 2010.

[7]  Stolzenberg, Kerstin / Heberle, Krischan: Change Management. Veränderungsprozesse erfolgreich gestalten – Mitarbeiter mobilisieren, 2. Aufl., Berlin 2009.

[8]  Tiemeyer, Ernst (Hrsg.): Handbuch IT-Projektmanagement: Vorgehensmodelle, Managementinstrumente, Good Practices, München 2010.

[9]  Vahs, Dietmar / Weiand, Achim: Workbook Change Management: Methoden und Techniken, Stuttgart 2010.

[10] Wieczorrek, Hans / Mertens, Peter: Management von IT-Projekten, 4. Aufl., Berlin 2010.

# 14 Alternativen für eine Change Management-Organisation bei IT-Roll Outs nach dem Go Live

*Matthias Uebel, Rainer Frischkorn & Stefan Helmke*

## 14.1 Einführung

Die Veränderung einer Change Management-Ausrichtung nach Go Live führt von vorbereitenden Aufgaben hin zu stabilisierenden und optimierenden Aufgaben. Es gilt die neuen Prozesse und Abläufe zu stabilisieren, Umsetzungsdefizite zu beseitigen und einen optimierten organisatorischen Gesamtzustand zu erreichen. Es können dabei drei zentrale Aufgabenbereiche unterschieden werden. Dies sind der „Anwendersupport", das „Prozessmanagement" und die „Entwicklung von Standorten ohne Neusystem" (Vgl. dazu auch den Beitrag „Change Management-Aufgaben bei IT-Roll Outs nach dem Go Live" in diesem Band).

Für eine effektive und effiziente Aufgabenerledigung erscheint eine Eingliederung in die Unternehmensorganisation unerlässlich. Da grundsätzlich mehrere organisatorische Alternativen mit unterschiedlichen Eigenschaften zur Verfügung stehen, kommt der Auswahl der geeigneten Alternativen eine nicht zu unterschätzende Bedeutung zu. In der Praxis kommt es nicht selten vor, dass durchaus sinnvollen Aufgabenbereiche durch schlechte organisatorische Einbindung nicht die Stellung und Durchsetzungskraft bekommen, die wünschenswert wären.

In diesem Beitrag werden verschiedene Alternativen zur organisatorischen Eingliederung einer Change Management-Organisation vorgestellt. Es erfolgt eine Bewertung der verschiedenen Alternativen vor dem Hintergrund organisatorischer Anforderungen zur effektiven und effizienten Erledigung der Change Management-Aufgaben. Auf der Basis dieser Bewertung wird eine Handlungsempfehlung abgeleitet.

## 14.2    Organisatorische Verankerung der Change Management-Organisation

### 14.2.1    Vorstellung der organisatorischen Alternativen

Zur nachhaltigen Wahrnehmung der Change Management-Aufgabenbereiche erscheint eine Eingliederung in organisatorische Strukturen unerlässlich. Hierbei ist neben der Zuordnung in bestehende bzw. neue Organisationsbereiche, die Aufteilung der Aufgabenbereiche zu betrachten.

#### Alternative 1: Integrativ-verteilter Ansatz

Bei diesem Ansatz erfolgt die Verteilung der drei Change Management-Aufgabenbereiche auf bereits bestehende Organisationsbereiche mit bestehendem Aufgabenbezug. Die neuen Aufgaben werden somit in vorhandene Abteilungen integriert. Es werden keine eigenständigen neue Organisationsbereiche zur Wahrnehmung der Change Management-Aufgabenbereiche geschaffen. Die Change Management-Aufgaben werden durch die in den bestehenden Bereichen ansässigen Mitarbeiter übernommen.

#### Alternative 2: Verteilter Ansatz

Beim verteilten Ansatz werden drei neue Organisationsbereiche zur Erledigung der Change Management-Aufgabenbereiche geschaffen. Dabei spezialisiert sich jeder Organisationsbereich auf einen Change Management-Aufgabenbereich. Es erfolgt somit keine Integration von Change Management-Aufgaben auf bereits bestehende Organisationsbereiche. Aufgabenträger sind in den jeweiligen Change Management-Organisationsbereichen die Preferred Key User.

#### Alternative 3: Zentralisierter Ansatz

Beim zentralisierten Ansatz wird ein neuer Organisationsbereich zur Erledigung der Change Management-Aufgabenbereiche geschaffen. Dieser Bereich nimmt somit alle drei Change Management-Aufgabenbereiche wahr. Als Aufgabenträger werden wiederum die Preferred Key User eingesetzt.

Die Alternativen sind in **Abbildung 14.1** zusammengefasst.

**Abbildung 14.1**   Übersicht zu den organisatorischen Alternativen

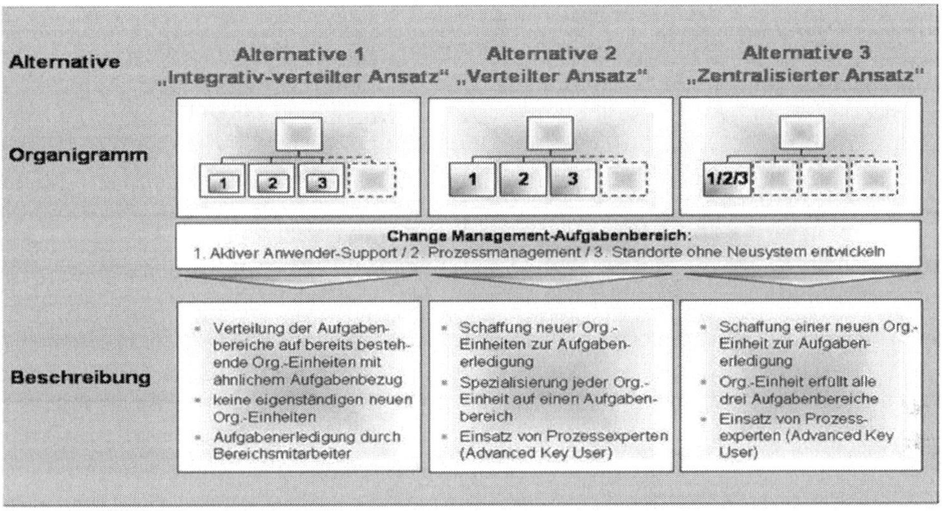

## 14.2.2   Festlegung von Bewertungskriterien

Zur Beurteilung der verschiedenen organisatorischen Alternativen werden Anforderungen auf der Organisations-, Steuerungs- und Wissensebene betrachtet.

### Anforderungen der Organisationsebene:

Aufgrund der engen Vernetzung der einzelnen Aufgabenbereiche bzw. zur Nutzung der Synergien ist aus organisatorischer Sicht sicher zu stellen, dass zwischen den Change Management-Aufgabenbereichen kurze Informations- und Entscheidungswege bestehen. Aufgrund der inhaltlichen Nähe der Change Management-Aufgabenbereiche ist mit einem verstärkten Koordinationsbedarf (z. B. zu anzuwendenden Optimierungsmaßnahmen) zu rechnen. Hier ist eine enge Zusammenarbeit zwischen den Change Management-Aufgabenbereichen erforderlich.

Um die Aufgaben planvoll erledigen zu können, müssen weiterhin klare Verantwortlichkeiten in Bezug auf Zuständigkeiten und Entscheidungsbefugnisse festgelegt werden.

Die Eignung der organisatorischen Alternativen ist vor dem Hintergrund der dargestellten organisatorischen Anforderungen zu prüfen.

## Anforderungen der Steuerungsebene:

Im Rahmen der Steuerungsebene ist eine effektive Erfolgskontrolle sicher zu stellen. Dabei sind zum einen die Leistungstransparenz und zum anderen die Kostentransparenz einzubeziehen. Während sich die Leistungstransparenz auf die inhaltlichen Ergebnisse der Aufgabenerledigung vor dem Hintergrund klar gesetzter Ziele fokussiert, richtet sich die Kostentransparenz primär auf die Wirtschaftlichkeit der zur Aufgabenerledigung eingesetzten personellen und sachlichen Ressourcen. Eine eindeutige Leistungs-/Kostenrelation sollte an dieser Stelle das Ziel sein. Nur auf diese Weise können Aussagen zur Produktivität des Change Management getroffen werden.

Die Eignung der organisatorischen Alternativen ist vor dem Hintergrund der dargestellten steuerungsbezogenen Anforderungen zu prüfen.

## Anforderungen der Wissensebene:

Zur Erfolg versprechenden Wahrnehmung der Change Management-Aufgaben ist systembezogenes Prozesswissen unerlässlich. In diesem Zusammenhang besitzen die Preferred Key User (Prozessexperten) ein klares Alleinstellungsmerkmal. Sie besitzen ein exzellentes fachliches und methodisches Know-how aus ihrer Tätigkeit vor Go Live. Der nutzbringende Einsatz dieser Expertise sollte jedoch nicht nur aufgrund der fachlich-methodischen Ebene, sondern auch aufgrund von Wirtschaftlichkeitsbetrachtungen erfolgen. Die Aus- und Weiterbildung sowie der Abzug der Prozessexperten aus ihrem operativen Tagesgeschäft stellt ein Investment dar, das sich nur über eine auch zukünftige Produktivierung dieses Investments weiter amortisieren lässt.

Die Eignung der organisatorischen Alternativen ist vor dem Hintergrund der dargestellten wissensbezogenen Anforderungen zu prüfen. Die Anforderungen sind in **Abbildung 14.2** zusammengefasst.

**Abbildung 14.2**   Anforderungen an die organisatorischen Alternativen

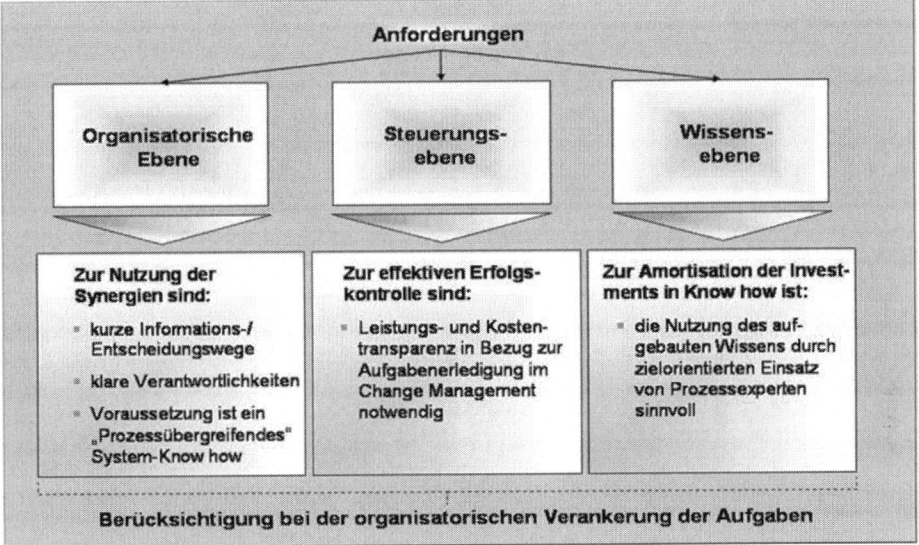

### 14.2.3   Bewertung und Handlungsempfehlung

Die Eignung der organisatorischen Alternativen zur Erfüllung der zuvor dargestellten Anforderungen erfolgt anhand qualitativer Bewertungen auf Basis von begründeten Expertenmeinungen.

#### Alternative 1: Integrativ-verteilter Ansatz

Bei diesem Ansatz wird den organisatorischen Anforderungen nur schwach Rechnung getragen. Die Aufteilung der Change Management-Aufgabenbereiche auf bestehende Bereiche führt zu organisatorischen Schnittstellen und den damit verbundenen Reibungsverlusten und möglicher Verantwortungsdiffusion. Somit wird die Möglichkeit der Nutzung von bestehenden Synergien eingeschränkt.

Ähnlich ist die Situation bei den steuerungsbezogenen Anforderungen einzustufen. Durch die Integration der Change Management-Aufgabenbereiche in bestehende Organisationseinheiten mit einem bereits vorhandenen Aufgabenspektrum erscheint es schwierig eine eindeutige Trennung zwischen Change Management und Bereichsaufgaben sicherzustellen. Eine Aufgabenvermischung lässt jedoch eine transparente Leistungsabbildung nur bedingt zu. Gleiches gilt für die Ressourcennutzung. Der Umfang der für Change Management genutzten personellen Ressourcen kann aufgrund von möglichen Aufgabenvermischungen (gleichzeitige Erledigung von anderen „Nicht-Change Management"-Bereichsaufgaben) nicht objektiv nachvollzogen und nur schwer überprüft werden. Eine Leistungs- und Kostentransparenz unterliegt somit subjektiven bzw. auch politischen Aspekten.

Die wissensbezogenen Anforderungen werden hier nicht erfüllt, da bei diesem Ansatz die Change Management-Aufgaben von angestammten Mitarbeitern des Bereiches übernommen werden. Die produktive Nutzung des Wissens der Prozessexperten würde in diesem Fall nicht erfolgen. Selbst bei Zuordnung der Prozessexperten zu den vorhanden Organisationsbereichen würde aufgrund der funktionalen Spezialisierung der Prozessexperten, das personenbezogene Spezialwissen nur einen Change Management-Bereich zur Verfügung stehen. Zu Wahrnehmung der drei Change Management-Aufgabenbereiche müsste jedoch dieses funktionale Spezialwissen in jedem Bereich vorhanden sein.

## Alternative 2: Verteilter Ansatz

Ähnlich wie bei dem vorangegangenen Ansatz wird hier den organisatorischen Anforderungen nur schwach Rechnung getragen. Die Aufteilung der Change Management-Aufgabenbereiche auf eigenständige Bereiche führt zu organisatorischen Schnittstellen und den damit verbundenen Reibungsverlusten und möglicher Verantwortungsdiffusion. Der Unterscheid der Eigenständigkeit der Bereiche ist von keiner entscheidenden Bedeutung. Somit wird auch hier die Möglichkeit der Nutzung von bestehenden Synergien eingeschränkt.

Der Erfüllungsgrad der steuerungsbezogenen Anforderungen ist als hoch einzustufen. Die Eigenständigkeit der Bereichaufgaben sowie die ausschließliche Wahrnehmung von Change Management-Aufgabenbereichen im Sinne einer Center-Struktur lässt klare Leistungs- und Kostentransparenz zu. Die eingesetzten Ressourcen können klar kostenmäßig abgebildet werden. Leistungsziele sind eindeutig und autark definierbar. Der Erfüllungsgrad ist sehr gut nachvollziehbar.

Die wissensbezogenen Anforderungen werden in mittlerem Maße erfüllt. Zwar werden die Prozessexperten zur Aufgabenerledigung ausschließlich eingesetzt, aufgrund der funktionalen Spezialisierung der Prozessexperten, würde das personenbezogene Spezialwissen nur einen Change Management-Bereich zur Verfügung stehen. Zu Wahrnehmung der drei Change Management-Aufgabenbereiche müsste jedoch dieses funktionale Spezialwissen in jedem Bereich vorhanden sein. Die produktive Nutzung des Wissens der Prozessexperten würde in diesem Fall zwar erfolgen, aber nicht im umfassenden Ausmaß.

## Alternative 3: Zentralisierter Ansatz

Bei diesem Ansatz wird den organisatorischen Anforderungen in vollem Maße Rechnung getragen. Durch Integration der Aufgabenträger in einen Bereich ist ein nachhaltiger Informationsaustausch sicher gestellt. Klare Zuständigkeiten können vergeben bzw. aufwandsarm geklärt werden. Der Möglichkeit der Nutzung von bestehenden Synergien wird hier am stärksten entsprochen.

Der Erfüllungsgrad der steuerungsbezogenen Anforderungen ist als hoch einzustufen. Die Eigenständigkeit der Bereichaufgaben sowie die ausschließliche Wahrnehmung von Change Management-Aufgabenbereichen im Sinne einer Center-Struktur lässt klare Leistungs- und Kostentransparenz zu. Die eingesetzten Ressourcen können klar kostenmäßig abgebildet werden. Leistungsziele sind eindeutig und autark definierbar. Der Erfüllungsgrad ist sehr gut nachvollziehbar.

Die wissensbezogenen Anforderungen werden in hohem Maße erfüllt. Da hier die Prozessexperten nicht ausschließlich einem Change Management-Aufgabenbereich zugeordnet werden, steht funktionales Spezialwissen für jeden Change Management-Aufgabenbereich zur Verfügung. Die organisatorische Ausgestaltung als zentralisierter Wissenspool ermöglicht den flexiblen Einsatz des notwendigen Know-hows bei Bedarf. Somit erfolgt bei dieser Alternative die produktivste Nutzung des Wissens der Prozessexperten.

Vor dem Hintergrund der dargestellten Ausführungen besitzt der „Zentralisierte Ansatz" deutliche Vorteile in allen Anforderungsbereichen im Vergleich zu den anderen Alternativen. Die zusammenfassende Darstellung der qualitativen Bewertung ist aus **Abbildung 14.3** ersichtlich.

**Abbildung 14.3**   Bewertung der organisatorischen Alternativen

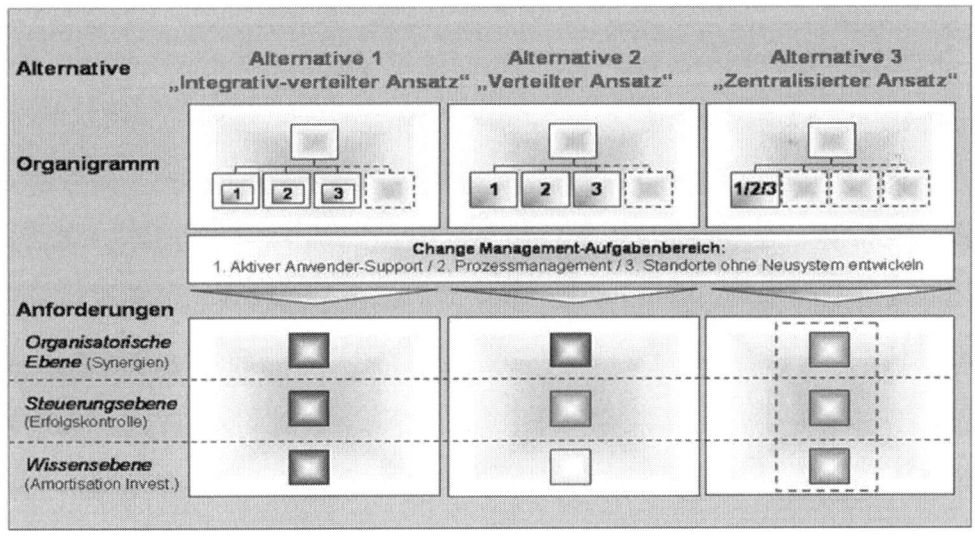

## 14.3 Fazit

Die Ausführungen haben deutlich gemacht, dass mit der Wahl der organisatorischen Verankerung von Change Management Aufgaben, die Effektivität und Effizienz der Aufgabenerledigung nicht unwesentlich beeinflusst wird. Die Analyse hat gezeigt, dass die Nutzung von Synergien, der Grad der möglichen Erfolgskontrolle als auch die Amortisation von Investments stark von der Form der organisatorischen Einbindung abhängig ist.

Es wurde deutlich, dass die Zusammenfassung der Change Management Aufgaben nach dem Go Live in einem neuen eigenständigen Organisationsbereich Vorteile in allen drei Anforderungsebenen bietet. Gleichzeitig wird mit einer solchen Unternehmensentscheidung natürlich auch die Bedeutung und der Stellenwert von Change Management im Unternehmen gestärkt. Es gilt somit wieder mal der Chandlersche Leitspruch: „Structure follows Strategy".

## Literatur

[1] Anderson, David: Kanban: Evolutionäres Change Management für IT-Organisationen, Heidelberg 2011.

[2] Chandler, Alfred: Strategy and Structure: Chapters in the History of the American Industrial Enterprise. Cambridge 1962.

[3] Doppler, Klaus / Lauterburg, Christoph: Change Management: Den Unternehmenswandel gestalten, 12. Aufl., Frankfurt a. M. 2008.

[4] Gaulke, Markus: Risikomanagement in IT-Projekten, 2. Aufl. München 2004.

[5] Kieser, Alfred / Walgenbach, Peter: Organisation, 6. Aufl., Stuttgart 2010.

[6] Kraus, Georg / Westermann, Reinhold: Projektmanagement mit System: Organisation, Methoden, Steuerung, 4. Aufl. Wiesbaden 2010.

[7] Lang, Michael et al. (Hrsg.): Perfektes IT-Projektmanagement: Best Practices für Ihren Projekterfolg, Düsseldorf 2012.

[8] Schreyögg, Georg: Organisation: Grundlagen moderner Organisationsgestaltung, 5. Aufl., Wiesbaden 2008.

[9] Tiemeyer, Ernst (Hrsg.): Handbuch IT-Projektmanagement: Vorgehensmodelle, Managementinstrumente, Good Practices, München 2010.

[10] Wieczorrek, Hans / Mertens, Peter: Management von IT-Projekten, 4. Aufl., Berlin 2010.

# 15 Etablierung effektiver Informationssicherheit

**Leit-, Richtlinien und Verfahren - Regelwerke zur Steuerung effektiv einsetzen**

*Nils Dirks, Stefan Schemmer & Ralf Schumann*

## 15.1 Motivation

International agierende Konzerne haben über die Jahre hinweg meist ein mehr oder minder umfassendes Regelwerk für IT-Sicherheit erstellt, große mittelständische Unternehmen zumindest eine Reihe einzelner Dokumente für bestimmte Bereiche der IT-Sicherheit. Diesem Umstand zum Trotz teilten viele IT-Sicherheitsbeauftragten die Einschätzung, dass eine umfassende Umgestaltung, welche teils einer Neuerstellung nahe kommen, oder eine erhebliche Ergänzung erforderlich seien.

Hierfür lassen sich die folgenden Gründe anführen:

1. Bei der Entstehung des Regelwerks wurden international anerkannte Standards zumeist nicht berücksichtigt. Auch wenn in der Regel eine Zertifizierung nicht das primäre Ziel ist, so werden jedoch die folgenden Aspekte als Vorteile der Anwendung international anerkannte Standards betrachtet:

    a. Höhere Akzeptanz und damit einfacher an die Konzernleitung, den Kunden, Vertragspartner oder Wirtschaftsprüfer zu kommunizieren
    b. Vollständigkeit und Angemessenheit sind leichter zu messen und verifizieren
    c. Der Vergleich mit Regelwerken von Partnern wird möglich

2. Paradigmenwechsel von einem ausschließlich auf IT basierten Sicherheitsregelwerk hin zu einer breiteren Sichtweise auf die zu schützende Information (Informationssicherheit).

3. Inkonsistenzen bei der Behandlung und Darstellung sowie beim Detailgrad unterschiedlicher Themenbereiche, bis hin zu Lücken in bestimmten Bereichen der Informationssicherheit. Insgesamt entsteht damit das Gefühl, dass das bestehende Regelwerk in bestimmten Bereichen zu stark ausgeprägt ist, während es in anderen Bereichen nicht dem Stand der Technik, der Gefährdungslage und der Lebenswirklichkeit des Unternehmens entspricht.

4. Ein Mangel an Umsetzung, begründet insbesondere durch unklare oder ungünstige Regelungen in den Verantwortlichkeiten sowie durch Maßnahmen bzw. Maßnahmenformulierungen, die eine Überprüfung und Überwachung der Einhaltung erschweren.

5. Probleme bei Pflege des Regelwerks und Kommunikation mit den Entscheidungsträgern bedingt durch eine ungünstige Struktur, beispielsweise erfordern Detailänderungen hohe Freigaben oder vertrauliche Informationen in Teilen des Regelwerks verhindern die Weitergabe an relevante Adressaten.

6. Der Wunsch zu einer stärker risikoorientierten Herangehensweise und damit zu angemessenen Maßnahmen in allen relevanten Bereichen und zu einer transparenten, kommunzierbaren und nachvollziehbaren Entscheidungsfindung.

## 15.2    Steuerungsebene eines ISMS

Informationssicherheit ist ein zyklischer Prozess und kein statisches Regelwerk. Dieser Prozess wird meist entsprechend des Deming-Cycle dargestellt (**Abbildung 15.1**). Die Steuerungsebene findet sich dabei in allen Phase des Plan-Do-Check-Act Zykluses (PDCA-Zyklus) wieder, da die strategischen Entscheidungen für den gesamten PDCA-Zyklus getroffen werden müssen. Auf ihr findet die Steuerung der IT (engl. IT-Governance) mit dem Ziel der Angleichung von IT-Zielen und Geschäftszielen statt. Dabei spielt die Annahme der Verantwortung auf Ebene der Entscheidungsträger eine zentrale Rolle. So beschreibt Cobit IT-Governance wie folgt:

„IT governance is the responsibility of executives and the board of directors, and consists of the leadership, organizational structures and processes that ensure that the enterprise's IT sustains and extends the organisation's strategies and objectives." [1]

Die Dokumentation der Verantwortungsübernahme durch die Entscheidungsträger, das Erreichen der Angleichung von IT- und Geschäftszielen sowie die Festlegung wie ein den Geschäftszielen und der Risikobereitschaft (engl. risk appetite) der Organisation angemessenes Niveau an Informationssicherheit gewährleistet werden kann, findet sich in der Leitlinie (engl. Information Security Policy) des Konzerns wieder.

**Abbildung 15.1**   Deming-Cycle für ein ISMS

**Abbildung 155.15.2** zeigt, angelehnt an den PDCA-Zyklus von Deming, die einzelnen Ebenen auf denen die Umsetzung eines ISMS erfolgt, sowie die ISO Standards, welche auf diesen eingesetzt werden können. Hauptaspekt der Steuerungsebene ist die Entwicklung eines geeigneten Risikomanagements für Informationssicherheit, welches unbedingt kompatibel zum konzernweiten Risikomanagement sein muss, damit die „gleiche Sprache" im Unternehmen gesprochen wird.

Einer der Kernaspekte der Steuerungsebene ist die Ausrichtung der Informationssicherheit, die darum auch Schwerpunkt dieses Artikels ist. Die Ausrichtung der Informationssicherheit geschieht auf Grundlage der Planung durch Festlegung der Anforderungen und des Risikomanagements. Zentrales Instrument zur Erreichung dieses Ziels ist ein geeignetes Regelwerk, welches die tatsächlichen Anforderungen und Risiken berücksichtigt, die den jeweiligen Konzern anwendbar sind.

Die Steuerungsebene legt das Fundament für eine risikoorientierte Herangehensweise sowie für eine kontinuierliche Verbesserung der Informationssicherheit mit klaren Verantwortlichkeiten. Aufbauend auf diesem Fundament werden die Vorgaben- und Verfahrensebene definiert.

**Abbildung 155.15.2**     Vorgehensweise zur Umsetzung eines ISMS

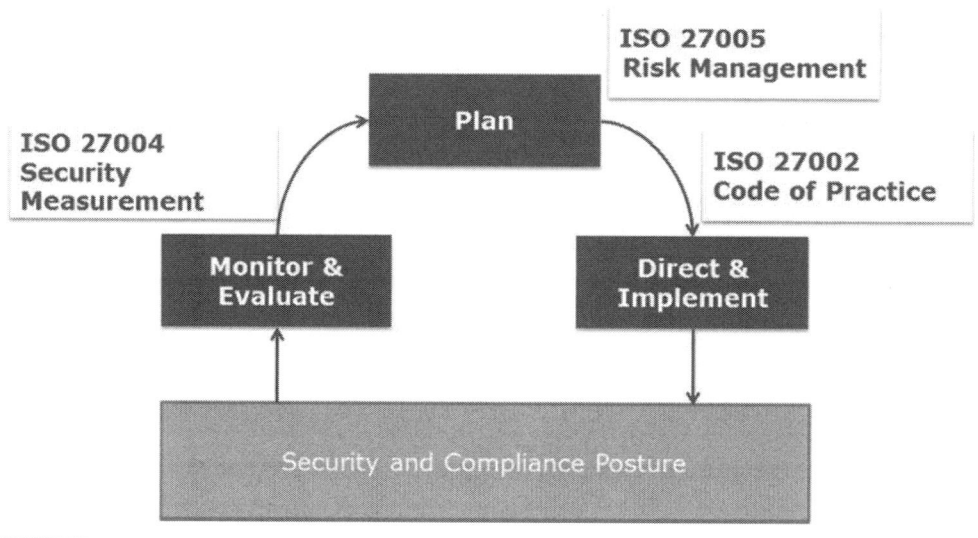

## 15.3    Dokumentenstruktur des ISMS

Die in **Abbildung 15.3** aufgeführte Dokumentenstruktur des ISMS zeigt die explizite Trennung des ISMS-Regelwerkes in die drei Ebenen:

■ Leitlinienebene,

■ Richtlinienebene und

■ Verfahrens- und Konzeptebene.

Des Weiteren existieren unterhalb der Verfahrens- und Konzeptebene weitere Dokumente, wie Merkblätter und Handlungsanweisungen, die zwar ebenfalls zum ISMS gehören, sich aber in der Regel durch ihren anleitenden Charakter bezüglich der eigentlichen Umsetzung auszeichnen. Sie dienen der Umsetzung, der in den darüber liegenden Ebenen festgelegten Maßnahmen.

Die Dreigliedrigkeit der ISMS-Dokumentenstruktur begründet sich durch die folgenden Faktoren:

■ Die unterschiedlichen Ebenen erlauben die Festlegung unterschiedlich hoher Freigabestufen für die einzelnen Dokumente des ISMS. So wird eine Änderung der Unternehmensstrategie und damit die Anpassung der Leitlinie durch die obersten Entscheidungsträger festgelegt und freigegeben, wären konzeptionelle Änderungen der

Schadcodebekämpfung hauptsächlich auf Ebene der IT geregelt wird. Auf diese Art kann das Regelwerk schnell und fachgerecht angepasst werden, ohne das es seine Verbindlichkeit verliert.

▪ Auf allen Ebenen können die Geltungsbereiche unterschiedlich sein. Während auf der Steuerungsebene vornehmlich ein Geltungsbereich definiert ist, nämlich der Konzernweite, kann dieser auf den darunter liegenden Ebenen variieren, was typischer Weise mehr auf der Verfahrens- als auf der Vorgabenebene der Fall ist. So besteht die Möglichkeit in den detailreicheren Ebenen unterschiedliche Umsetzungen einer einheitlichen Vorgabe vorzusehen, sofern dies z.B. für unterschiedliche Geschäftseinheiten, Regionen, oder IT-Komplexe notwendig ist.

▪ Die Erstellung und Pflege der Dokumente auf den verschiedenen Ebenen spiegelt in weiten Teilen auch die getrennten Verantwortlichkeiten im Konzern selbst wider. Beispielsweise liegt die Leitlinie in der Verantwortung der obersten Entscheidungsträger, während Verfahrensanweisen von den jeweiligen Fachexperten erstellt werden.

▪ Einzelne Änderungen können durch die entsprechenden Verantwortlichen auf der jeweiligen Ebene des ISMS freigeben werden, solange sie sich innerhalb der Rahmenbedingungen der übergeordneten Vorgaben bewegen.

▪ Es existieren abweichende Revisionszyklen zwischen Dokumenten auf der Steuerungsebene, der Vorgabenebene und Verfahrensebene. In der Regel verkürzt sich das Revisionsintervall je weiter man die der Dokumentenstruktur nach unten geht.

▪ Anhand der ISMS-Dokumentenstruktur erkennt man auch die Geheimhaltung und damit die Weitergabeauflagen für die einzelnen Dokumente. Hier gilt, je mehr Details sich in einem Dokument befinden, desto höher ist seine Geheimhaltungsstufe. Diese nimmt zu je weiter man sich im ISMS-Ebenemodell nach unten bewegt.

**Abbildung 15.3**   Dokumentenstruktur des ISMS

Die Dokumente auf allen Ebenen besitzen weitestgehend dieselbe Rahmenstruktur. Die wesentlichen Bestandteile sind:

- Ziel. Das Ziel beschreibt was mit dem Dokument erreicht werden soll und kann darüber hinaus auch Informationen über den Hintergrund der Erstellung des Dokumentes liefern.

- Geltungsbereich. Der Geltungsbereich legt die Anwendbarkeit des Dokuments bezüglich der Konzernstruktur fest. Die Festlegung der Gültigkeit des Dokumentes kann auch explizite Ausschlüsse beinhalten.

- Gesetzmäßigkeiten. Optional können hier die gesetzlichen Treiber und anwendbaren Gesetze aufgeführt werden.

- Verantwortlichkeit. Die innerhalb des Dokuments genannten Verantwortlichkeiten werden hier noch einmal zusammengeführt. Außerdem beinhaltet dieser Abschnitt die Verantwortung für die Pflege des vorliegenden Dokuments (engl. Asset Owner).

- Inhalte. Bezeichnet den Abschnitt mit den eigentlichen Inhalten des Dokuments.

- Freigabe. Dieser Teil des Dokuments hält die verantwortlichen Personen sowie das Datum der Freigabe fest.

- Prüfung. Der letzte Abschnitt dokumentiert die zyklischen Prüfungen, die ein Dokument durchläuft durch die Aufnahme des Auditors und des Prüfdatums.

# 15.4    Vorgabenebene des ISMS

Die Vorgabenebene befindet sich in der „Direct/Implement"-Phase der **Abbildung 155.15.2** und legt Vorgaben zur Umsetzung der Informationssicherheit fest. Sie sorgt für die richtige Ausrichtung (engl. direct) der Informationssicherheit an den Anforderungen des Unternehmens unter Berücksichtigung der Festlegungen der Steuerungsebene. Aufgabe der Vorgabenebene ist es Maßnahmen so zu definieren, dass einerseits die Kultur des Unternehmens und, soweit möglich, gelebte Prozesse berücksichtigt werden und anderseits eine Stärkung der Informationssicherheit erreicht wird. Typischerweise wird dies aus einer Kombination eines Top-down und eines Bottom-up Ansatzes erreicht.

Die Maßnahmen der Informationssicherheit auf Vorgabenebene müssen hinreichend generisch gewählt werden, um eine Anwendbarkeit im gesamten Konzern zu gewährleisten. Auf dieser Ebene darf keine Rücksicht auf gesonderte Standorte oder andere, lokale Ausprägungen des Unternehmens genommen werden, da die Definitionen auf dieser Ebene gewissermaßen als Maßstab für die Informationssicherheit angesehen werden. Sollten tatsächlich Abweichungen nötig sein um den Geschäftsbetrieb aufrechterhalten zu können, werden zumeist Ausschlüsse über den Geltungsbereich der Richtlinie vorgenommen. Solche Ausnahmen müssen ausreichend dokumentiert und begründet sein.

Die Vorgabenebene erstreckt sich über ein weites Feld von Aspekten, welches üblicherweise durch einen angemessenen, international anerkannten Standard definiert wird. Der ISO 27002 bietet sowohl für national, als auch für international agierende Unternehmen eine gute Basis für die Definitionen auf Vorgabenebene. Der teilt sich auf die die folgenden Abschnitte:

- Organisation der Informationssicherheit

- Personalsicherheit

- Management von organisationseigenen Werten

- Zugriffskontrolle

- Kryptographie

- Schutz vor physischem Zugang und Umwelteinflüssen

- Betriebssicherheit

■ Sicherheit in der Kommunikation

■ Beschaffung, Entwicklung und Instanthaltung von Systemen

■ Lieferantenbeziehungen

■ Management von Informationssicherheitsvorfällen

■ Informationssicherheitsaspekte des Betriebskontinuitätsmanagements (Notfall)

■ Richtlinienkonformität

## 15.5    Verfahrensebene des ISMS

Die Verfahrensebene liefert konkrete Konzepte und Verfahrensabläufe korrespondierend zu den Festlegungen der Richtlinien auf der Vorgabenebene. Beispielhaft zu nennen sind hier die Change Management Verfahrensanweisung oder ein Schadcodekonzept. Die Verfahrensebene verlässt die generischen Festlegungen von Vorschriften und widmet sich der eigentlichen Umsetzung im Konzern. Diese Umsetzung kann, bedingt durch die Konzernstruktur und die gelebten Prozesse, in den einzelnen Standorten voneinander abweichen. Allerdings immer unter der Prämisse, dass die auf der Vorgabenebene festgelegten Sicherheitsstandards eingehalten werden. Unter Umständen sind auch Abweichungen von den Sicherheitsstandards möglich, falls diese ausreichend dokumentiert und begründet sowie vom übergeordneten Verantwortlichen für Informationssicherheit freigegeben wurden.

In dieser Ebene werden die wesentlichen Aktivitäten der Verfahren in Form von Ablaufdiagrammen mit den Verantwortlichkeiten dargestellt. Anhand einer Analyse der Prozesse, der Kontrollziele sowie der Angriffsvektoren, werden Kontrollpunkte festgelegt und beschrieben. Hierbei ist darauf zu achten, dass

■ die Kontrollpunkte so gewählt werden, dass ein angemessenes Gleichgewicht zwischen der Erfüllung der Sicherheitsanforderungen auf der einen und der Erhaltung der Prozesseffizienz auf der anderen Seite gefunden wird.

■ die Kontrollpunkte so ausgestalten werden, dass sie der späteren Überprüfung und Überwachung wirklich zuträglich sind.

Die Inhalte der Verfahrensebene sind, wie in **Abbildung 15.3** dargestellt, vielfältig sodass an dieser Stelle nicht näher darauf eingegangen wird.

# 15.6 Vorgehensweise

Die Vorgehensweise für das Etablieren eines funktionierenden ISMS lässt sich in fünf Schritte einteilen:

- Entwicklung der Herangehensweise
- Identifikation und Integration von Schnittstellen
- Festlegung der Organisation und Richtlinienstruktur
- Analyse des IST-/SOLL-Zustands
- Entwicklung des ISMS-Regelwerks

## 15.6.1 Entwicklung der Herangehensweise

Die Etablierung eines ISMS startet mit der Prämisse die organisationseigenen Werte zu identifizieren und angemessen zu schützen. Die Wichtigkeit der organisationseigenen Werte richtet sich dabei direkt nach den Geschäftsprozessen, die sie unterstützen. Durch die Rückspiegelung der Wichtigkeit der Geschäftsprozesse auf die IT wird klar, wie mit möglichen Risiken umgegangen werden muss. Mit dem ISMS als gemeinsame Entscheidungsgrundlage werden Schwerpunkte der Geschäfts und der IT aneinander angeglichen. Hierzu muss klar der Gültigkeitsbereich des ISMS abgegrenzt werden, der sowohl die Machbarkeit als auch die Erwartungen der Entscheidungsträger berücksichtigt. Anschließend werden die Ziele und die Vorgehensweise festgelegt. Dabei stellen sich u. a. die folgenden Fragen:

- Betrachtet man IT-Sicherheit oder Informationssicherheit? Informationssicherheit erstreckt sich auf alle Bereiche in denen mit Informationen umgegangen wird. Das bezieht außer elektronischen Daten also auch gedruckte Informationen (z. B. Ausdrucke) oder das gesprochene Wort (z. B. Telefonate in der Öffentlichkeit) mit ein, wohin gegen sich IT-Sicherheit ausschließlich auf die elektronische Datenhaltung konzentriert. Aus der Betrachtung von Informationssicherheit ergeben sich dadurch auch unterschiedliche Verantwortlichkeiten in verschiedenen Tätigkeitsbereichen des Konzerns, die alle mit einbezogen werden müssen.

- Welche Standards werden für die Erstellung des ISMS herangezogen? Je nach Geltungsbereich, Betrachtungsschwerpunkt und Firmenkultur können unterschiedliche Standards herangezogen werden. International agierende Konzerne setzen gerne ISO 2700x als Grundlage für ein ISMS ein, während deutsche Behörden lieber auf die BSI Standards 100-x setzen.

- Wählt man einen Bottom-up, einen Top-down oder einen gemischten Ansatz? In Abhängigkeit von dem Teilaspekt, der gerade bearbeitet wird sowie der Reife der gelebten Prozesse und der vorhandenen Dokumentation bieten sich unterschiedliche Ansätze zur Erstellung eines ISMS an. Von den Entscheidungsträgern verantwortete Richtlinie, meist auf der Steuerungsebene, werden in der Regel im Top down Verfahren etabliert

(z. B. Leitlinie). Gut dokumentierte Prozesse oder Verfahren mit einem hohen Reife Grad hingegen werden zumeist im Botton-up Verfahren im ISMS aufgenommen (z. B. Betriebssicherheit). In anderen Fällen kann ein gemischter Ansatz die besten Resultate bringen.

■ Besitzt man bereits Richtlinien, müssen diese angepasst oder völlig neu entworfen werden? Die Identifikation der bereits vorhandenen Dokumentation und deren zugrunde-liegenden Standards – soweit verwendet, helfen den richtigen Ansatz zur Vorgehens-weise zu bestimmen und den damit verbundenen Aufwand einzuschätzen. Sollte bei-spielsweise ein Großteil der Dokumentation auf Basis des BSI-Standards vorhanden sein, sollte man im Allgemeinen diesen Standard beibehalten und falls nötig die Doku-mentation entsprechend anpassen.

## 15.6.2    Identifikation und Integration von Schnittstellen

Ein ISMS steht niemals isoliert dar, sondern ist mit anderen Managementsystemen und Prozessen innerhalb der Konzern verknüpft. Es gilt diese Schnittstellen zu identifizieren, um eine Integration des ISMS mit den bestehenden Verfahren zu erreichen. Die Vorge-hensweise dafür kann unterschiedlich sein. Mal ist eine direkte Integration des ISMS mög-lich (z. B. BCM), ein anderes Mal müssen die Bewertungsgrundlagen angepasst (z. B. IT-Risikomanagement vs. Konzern-Risikomanagement), ohne die Kompatibilität zu verlieren. Unter die wichtigsten Schnittstellen fallen:

■ Interne Managementsysteme und Prozesse

– Konzernweites Risikomanagement
– Geschäftskontinuitätsmanagement
– Qualitätsmanagement

■ Audit standards

– Revision/interner Audit
– FARG, SAS 70, usw.

## 15.6.3    Festlegung der Organisations- und Richtlinienstruktur

Bevor Richtlinien greifen können muss die Organisationsstruktur festgelegt werden, damit verantwortliche Rollen direkt innerhalb der ISMS-Dokumentation benannt werden können. Ein ISMS schafft in der Regel auf allen Ebenen neue Verantwortlichkeiten, die u. U. auch nach neuen Rollen verlangen. Die spezifische Ausprägung der Definition der Rollen ist immer konzernspezifisch und muss den Umständen des Unternehmens geschuldet sein. Die Hauptkriterien für die Festlegung einer Rolle sind dabei die

■ Durchführungsverantwortung (engl. Responsible),

■ Entscheidungsverantwortung (engl. Accountable) und

■ Freigabeverantwortung

für die Maßnahme. Wobei die Freigabeverantwortung nicht mit den beiden ersten Verantwortungen in einer Rolle zusammenfallen sollte. Die Organisationsstruktur wird dann auf der Steuerungsebene mit Hilfe der Organisationssicherheitsrichtlinie festgelegt.

Wie in Abbildung 15.3 dargestellt muss auch die Struktur der Richtlinien festgelegt werden. Wobei die folgenden, kritischen Punkte beachtet werden müssen:

■ Wahl der richtigen, inhaltlichen Abstraktionsebene für die einzelnen Ebenen des ISMS

■ Prägnante und vor allen auditierbare Formulierungen für die Maßnahmen

■ Fest zugewiesene Verantwortlichkeiten pro Maßnahme

## 15.6.4    Analyse des IST-/SOLL-Zustands

Die meisten Aspekte des ISMS können nicht in einem reinen Top-down Ansatz bearbeitet werden. Stattdessen muss der IST-Zustand des Konzerns aufgenommen und gegen den erwarteten SOLL-Zustand geprüft werden. Dieser Schritt wird auch GAP-Analyse genannt. Der IST-Zustand kann auf unterschiedliche Arten bestimmt werden:

■ Analyse der vorhandenen Dokumentation

■ Interviews mit den Verantwortlichen

■ Durchführung von externen Audits oder internen Self-Assessments

Der angelegte Prüfmaßstab entspricht dabei dem erwarteten SOLL-Zustand und legt anerkannte Best Practices zu Grunde.

Anschließend werden die Abweichungen in Abhängigkeit vom Risiko, welches von ihnen ausgeht, bewertet. Dies führt in eine Diskussion um die größten inhaltlichen und strukturellen Abweichungen, die es im Rahmen der Überarbeitung oder der Neuentwicklung zu beheben gilt.

Das Ergebnis dieses Schrittes ist ein Zeitplan zur Behebung der Abweichungen inklusive der Tätigkeiten, die man angehen möchte und eine klaren Vorgehensweise wie dies zu geschehen hat.

## 15.6.5    Entwicklung des ISMS-Regelwerks

Am Ende steht die letztliche Entwicklung des ISMS-Regelwerks, entweder durch eine Neuentwicklung oder einer Umgestaltung des aktuellen Regelwerks. Die Praxis zeigt, dass eine wichtige Voraussetzung für die Erstellung der Inhalte ein tiefergehendes Verständnis der Prozesse innerhalb des Konzerns ist. Die Abstimmung mit Entscheidungsträgern einerseits sowie mit den Verantwortlichen unterschiedlicher Bereiche anderseits ist deshalb zwingend notwendig. Auch die Umsetzungsverantwortlichen sollten gerade auf Ebene 3 und 4 frühzeitig involviert werden, da der Erfolg des ISMS stark von deren Mitarbeit abhängig ist. Bewährt hat sich dabei die folgende Reihenfolge der Abstimmung nach Abschluss der GAP-Analyse:

- Erster Entwurf des ISMS-Regelwerks wird gemäß Diskussion der GAP-Analyse entworfen

- Es folgt eine Abstimmung im kleinen Kreis mit den ISMS-Verantwortlichen

- Ein zweiter Entwurf entsteht basierend auf den Abstimmungsergebnissen

- Die zweite Abstimmungsrunde wird mit den in der Dokumentation festgelegten Verantwortlichen durchgeführt

- Der Entwurf wird gemäß der Ergebnisse finalisiert

- Ggf. erfolgt eine weitere Abstimmung mit dem Freigabeverantwortlichen

## 15.7    Kritische Erfolgsfaktoren

Die Erfahrung zeigt, dass eine korrekte Steuerung und strategische Ausrichtung der Informationssicherheit ISMS-Regelwerke, wie in diesem Artikel dargelegt, unverzichtbare Instrumente darstellen. Der Erfolg für die Implementierung und den Betrieb eines ISMS hängt dabei erfahrungsgemäß von den folgenden Faktoren ab:

- Klare und sinnvolle Festlegung des Geltungsbereiches

- Klare Festlegung der Verantwortlichkeiten

- Deutliche Trennung von Vorgaben, Empfehlungen und Erklärungen

- Einbeziehung der Fachexperten, die insbesondere auf der Verfahrensebene und darunter, da diese auch die Verantwortung für die Dokumente übernehmen sollten

- Festlegung auf einen einheitlichen Detailgrad und die Art der Darstellung

- Übergreifendes Projektmanagement, intensive Kommunikation mit den Ansprechpartnern und angemessen Sichtbarkeit nach außen

# Literatur

[1]  COBIT 5

[2]  ISO 27001:2013 Information technology – Security techniques – Information security management systems – Requirements

[3]  ISO 27002:2013 Information technology – Security techniques – Code of practice for information security management

[4]  ISO 27005:2011 Information technology – Security techniques – Information security risk management

[5]  BSI-Standard 100-1: Managementsysteme für Informationssicherheit (ISMS)

[6]  BSI-Standard 100-2: IT-Grundschutz-Vorgehensweise

# 16 Steuerung der Informationssicherheit durch Kennzahlen

**Effiziente Entscheidungen und Kommunikation mit Kennzahlen**

*Svilen Ivanov, Ronny Scholz, Stefan Schemmer, Ralf Schumann & Henning Trsek*

## 16.1 Motivation und Kontext

Die Informationssicherheit ist ein wesentlicher Teil von IT-Governance. Zahlreiche internationale IT-Standards und Best Practices (z.B. COBIT, ITIL, ISO/IEC 27001, ISO/IEC 38500) bestätigen dies. Ziel der Informationssicherheit im Unternehmen ist die Erfüllung der *internen* und *externen* Anforderungen an den Schutz der Informationen und informationsverarbeitenden Systeme. Schutzziele sind hierbei typischerweise Verfügbarkeit, Vertraulichkeit und Integrität.

*Interne Anforderungen* setzt sich ein Unternehmen selbst, um Risiken wie den Verlust von geistigem Eigentum und Wettbewerbsvorteilen, die Beschädigung seiner Reputation und Kundenbeziehungen oder die Beeinträchtigung von Geschäftsprozessen zu reduzieren und so den Fortbestand des Unternehmens sicherzustellen. Die Einhaltung interner Anforderungen bedarf der Umsetzung angemessener Maßnahmen, welche die Risiken auf ein der Risikobereitschaft des Unternehmens entsprechendes Niveau reduzieren. Internationale Standards bieten eine hilfreiche Unterstützung bei der Beurteilung, was als angemessen und gute Praxis anzusehen ist.

*Externe Anforderungen* ergeben sich aus der Unternehmensverpflichtung zur Einhaltung gesetzlicher, vertraglicher und regulatorischer Vorgaben (z.B. EuroSox, KonTraG, BilMoG, BDSG). Da die rechtlichen Vorgaben meist keine spezifischen Sicherheitsmaßnahmen festlegen, geht es auch hier um die Umsetzung angemessener Schutzmaßnahmen und die Kontrolle der Risiken.

Zur Erfüllung dieser Anforderungen ist im Unternehmen ein Steuerungssystem für die Informationssicherheit mit den wesentlichen Komponenten Planen, Ausrichten und Evaluieren umzusetzen („Information Security Management System", ISMS, siehe **Abbildung 16.1**). Dafür hat sich der ISO/IEC 27001-Standard, insbesondere für international tätige Unternehmen, weitestgehend durchgesetzt. Das *Planen* umfasst das Risikomanagement gemäß ISO/IEC 27005, welches die Identifikation, Bewertung und Kommunikation von Sicherheitsrisiken sowie die Auswahl von Maßnahmen zu deren Reduzierung beinhaltet. Das *Ausrichten* hingegen ist das Festlegen und Kommunizieren dieser Maßnahmen in Leitlinien, Richtlinien und Verfahren (vgl. Kap. 13). Das *Evaluieren* umfasst das Überprüfen und Überwachen der Maßnahmen, vor allem hinsichtlich ihrer Umsetzung, Wirksamkeit und Effizienz.

Kennzahlen dienen dem Informationssicherheitsmanager   hierbei zur Beherrschung der Komplexität der Informationssicherheit, die stetig zunimmt. Klare und zielorientierte Kennzahlen schaffen Überblick und unterstützen Entscheidungen. Risikobasierte Entscheidungen über den Maßnahmeneinsatz erfordern die Analyse komplexer Abhängigkeiten zwischen Risikolage, Schadensvolumen und Maßnahmen. Kennzahlen können solche Abhängigkeiten aufdecken, die Wirksamkeit der Vorgaben überprüfen und die bedarfsgerechte Steuerung unterstützen. Beispielsweise zeigt die Anzahl verlorener mobilen Geräten (Laptop, Smartphone) mit unverschlüsselten personenbezogenen Daten ein Schadensvolumen. Die entsprechende Risikolage ergibt sich durch die Anzahl von Mitarbeitern, die ein solches Gerät einsetzen. Ein entsprechender Maßnahmenindikator ist der Anteil von Mitarbeitern, die ein solches Gerät einsetzen, dessen Daten aber verschlüsselt sind. Akzeptierte und kommunizierte Kennzahlen verbessern die Kommunikation über die Erfüllung der internen und externen Anforderungen, die Risikolage sowie den dafür erforderlichen Mitteleinsatz sowohl zwischen internen Stellen (Vorgesetzte, oberes Management, Datenschutzbeauftrage) als auch externen Stellen (wie beispielsweise Wirtschaftsprüfer).

**Abbildung 16.1**   Die Steuerung der Informationssicherheit im Überblick. Sie basiert auf klassischen Steuerungskonzepten, ähnlich wie das Autofahren.

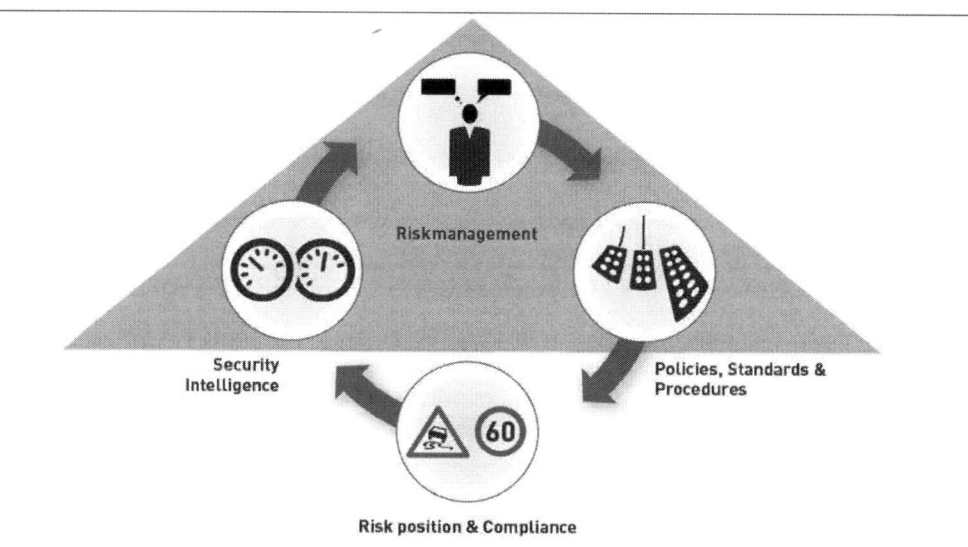

Die kennzahlenbasierte Steuerung ist ein etabliertes Management-Konzept (siehe zum Beispiel [2, 3]), das aber in vielen Fällen in der Praxis noch nicht oder nicht angemessen umgesetzt ist. Die zentralen Fragestellungen dabei sind:

■ Wie ist der Prozess der Definition, Erhebung und Verarbeitung der Kennzahlen zu organisieren?

■ Welche Kennzahlen soll ich verwenden?

■ Wie kann die Erhebung, Verarbeitung und Kommunikation der Kennzahlen effizient gestaltet werden?

Dieser Artikel beschreibt ein Vorgehen für die kennzahlenbasierte Steuerung der Informationssicherheit und illustriert dies mit einem Anwendungsfall. In Kapitel 16.2 werden die wesentlichen Schritte des Vorgehens zur Definition von Kennzahlen basierend auf Risikoszenarien sowie beispielhafte Kennzahlen beschrieben. Die effiziente Erhebung, Verarbeitung und Kommunikation der Kennzahlen wird in Kapitel 16.3 diskutiert. Kapitel 16.4 geht auf eine konkrete Umsetzung dieses Konzepts im Rahmen eines exemplarischen Projektbeispiels ein.

## 16.2    Definition von Kennzahlen auf Basis von Risikoszenarien

Der erste Prozessschritt zur Einführung der kennzahlenbasierten Steuerung ist ein kombinierter Top-Down- und Bottom-Up-Ansatz, der in **Abbildung 16.2** veranschaulicht wird. Die Top-Down-Richtung ist entscheidend für die Qualität der Kennzahlen und der primäre Ansatz. Die Bottom-Up-Analyse stellt zu einem frühen Zeitpunkt sicher, dass die Quellen der Kennzahlen mit angemessenem Aufwand erschlossen werden können.

**Abbildung 16.2**   Der kombinierte Top-Down und Bottom-Up-Ansatz sichert die Qualität der Kennzahlen und deren effiziente Erhebung.

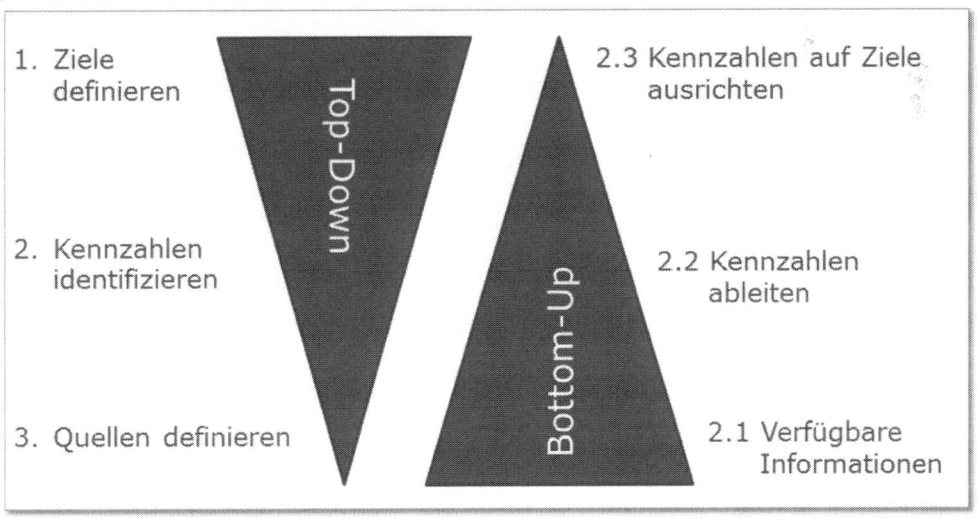

## 16.2.1    Top-Down Richtung

In Top-Down-Richtung werden zunächst die relevanten Steuerungsziele und Entscheidungsträger identifiziert. Im Anschluss erfolgen die Definition der Kennzahlen und die Festlegung der Quellen. Zunächst muss beantwortet werden, was gesteuert wird und welche Ziele damit verfolgt werden. Der vorgeschlagene Ansatz basiert auf ausgewählten Risikoszenarien, die aktuell für das Unternehmen und den jeweiligen Bereich relevant sind. Auf dieser Basis kann der Steuerungsgegenstand für das Kennzahlensystem als Zusammensetzung von relevanten Informationswertklassen, Gefährdungen, potentiellem Schadensausmaß und Kontrollmaßnahmen beschrieben werden. Die Abhängigkeiten der Elemente werden in **Abbildung 16.3** dargestellt, können aber nur für konkrete Risikoszenarien, wie beispielsweise den Umgang mit Berechtigungen, analysiert werden.

**Abbildung 16.3**    Allgemeine Abhängigkeiten eines Risikoszenarios, die Abhängigkeiten können nur für spezifische Szenarien analysiert werden

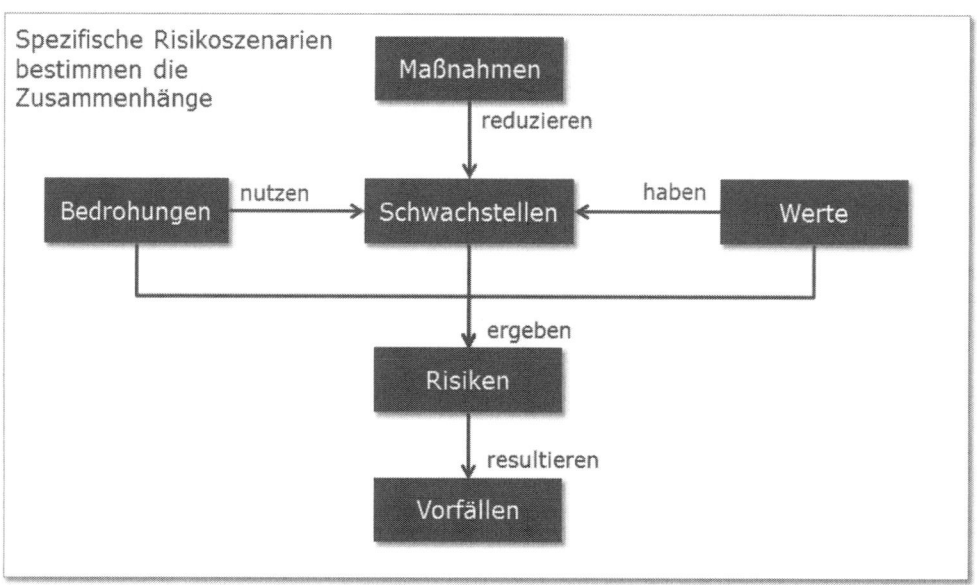

Außerdem muss analysiert werden, welche Entscheidungen auf Basis der Kennzahlen getroffen werden sollen und aus welcher Zielgruppe die Entscheidungsträger stammen. Je nach Unternehmensgröße und -organisation sind Entscheidungsträger unterschiedlicher Zielgruppen mit verschiedenen Sichten und Steuerungszielen an der Informationssicherheit beteiligt. Typischerweise sind aber die folgenden Zielgruppen beteiligt.

Der Informationssicherheitsbeauftragte ist von seinen Vorgesetzten (IT-Leitung oder Vorstand) beauftragt worden, die internen und externen Anforderungen an die Informationssicherheit zu erfüllen. Dafür entwickelt er das ISMS und setzt es um. Deshalb legt er Wert auf die Effektivität und die Effizienz des ISMS. Darüber hinaus muss er seinen Vorgesetzten und gegebenenfalls weiteren Anspruchsgruppen die Sicherheits- und Risikolage kommunizieren, Entscheidungen herbeiführen und das Security-Budget begründen. Der Informationssicherheitsbeauftragte trifft risiko-basiert Entscheidungen über den Maßnahmen-Einsatz innerhalb eines Budgets. Darüber hinaus entscheidet er über die Akzeptanz von Risiken bis zum bestimmten Risikolevel.

Die Vorgesetzten des Informationssicherheitsbeauftragten (IT-Leitung oder Vorstand) sind am Verhältnis zwischen Einhaltung interner und externer Anforderungen und Mitteleinsatz interessiert. Es umfasst die Effizienz und Angemessenheit der Maßnahmen, sowie den Vergleich mit anderen Unternehmen bzw. mit etablierten Best Practices. Die Vorgesetzten entscheiden über das Budget des Informationssicherheitsbeauftragten sowie über die Akzeptanz von geschäftskritischen Risiken.

Aus unserer Erfahrung haben wir die folgenden Best Practices bei der Vorbereitung identifiziert:

- Die Festlegung der Steuerungsziele und Entscheidungsträger ist ein wichtiger Schritt für das gesamte Kennzahlenprojekt.

- Die Zielsetzung wird im Rahmen des Projektes spezifischer. Am Anfang sind die Ziele generell wie oben beschrieben. Beispielsweise können Fragen wie „Welche genauen personenbezogenen Daten sind relevant? (nur die kritischen)" oder „Gibt es bestimmte Bedrohungen? (Verlust der Daten durch menschliches Fehlverhalten)" häufig erst im Verlauf des Prozesses umfassend beantwortet werden, so dass während des Prozesses eine weitere Detaillierung des Risikoszenarios erfolgt.

## 16.2.2    Bottom-Up Analyse

Die Bottom-Up Analyse untersucht während der Identifikation der Kennzahlen, welche existierenden Prozesse und Systeme gemessen werden, welche Kennzahlen aus den verfügbaren Informationen abgeleitet werden können und wie diese im Rahmen der Zielerreichung interpretiert werden. Für die Identifikation der Datenquellen, die Informationen für die Kennzahlen liefern, müssen drei verschiedene Möglichkeiten betrachtet werden:

- Alle Datenquellen sind verfügbar.

- Die Datenquellen sind nicht verfügbar, aber mit geringem Aufwand realisierbar und können beispielsweise durch die Anpassung existierender Meldeprozesse erschlossen werden.

- Die Datenquellen sind nicht verfügbar und können nur mit erheblichem Aufwand (die Realisierung der Datenquellen bedarf der Einführung neuer Meldeprozesse) oder gar nicht erschlossen werden.

Es ist zu empfehlen, mit solchen Kennzahlen anzufangen, für die die Datenquellen schon verfügbar sind. Damit kann ein Prototyp des Kennzahlensystems relativ schnell Erfolg beweisen und Feedback vom Anwender möglichst früh einholen. Nicht destotrotz kann die Anpassung existierende Meldeprozesse auch Vorteile aufzeigen, siehe Anwendungsfall.

Um sich nicht in der Komplexität eines allumfassenden Kennzahlensystems zu verlieren, hat es sich bewährt, mit einem eng abgesteckten Umfang (beispielsweise drei Risikoszenarien und maximal 15 Kennzahlen) zu beginnen. Dies sichert den Verantwortlichen zeitnahe Projektresultate und bildet eine gute Basis für einen sukzessiven Ausbau des Kennzahlensystems sowie eine möglichst große Akzeptanz im Unternehmen.

## 16.2.3    Best Practices und Beispiele für Kennzahlen

Für die Auswahl von **guten Kennzahlen** gelten nach anerkannten Best Practices, beispielsweise der ISO/IEC 27004 und [2, 3, 4], die nachfolgend erläuterten Kriterien *Akzeptanz und Steuerungswirkung* sowie *Effizienz und Umsetzbarkeit*.

- **Akzeptanz und Steuerungswirkung:** Die Kennzahl ist verständlich und misst ein relevantes Steuerungsziel. Zu der Kennzahl ist ein Zielwert definiert, der zur Bewertung des aktuellen Wertes dient. Für die Erreichung des Zielwertes sind für jede Ausprägung des aktuellen Wertes klare Handlungsvorschriften zugeordnet, inklusive einer Benennung der verantwortlichen Akteure.

- **Effizienz und Umsetzbarkeit:** Die Erhebung muss in der erforderlichen Qualität und zeitlichen Auflösung mit einem Aufwand durchführbar sein, der sich durch die erzielte Steuerungswirkung rechtfertigen lässt.

### Kennzahlen für unterschiedliche Sichten

Für die kennzahlenbasierte Steuerung sind Kennzahlen für unterschiedliche Sichten nötig. Der überwiegende Anteil sind die Kennzahlen für die **Security-Sicht** und die **Compliance-Sicht**, die die unten beschriebenen Aspekte (Maßnahmen, Gefährdungslage, Ergebnis) wiedergeben. Außerdem können auch die Finanzsicht (Kosten, Effizienz – die Relation von Nutzen und Kosten für der Maßnahmen) und die Personalsicht (Auslastung der Mitarbeiter) von Interesse sein.

In diesem Artikel werden daher nur Kennzahlen für die Security- und Compliance-Sicht adressiert. Das Treffen einer Entscheidung auf Basis von diesen Kennzahlen erfordert die Analyse der drei folgenden in Relation zueinander stehenden Aspekte:

- Die **eingesetzten Maßnahmen**, also die Art und der Umsetzungsgrad der Maßnahmen sowie deren Abdeckungsgrad, und die dafür geplanten Mittel.

- Die **Gefährdungslage**, d.h. die externen Faktoren und Ereignisse, die zu einem Security-Vorfall führen können und damit das Ergebnis beeinflussen.

- Das **Ergebnis**, welches durch das Schadensvolumen, die Sicherheitslage und die Schwachstellen und den Einsatz der Mittel bestimmt wird. Das *Schadensvolumen* gibt die durch Security-Vorfälle angefallenen Kosten oder anderen negativen Konsequenzen wieder. Die *Sicherheitslage* (Risiko & Compliance) ist ein Maß für den Grad der Einhaltung von Sicherheitsmaßnahmen gemessen an den eigenen Vorgaben des Unternehmens oder an einem zu Grunde gelegten Referenzstandard. Wichtige Faktoren sind dabei der Umsetzungsgrad (inwieweit die Maßnahmen umgesetzt sind) und die Effektivität (ob die Maßnahmen wirken so wie sie wirken sollten). Die Schwachstellen ergeben sich durch die fehlende Umsetzung von Maßnahmen und der Mitteleinsatz ist die Auslastung der Mitarbeiter, bzw. die tatsächlichen Ausgaben für die Maßnahmenumsetzung.

Wenn einige dieser Aspekte fehlen, können die Kennzahlen nicht eindeutig interpretiert werden, so dass falsche Entscheidungen getroffen werden können. Zum Beispiel kann die Tatsache, dass die Anzahl der Laptopdiebstähle im Vergleich zum Vorjahr trotz erhöhter Sensibilisierungsmaßnahmen gleich geblieben ist, unterschiedliche Gründe haben. Entweder haben die Maßnahmen nicht gewirkt oder die Maßnahmen haben gewirkt aber auch die Gefährdungen (z.B. Anzahl der Mitarbeiter, die Laptops nutzen oder Anzahl der Laptops, die für die Privatnutzung erlaubt sind) sind gestiegen.

### Beispielkennzahlen
Beispielhaft sei an dieser Stelle das relevante Risikoszenario „Umgang mit Berechtigungen" genannt, für das die folgenden Kennzahlen anwendbar sind:

- **Informationswerte und Maßnahmen:** Hier werden der *Abdeckungsgrad* (zum Beispiel Anzahl der betrachteten Werte hinsichtlich Kennungen) und der *Umsetzungsgrad* (zum Beispiel Anzahl der Kennungen mit gültiger Prüfung) von den Kennzahlen erfasst. Die Maßnahmen sollten entsprechend guter Praxis und anerkannten Standard ausgelegt sein. Sie sind daher primär messbar für das Unternehmen.

- **Gefährdung:** In dieser Kategorie werden *nicht steuerbare Risikoeinflüsse* erfasst, beispielhaft könnte eine Kennzahl die Anzahl der Kennungen mit Remote-Zugangsberechtigung sein.

- **Ergebnis:** In dieser Kategorie wird die Effektivität der Maßnahmen (beispielsweise die Anzahl der Vorfälle) als Kennzahl herangezogen. Wenn die Vorfälle identisch zu bewerten sind, kann man den Schaden durch die Anzahl der Vorfälle darstellen. Wenn die Vorfälle unterschiedlich zu bewerten sind oder unterschiedliche Eintrittswahrscheinlichkeiten haben, werden die Ereignisse klassifiziert. Das Schadensvolumen ergibt sich aus der Anzahl von Vorfällen pro Klasse (zum Beispiel drei kritische, 50 signifikante und 100 nicht relevante Vorfälle).

In der Informationssicherheit ist es schwierig den Geldwert von Security-Vorfällen zu ermitteln, weil ihre Auswirkungen manchmal nicht nachvollziehbar sind. Beispielweise der resultierende Schaden eines Unternehmens aufgrund von gestohlener/verlorener Laptops mit personenbezogenen Daten. Die Schäden sind davon abhängig, ob und in welchem Umfang der Vorfall bekannt gegeben wird und welche Konsequenzen folgen z.B. Imageverlust, Strafanzeigen von privaten Personen, etc. Deshalb werden alternativen Einheiten verwendet. Wenn die Vorfälle identisch zu bewerten sind, kann man den Schaden durch die Anzahl der Vorfälle darstellen. Wenn die Vorfälle unterschiedlich zu bewerten sind, werden die Ereignisse klassifiziert. Das Schadensvolumen ergibt sich aus der Anzahl von Vorfällen pro Klasse (z.B. 3 kritische, 50 signifikante, und 100 nicht relevante Vorfälle). Ein Beispiel für die Klassifizierung wird in **Tabelle 16.1** veranschaulicht.

**Tabelle 16.1**    Beispiel für die Klassifizierung der Vorfällen „gestohlenes/verlorenes mobiles Gerät" in Zusammenhang mit den auf dem Gerät gespeicherten Informationen

| Vertraulichkeitsanforderungen an die Informationen | Schutz der Informationen | |
| --- | --- | --- |
| | Nicht verschlüsselt | Verschlüsselt |
| Basis | Signifikant | Nicht relevant |
| Hoch | Kritisch | Signifikant |

# 16.3    Effiziente Erhebung, Verarbeitung und Kommunikation von Kennzahlen

Zunächst legt die **Datenmodellierung** die Struktur der Daten und die Beziehungen zwischen den Informationen aus Quellsystemen und den daraus ermittelten Kennzahlen fest. Wichtig ist, ein konsistentes Datenmodell zu entwerfen, das aus den operativen Informationssystemen eine zusammenhängende Datenbasis erstellt, aus der sich die Kennzahlen bestimmen lassen. Dabei werden auch die Anforderungen an die Informationen (Struktur, Typ der Inhalte, etc.) aus den operativen Systemen festgelegt.

## 16.3.1    Kennzahlenerhebung

Die Kennzahlenerhebung legt die Datenbearbeitungsschritte fest, die für die Erhebung der Kennzahlen nötig sind. **Abbildung 16.4** zeigt unser Konzept für die Kennzahlenerhebung von den operativen Informationssystemen und Datenbanken bis zum fertigen Bericht. Die Kennzahlenerhebung basiert auf Business-Intelligence-Verfahren [5] und erfolgt in mehreren aufeinander aufbauenden Stufen, die nachfolgend erläutert werden.

**Abbildung 16.4**   Die Kennzahlenerhebung erfordert ein Datenmodell, geeignete Auswertungen, Berichte und ggf. Vorsysteme für die Bereitstellung der Informationen.

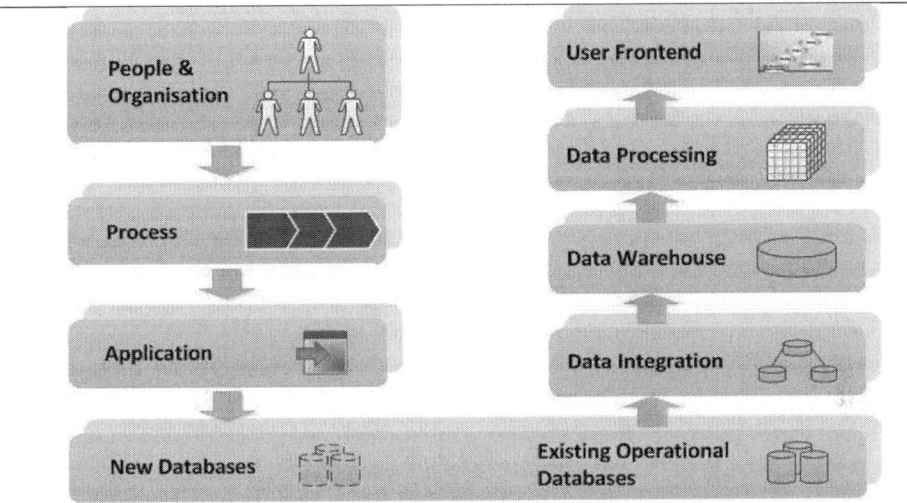

### Importieren der Daten aus Quellsystemen in das Data Warehouse

Beim Importieren der Daten aus Quellsystemen in das bereits modellierte Data Warehouse muss darauf geachtet werden, dass nicht durch den Import fehlerhafter Daten Inkonsistenzen entstehen.. Um dies zu vermeiden gibt es zwei Ansätze:

- **Fehlervermeidung:** die Anforderungen des Kennzahlensystems werden direkt in den Vorsystemen übernommen. Dieser Ansatz verspricht ein fehlerfreies produktives Einsatz, kann aber aufwendig sein abhängig von den Anzahl der Vorsystemen, Anzahl der Verantwortlichen und Umsetzungsgrad der Anforderungen.

- **Fehlererkennung:** die Inkonsistenzen werden beim Import erkannt und die Verantwortlichen werden mit spezifischer Fehlermeldung informiert. Dieser Ansatz kann effizient umgesetzt werden, aber er führt zu Fehler, die im Nachhinein korrigiert werden müssen.

### Auswertung nach Dimensionen und Detailstufen (Data Processing)

Typische Anforderungen aus der Praxis sind die Visualisierung und Auswertung nach verschiedenen Dimensionen (z.B. nach Regionen, Produkten und Zeiträumen), die Auswertung auf verschiedenen Detailstufen, und die interaktive Gestaltung der Ansichten vom Benutzer (z.B. Drill-Down). Diese Anforderungen müssen in der Datenauswertung berücksichtigt werden. Es ist angemessen, diese Anforderungen mit einem OLAP-Daten-Cube zu erfüllen. Der OLAP-Daten-Cube ist ein mehrdimensionaler Datensatz, der Auswertungen nach verschiedenen Dimensionen und Detailstufen, sowie schnelle interaktive online-Analysen ermöglicht.

## 16.3.2    Berichte und Kommunikation

Die Kommunikation der identifizierten Kennzahlen erfolgt über das User Frontend. Die identifizierten Kennzahlen werden den verantwortlichen Entscheidungsträgern in einem Security-Dashboard sowie entsprechenden Detailberichten präsentiert. Hierbei spielt neben der intuitiven Darstellung auch die Vertraulichkeit der Daten eine große Rolle. Aus diesem Grund ist ein Berechtigungssystem mit Rollenkonzept nötig, in dem jeder Benutzer ausschließlich die für ihn relevanten Informationen sehen kann.

## 16.3.3    Best Practice zur Einführung

Als Best Practice für die erfolgreiche Einführung eines Systems empfiehlt es sich, zunächst mit einer einfachen und schnellen Realisierung des Systems zu beginnen, die auf Basis von manuellen Importen beruht, um frühzeitig erstes Feedback der Anwender zu bekommen. Das System kann im Anschluss weiter ausgebaut werden, bis hin zur umfangreichen Business Intelligence-Lösung mit Sharepoint-basiertem Reporting und übersichtlichen Dashboards.

# 16.4    Anwendungsfall: Service-Management

Dieser Anwendungsfall zeigt, wie in einem Unternehmen mit den beschriebenen Methoden ein kennzahlenbasiertes Steuerungssystem für die Informationssicherheit entwickelt wurde. Das System umfasst dabei sowohl den Abdeckungsgrad, die Maßnahmeneinhaltung, die Vorfälle und die Gefährdungslage. Der Fokus lag auf der Steuerung der Maßnahmen für den Schadcode-Schutz und des Service-Managements für einen externen Dienstleister.

In der ersten Projektphase der Konzeption haben wir die Kennzahlendefinition begleitet und eine Machbarkeitsstudie durchgeführt. In der zweiten Projektphase haben wir das Kennzahlensystem implementiert. Eine prototypische Umsetzung half, frühzeitig erstes Feedback der Anwender einzuholen und die Umsetzung bereits vor Ablauf der finalen Konzeption zu beginnen. Das Gesamtprojekt konnte dadurch innerhalb von 9 Monaten abgeschlossen werden.

**Konzeption**
Während der Konzeptionsphase wurde das folgende Steuerungsziel identifiziert und relevante Kennzahlen zum Schadcode-Schutz definiert:

- ◼ Schutz vor Schadcode: Das zu erreichende Ziel ist der Schadcode Schutz durch die Bereitstellung von Informationen, die die Integrität der Systeme schützen und eine frühzeitige Erkennung von Risiken, Vorfällen und Problemen ermöglichen. Die Basis bilden verschiedene Kategorien, wie zum Beispiel die Einhaltung der Maßnahmen. Hier werden der aktuelle Patch-Stand der Systeme oder aber ein konformer Virenschutz zur Berechnung entsprechender Kennzahlen herangezogen.

Im Anschluss an die Definition der Kennzahlen wurde eine skalierbare Gesamtarchitektur konzipiert, die eine Erweiterung der Lösung ermöglicht, um die Steuerung weiterer Maßnahmenbereiche zukünftig integrieren zu können.

**Implementierung**

Die Implementierung erfolgte mit Standard-Komponenten Microsoft Business Intelligence Suite (SQL Server für die Datenerhebung und das Data Warehouse, Analysis Services für die mehrdimensionalen Analysen und Reporting Services für die Erstellung der Berichte).

Hierbei werden die Quellinformationen der Systeme des externen Dienstleisters durch ein Pre-Staging Server zur Verfügung gestellt und von dem Kennzahlensystem abgerufen. Das Reporting kann beispielsweise über ein Management Cockpit erfolgen. Das realisierte Management Cockpit ist in **Abbildung 16.5** mit zufällig gewählten Werten dargestellt.

**Abbildung 16.5** Die Abbildung zeigt das Management Cockpit der implementierten Lösung. Die Zahlen sind zufällig gewählt.

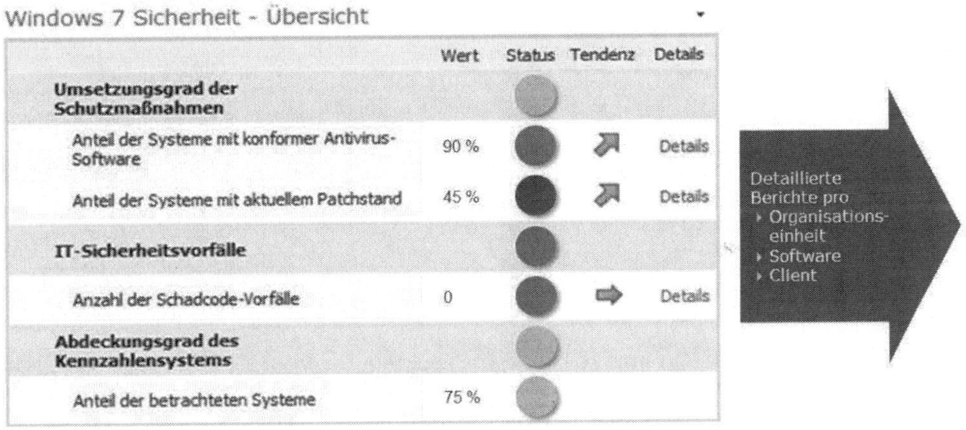

Die Erfahrungen aus dem Betrieb haben gezeigt, dass die gezielt konzipierten Kennzahlen ein Überblick geschafft, sowie die Kommunikation und Steuerung erleichtert haben. Durch differenzierte Darstellungsmöglichkeiten (Zeit, Organisationseinheit, Systemtyp) wird eine effiziente Analyse der Kennzahlen ermöglicht, die optimal auf die Anforderungen der jeweiligen Stakeholder angepasst werden kann.

## 16.5     Fazit

Gut gewählte Kennzahlen sind ein wesentliches Mittel zur Steuerung der Informationssicherheit. Für eine erfolgreiche Einführung eines Kennzahlensystems sollten die folgenden drei Aspekte beachtet werden, (1) Bewusstsein bei den Entscheidern, (2) Wertbeitrag und (3) automatisierte Erfassung.

Das Bewusstsein für eine kennzahlenbasierte Steuerung muss bei den Entscheidungsträgern geschaffen werden. Deshalb ist es zu empfehlen, zuerst mit einer kleinen Menge wichtiger Ziele und Kennzahlen anzufangen und für diese eine vollständige Lösung mit überschaubarem Aufwand und Zeitrahmen zu realisieren.

Der Wertbeitrag des Kennzahlensystems muss verdeutlicht werden - beginnend mit den neu erlangten Steuerungsmöglichkeiten, bis hin zum Ersetzen von manuellen Tätigkeiten durch ein automatisches System und den damit verbundenen Einsparungen.

Die automatisierte Erhebung der Kennzahlen mit etablierten Methoden und Standardwerkzeugen ist dabei von entscheidender Bedeutung und muss ebenfalls beachtet werden.

## Literatur

[1]  Gesetz zur Kontrolle und Transparenz im Unternehmensbereich (KonTraG).

[2]  David Parmenter. Key Performance Indicators: Developing, Inplementing, and Using Winning KPIs. John Wiley & Sons, Inc. 2007

[3]  Martin Kütz. Kennzahlen in der IT. Dpunkt.verlag. 2011.

[4]  Lance Hayden. IT Security Metrics. McGrawHill. 2010.

[5]  Kimball, R. und Ross, M. und Thorthwaite, W. und Becker, B. und Mundy, J. The data warehouse lifecycle toolkit – expert methods for designing, developing & deploying data warehouse. s.l. : Wiley-India, 2009. 8126516895.

# 17 Problemlösungen zum sicheren Versand von E-Mails

*Stephan Wirth*

## 17.1 Die Bedeutung der E-Mail in der heutigen Kommunikationsgesellschaft

Die Kommunikation per E-Mail ist heutzutage fester Bestandteil des täglichen Lebens. Dies gilt sowohl für das geschäftliche als auch für das private Umfeld.

Man möchte es eigentlich gar nicht mehr so richtig glauben: Vor zwanzig Jahren wurde die schriftliche Kommunikation zu einem großen Teil noch per Papierpost abgewickelt. Im privaten Umfeld freute man sich über handgeschriebene Postkarten aus dem Urlaub und im Büroalltag dominierten Aktenvermerke und Geschäftsbriefe, Faxe und Telegramme.

Doch bereits zu Beginn der 80er Jahre des letzten Jahrhunderts waren Mailbox-Anwendungen Bestandteil der meisten Netzwerk-Systeme. Hiermit ließen sich zwar Nachrichten austauschen, doch in punkto Verbreitung und Komfort war damit noch keine Massenakzeptanz zu erreichen.

Mit dem Siegeszug des Internets begann dann Anfang bis Mitte der 90er Jahre ein Wandel in den Kommunikationsgewohnheiten. Die elektronische Post setzte sich als bevorzugtes Mittel der schnellen und unkomplizierten Versendung von Informationen durch.

Im privaten Umfeld begann der Siegeszug der sogenannten Webmailer wie zum Beispiel Hotmail, GMX usw. Im geschäftlichen Umfeld hingegen wurden eigene E-Mail-Infrastrukturen aufgebaut, die die unkomplizierte und sichere Kommunikation sowohl innerhalb eines Unternehmens als auch nach außen hin sicherstellen sollten.

Doch mit der neuen Art der Kommunikation tauchten zunehmend Probleme auf, die eine tiefere Beschäftigung mit der Thematik der E-Mail-Kommunikation notwendig machten.

In den folgenden Kapiteln werden Ihnen wesentliche Problemstellungen im Zusammenhang mit der Nutzung von E-Mails aufgezeigt und praktische Lösungsansätze dargestellt.

## 17.2 Problemstellungen bei der Nutzung von E-Mails

Sowohl bei der Nutzung von E-Mails im geschäftlichen als auch im privaten Umfeld ist es leider immer noch so, dass viele Anwender nicht sensibilisiert sind für die verschiedenen

Gefahrensituationen, die bei allzu sorglosem Umgang mit der elektronischen Post lauern. Schließlich wird eine ohne zusätzliche Sicherheitsmaßnahmen versendete E-Mail im Klartext versendet, das heißt, das Sicherheitsniveau ist im Wesentlichen vergleichbar mit dem bei dem Versand einer Postkarte.

Daher ist es insbesondere im geschäftlichen Umfeld unerlässlich, Informationen vor unberechtigtem Zugriff oder Manipulation zu schützen. So haben die meisten Unternehmen ihre Informationen klassifiziert und per internem Regelwerk festgelegt, wie diese angemessen zu schützen sind.

Folgende Problemstellungen sind bei der Nutzung von E-Mails zu betrachten:

- Vertraulichkeit

  Der wahrscheinlich essentiellste Aspekt beim E-Mail Versand ist die Sicherstellung der Vertraulichkeit des versendeten Inhalts (und eventuell mitgesendeter Anhänge). Hierbei ist zu gewährleisten, dass die enthaltenen Informationen ausschließlich für den berechtigten Empfänger (und natürlich den Absender) einsehbar sind.

- Integrität

  Wenn Sie eine E-Mail verschicken ist es von erheblicher Bedeutung, dass Ihre Nachricht in der von Ihnen abgeschickten Form und damit unverändert bei dem Empfänger ankommt. Daher muss zwingend sichergestellt sein, dass die E-Mail nicht auf dem Versandwege abgefangen und inhaltlich verändert wird.

- Authentizität

  Sind Sie in jedem Fall sicher, dass der Absender der E-Mail tatsächlich der ist für den er sich ausgibt? Ohne zusätzliche Mechanismen ist es nahezu unmöglich in jedem Einzelfall feststellen zu können, von wem die E-Mail tatsächlich stammt.

- Verbindlichkeit

  Hinsichtlich der rechtlichen Bindung einer E-Mail muss die Nicht-Abstreitbarkeit der Urheberschaft des Inhalts sichergestellt sein. Dies bezieht sich sowohl auf die Integrität der E-Mail als auch auf die zweifelsfreie Identität des Absenders.

- Fehladressierung

  Ein oft unterschätztes Problem bei der Nutzung von E-Mails ist die simple Fehladressierung. Ein kleiner Tippfehler bei der Eingabe der E-Mail-Adresse reicht schon aus und schon ist die E-Mail an den falschen Empfänger abgeschickt. Mit viel Pech existiert die „falsche" E-Mail-Adresse tatsächlich und schon kommt die E-Mail samt Inhalt in „fremde" Hände. Einmal angenommen, dass die E-Mail keine banalen Alltagsinformationen enthält, sondern vertrauliche Daten, wie z. B. die Gehaltszahlen der Mitarbeiter, die als E-Mail-Anhang an ein Steuerbüro geschickt werden sollten. Dies kann sowohl schwerwiegende rechtliche Konsequenzen haben als auch, bei Bekanntwerden, die Reputation des betroffenen Unternehmens schwer beschädigen.

- Virenschutz und Spam

Spam E-Mails stellen eines der größten Ärgernisse in der heutigen elektronischen Kommunikation dar. Unter Spam (englisch für „Müll") versteht man E-Mails, die einem unverlangt zugestellt werden und deren Inhalt häufig nicht eindeutig zu identifizieren ist. Was sich auf den ersten Blick erst einmal als lästig aber harmlos darstellt, ist bei näherer Betrachtung ein ziemlicher Schadensfaktor. Spam E-Mails verursachen aufgrund ihrer schieren Menge und des Aufwands der Bearbeitung gigantische Kosten. So können ganze Infrastrukturen durch Spam an den Rand ihrer Belastbarkeit kommen und dadurch Ergänzungsinvestitionen in die vorhandene Hardware notwendig werden. Was teure Spamfilter nicht herausfiltern können, müssen Mitarbeiter manuell aussortieren. Dabei geht wertvolle Arbeitszeit verloren. Es wird geschätzt, dass Spam mittlerweile deutlich über 90% des Gesamtaufkommens des E-Mailverkehr ausmacht und damit alleine in den USA einen Schaden im zweistelligen Milliardenbereich verursacht. Darüber hinaus sind Spam E-Mails eben nicht nur harmlose kleine Werbebotschaften, die Geld und Zeit kosten, aber ansonsten keinen Schaden anrichten. Häufig enthalten Spam E-Mails zum Beispiel integrierte Hyperlinks, die, sollte der Empfänger diesen folgen, auf Internetseiten umleiten, die virenverseucht sind und damit den Rechner des Anwenders oder noch schlimmer, die gesamte Infrastruktur eines Unternehmensnetzwerkes, infizieren.

Die dargestellten Problemstellungen zeigen deutlich, dass viele Aspekte berücksichtigt werden müssen, um einen sicheren und reibungslosen E-Mailverkehr gewährleisten zu können.

Und damit wäre die Kernproblematik dieses Themenkomplexes bereits eingekreist. Während das Bewusstsein für das Thema E-Mail-Sicherheit in den letzten Jahren deutlich gewachsen ist, haben die am Markt verfügbaren Lösungen immer noch nicht den Stand erreicht, der wünschenswert wäre.

Während die meisten Unternehmen nämlich im Rahmen ihrer Policies und Standards klar und eindeutig geregelt haben, dass insbesondere sensitive Informationen (meist als „vertraulich" und/oder „geheim" klassifiziert) nur entsprechend verschlüsselt verschickt werden dürfen, hält das innerbetriebliche Angebotsportfolio einer kritischen Überprüfung hinsichtlich Umsetzbarkeit, Praktikabilität und Marktgängigkeit nicht stand. Wesentliche Anforderungen an eine entsprechende Lösung sind daher:

Das angewendete Verfahren

- entspricht dem aktuellen Stand der Technik und ist damit ausreichend sicher,

- funktioniert immer und ist damit

    - für jeden Mitarbeiter,

    - in jeder Situation und

    - mit jedem Kommunikationspartner anwendbar,

- ist transparent für den Anwender (d.h. es sind keine zusätzlichen manuellen Aktivitäten erforderlich um eine Verschlüsselung durchzuführen)

- ist einfach einzurichten und zu betreiben

- bietet ein adäquates Kosten/Nutzen-Verhältnis.

- Anhand dieser Anforderungslage ist es nicht verwunderlich, dass es schwer werden könnte, entsprechende Lösungen zu finden und auf die individuellen Bedürfnisse eines

- Unternehmens hin zu gestalten.

# 17.3    Definitionen und Erläuterungen

Bevor an dieser Stelle einige Lösungsansätze vorgestellt und diskutiert werden, folgen in diesem Abschnitt noch einige Definitionen und Erläuterungen die erforderlich sind, um die Lösungsansätze in Abschnitt 4 ausreichend verstehen und beurteilen zu können.

## 17.3.1    Technische Details zur E-Mail-Technologie

E-Mails werden in der Regel per SMTP (Simple Mail Transfer Protocol) verschickt. Dieses Protokoll wird zum Einspeisen und Weiterleiten von Nachrichten verwendet. Zum Abholen der Nachrichten werden jedoch spezielle Protokolle wie POP3 oder IMAP benötigt.

SMTP ist ein textbasiertes Protokoll. Es verfügt in der Basisversion weder über Authentifizierungs- noch über Verschlüsselungsmechanismen.

Zum Versand der E-Mail ist darüber hinaus die zielgenaue Bestimmung des Empfängers erforderlich. Die verwendete E-Mail-Adresse ist für den Transport per SMTP über das Internet erforderlich.

## 17.3.2    Verschlüsselung

Die Verschlüsselung wird bei E-Mails verwendet um sicherzustellen, dass niemand außer Absender und Empfänger in der Lage sind, den Inhalt der E-Mail einzusehen. Hierbei werden insbesondere die folgenden beiden Anwendungsformen unterschieden:

- Client-basierte E-Mail-Verschlüsselung

  Bei der Client-basierten Verschlüsselung ist sichergestellt, dass die Nachricht auf dem gesamten Versandweg, also vom Client des Absenders bis zum Client des Empfängers verschlüsselt wird. Diese Art der Verschlüsselung ist relativ komplex und stellt viele Infrastrukturen vor Probleme. Stellvertreter können im Rahmen der Abwesenheit eines Mitarbeiter unter Umständen nicht auf die verschlüsselten E-Mails zugreifen.

■ Server-basierte E-Mail-Verschlüsselung

Bei der Server-basierten Verschlüsselung nimmt nicht der Client die Verschlüsselung vor, sondern der Server. Der Nachteil bei dieser Art der Verschlüsselung ist, dass die E-Mail zwar auf dem Versandweg (also z. B. über das Internet) verschlüsselt ist, jedoch an der Infrastruktur des Empfängers entschlüsselt wird. Den Rest des Übertragungsweges bis zur Zustellung am Client des Empfängers wird unter Umständen unverschlüsselt übermittelt. Vor Angriffen im Netzwerk des Empfängers bietet diese Art der Verschlüsselung daher eher unzureichenden Schutz (Es sei denn, auch innerhalb des jeweiligen Unternehmensnetzwerkes sind die Übertragungswege verschlüsselt. Dies stellt erfahrungsgemäß jedoch eher die Ausnahme dar.).

Der Zugriff von Stellvertretern ist hier gewährleistet, da die E-Mail nur auf dem Versandwege bis zum Server verschlüsselt ist und unverschlüsselt in der Mailbox des Empfängers ankommt.

## 17.3.3 Symmetrische und Asymmetrische Verschlüsselungsverfahren

Bei den **symmetrischen Verfahren** werden sowohl die Ver- als auch die Entschlüsselung mit einem identischen Schlüssel durchgeführt. Absender und Empfänger müssen sich daher vorab auf einen geheimzuhaltenden Schlüssel einigen. Die symmetrische Verschlüsselung sichert die Vertraulichkeit bietet jedoch keine Verbindlichkeit oder echte Anwenderauthentisierung.

Im Gegensatz dazu sind bei der **asymmetrischen Verschlüsselung** ein geheimer und ein öffentlicher Schlüssel im Einsatz. Der eigentliche Text wird hier mit dem öffentlichen Schlüssel des Empfängers verschlüsselt. Zur Entschlüsselung ist zwingend der geheime private Schlüssel des Empfängers erforderlich.

## 17.3.4 Hashfunktion

Die Verwendung einer Hashfunktion bietet den Prüfbeleg dafür, dass der Text einer Nachricht von niemandem verändert wurde. Hierzu wird der gesamte Text einer mathematischen Funktion unterzogen und ein Wert fester Länge erzeugt (sog. „Message Digest"), der der Nachricht angehangen wird und zur Integritätsprüfung der Nachricht durch den Empfänger verwendet werden kann.

## 17.3.5 Digitale Signatur

Durch die Verwendung einer digitalen Signatur ist sichergestellt, dass die Urheberschaft einer Nachricht geprüft werden kann. Hierzu wird ein Hash-Wert mit dem geheimen Schlüssel des Absenders verschlüsselt. Da der Absender der einzige ist, der Zugriff zu dem geheimen Schlüssel hat, bietet die digitale Signatur sowohl Authentizität, Verbindlichkeit und Integrität.

# 17.4     Lösungsansätze

## 17.4.1     Public-Key-Infrastructure (PKI)

Mit Hilfe eines asymmetrischen Kryptosystems können Nachrichten in einem Netzwerk digital signiert und verschlüsselt werden. Wie unter 3. dargestellt, benötigt der Empfänger den öffentlichen Schlüssel des Empfängers um eine Nachricht zu verschlüsseln. Dabei muss verifiziert werden, dass der Schlüssel vertrauenswürdig ist. Dazu ist wiederum die Nutzung digitaler Zertifikate unabdingbar, welche wiederum durch digitale Signatur geschützt sind. Diese digitale Prüfkette, auch Zertifizierungspfad genannt, zeigt an, dass der Betrieb einer PKI hochkomplex ist, stetigen Betreuungs- und Wartungsaufwand erfordert und somit nicht als kostengünstige Alternative zu bewerten ist.

Aufgrund ihrer Komplexität lohnt sich der Aufbau einer PKI im Regelfall eher für größere Unternehmen. Außerdem ist die E-Mail-Kommunikation in diesem Fall nur mit denjenigen Kommunikationspartnern möglich, die ebenfalls auf diese Lösung setzen.

## 17.4.2     Web of Trust

Beim „Web of Trust" handelt es sich um eine Art „kleine" Lösung der PKI, die eher auf gegenseitiges Vertrauen als auf einer echten Zertifizierungshierarchie beruht.

Grundlage hierfür ist die Software PGP („Pretty Good Privacy"). Beim „Web of Trust" kann ein Zertifikat von jedem Benutzer erzeugt werden. Ist dieses vertrauenswürdig, signiert ein anderer Nutzer das Zertifikat mit einem öffentlichen Schlüssel. Auf dieser Basis entscheiden dann andere Nutzer, ob sie darauf vertrauen wollen, dass der Schlüssel zu dem entsprechenden Nutzer gehört. Das Vertrauen wächst hier mit der Anzahl der angehängten Zertifikate.

## 17.4.3     Individualverschlüsselung

Auch im Bereich der Individualverschlüsselung gibt es zahlreiche Möglichkeiten zumindest E-Mail-Anhänge gegen unberechtigten Zugriff zu schützen. So bieten zum Beispiel die gängigen Office-Produkte den Schutz eines Dokuments durch die Vergabe eines Passworts an. Auch Software zur Datenkomprimierung wie 7-Zip oder WinZip bieten die Verschlüsselung Ihrer Archive an. Und auch mit Software wie PGP ist es möglich sogenannte Self Decrypting Archives (SDAs) zu erstellen. Dabei handelt es sich um Dateien, die mittels Passwort geschützt sind und bei Eingabe dieses Passwortes auf Seiten des Empfängers die automatische Entschlüsselung des Dokuments veranlassen. Bei diesen Lösungen sind jedoch verschiedene Aspekte zu beachten:

### 17.4.3.1    Verschlüsselung via MS-Office

Die Sicherheit hängt hierbei sehr stark vom verwendeten Algorithmus ab. Daher sollte darauf geachtet werden, dass die möglichst stärkste Verschlüsselung gewählt wird. Sollte diese Einstellung per Standardvorgabe konfiguriert werden können, ist dies in jedem Fall zu empfehlen. Dabei ist jedoch darauf zu achten, dass der Algorithmus der eingesetzten Produktversion noch als sicher gilt. Vor entsprechendem Einsatz muss daher zwingend der Sicherheitsstatus geprüft werden.

### 17.4.3.2    Verschlüsselung mittels Komprimierungssoftware

Auch in diesem Fall ist es essentiell vor dem Einsatz des jeweiligen Tools zu prüfen, inwieweit die Verschlüsselung der eingesetzten Programmversion noch als sicher gilt.

### 17.4.3.3    Verschlüsselung via Self Decrypting Archives (SDAs)

Bei der Verwendung von SDAs wird aus der zu verschlüsselnden Datei eine ausführbare Datei erstellt. Das ist erforderlich, weil diese sich bei Eingabe des Passworts durch den Empfänger selbstständig entschlüsseln soll. Da viele Firewalls jedoch den Eingang von ausführbaren Dateien unterbinden, ist es möglich, dass die Anhänge samt E-Mails als unzustellbar zum Versender zurückkommen.

Bei jeder dieser Verschlüsselungsarten ist darauf hinzuweisen, dass der Austausch des Passworts zum Zugriff auf die Datei auf einem anderen Kommunikationsweg als dem Versandweg zu erfolgen hat. Dies wiederum hat zur Folge, dass sich die Verfahren im Rahmen des häufigen Austauschs von Informationen nur eingeschränkt nutzen lassen. Dazu sind sie zu unpraktisch.

Jede Verschlüsselung ist natürlich auch nur so stark wie das verwendete Passwort. Daher sollten grundsätzlich Trivialpasswörter vermieden werden. Idealerweise ist das Passwort mindestens acht Zeichen lang und besteht aus Buchstaben mit Groß- und Kleinschreibung, Zahlen und Sonderzeichen.

## 17.4.4    Web-Mailer via SSL

Eine weitere Möglichkeit zur sicheren E-Mail-Kommunikation stellt die Nutzung eines Web-Mail Dienstes via SSL dar. Hierbei werden E-Mails über eine verschlüsselte Verbindung an die Adresse eines kommerziellen Anbieters geschickt. Um die Nachricht dort abzurufen, muss sich der Empfänger ebenfalls an diesem Dienst angemeldet haben. Er bekommt dann an seine E-Mail-Adresse eine Information, dass eine E-Mail für ihn eingetroffen sei. Nachdem er sich auf der Seite des Anbieters angemeldet hat, kann er die E-Mail dort abrufen.

Bei gründlicher Auswahl des Anbieters kann dieses Verfahren als hinreichend sicher einge-stuft werden. Problematisch ist jedoch die Handhabbarkeit. Die E-Mail wird nicht in dem von dem Anwender gewohnten Format zugestellt. Daher hat er es nicht regulär in seinem E-Mail-Briefkasten. Außerdem ist für jeden Abruf immer der komplizierte Weg über die Plattform des jeweiligen Anbieters erforderlich. Für den regelmäßigen E-Mail-Austausch ist dieses Verfahren daher auch als eher gewöhnungsbedürftig einzustufen.

## 17.4.5    De-Mail

Bei De-Mail handelt es sich um ein Verfahren zum verbindlichen und vertraulichen Aus-tausch von Informationen, dass die deutsche Bundesregierung in Zusammenarbeit mit verschiedenen Dienstanbietern aufgelegt hat. Darüber hinaus bietet De-Mail auch noch den Service der vertrauenswürdigen Dokumentenablage und des zuverlässigen Identitäts-nachweises an.

Der Service ist generell sowohl für den privaten als auch für den kommerziellen Sektor ausgelegt. Anbieter müssen sich durch das Bundesamt für Sicherheit in der Informations-technik (BSI) akkreditieren lassen.

Nachdem der Gesetzesentwurf im Februar 2011 nach langen Verzögerungen den Bundes-tag passiert hat, gibt es jedoch weiterhin zahlreiche Diskussionen hinsichtlich des Daten-schutzes, allgemeiner Sicherheit und rechtlicher Aspekte (hier insbesondere zur Verbind-lichkeit).

## 17.4.6    E-Postbrief

Der E-Postbrief ist verkürzt gesagt die Konkurrenzveranstaltung der Deutschen Post AG zur De-Mail. Da die technische Umsetzung mit ähnlichen Sicherheitsmerkmalen aufwartet, sind die beiden Dienste nur schwer voneinander zu unterscheiden.

## 17.4.7    SMTP over TLS

Bei „SMTP over TLS" handelt es sich um ein Verschlüsselungsprotokoll zur sicheren Da-tenübertragung im Internet. Es ist der Nachfolger des Secure Socket Layer (SSL)-Protokolls. Die Technologie wird mittlerweile von nahezu allen E-Mail Gateways unterstützt und kann mit relativ geringem Aufwand implementiert werden.

Generell ist zwischen zwei unterschiedlichen Modi zu unterscheiden:

Wurde „SMTP over TLS" im „required modus" konfiguriert ist sichergestellt, dass die zu versendende E-Mail in jedem Fall verschlüsselt versendet wird. Hat die empfangende Stelle „SMTP over TLS" an ihrer Infrastruktur nicht eingerichtet, wird die E-Mail nicht versendet. Damit ist in jedem Fall sichergestellt, dass keine E-Mail unverschlüsselt mit dem jeweiligen Kommunikationspartner ausgetauscht wird. Hierzu wird idealerweise mit jedem Kommunikationspartner eine individuelle Vereinbarung aufgesetzt. Dadurch ist sichergestellt, dass beide Seiten die entsprechenden Konfigurationen vornehmen und der reibungslose und verschlüsselte Kommunikationsaustausch sichergestellt ist. Für den jeweiligen Mitarbeiter ist damit jederzeit die Transparenz über die Sicherheit des Kommunikationsaustauschs gegeben.

Konfigurieren Sie „SMTP over TLS" im sogenannten „preferred modus" wird eine E-Mail verschlüsselt versendet, wenn die Gegenstelle ebenfalls „SMTP over TLS" in ihrer Infrastruktur aktiviert hat. Ist dies nicht der Fall, wird die E-Mail auch unverschlüsselt über das Internet versendet. Nachteil bei dieser Variante ist, dass für den Anwender nicht eindeutig ersichtlich ist, ob eine E-Mail nun verschlüsselt oder aber unverschlüsselt versendet wird.

## 17.5    Bewertung und Zukunftsaussichten

Die Situation im Bereich E-Mailing hat sich in den letzten Jahren nicht sonderlich verbessert. Zwar drängen weiterhin viele Ideen und Lösungen auf den Markt, die es jedoch sehr häufig in punkto Komplexität und Handhabbarkeit an der nötigen Fähigkeit zur Umsetzung hapern lassen. Hochkomplizierte und umständliche Verfahren mit geforderter Interaktion durch den Anwender sind nun einmal nicht durchsetzbar und scheitern an der Akzeptanz derer die sie nutzen sollen.

Dennoch können es sich Unternehmen natürlich nicht erlauben, dass vertrauliche betriebliche Informationen ungeschützt über das Internet versendet werden. Da ein Verzicht auf diesen Kommunikationsweg jedoch nicht in Frage kommt und de facto eine Kapitulation vor den geschilderten Problemen darstellen würde, sind mehrstufige Lösungsansätze erfolgsversprechend. Nicht zu vergessen ist dabei natürlich auch der einzelne Mitarbeiter. Technische Hilfestellungen zur praktischen Anwendbarkeit von internen Policies und Standards sind unabdingbar. Einen Zwang zum unverschlüsselten Versand von E-Mails mangels angebotener Alternativen und damit zum Verstoß gegen interne Regelungen bedeutet de facto eine „Kriminalisierung" des Mitarbeiters.

„SMTP over TLS" ist ein idealer Ansatz zur Ausweitung derjenigen Kommunikationspartner, mit denen eine vertrauliche E-Mail-Kommunikation via Internet möglich ist. Hierbei wird erfahrungsgemäß bereits im „preferred modus" eine erhebliche Abdeckung erreicht. Um mit Kommunikationspartnern, mit denen ein regelmäßiger E-Mail-Austausch stattfindet, eine verlässlich vertrauliche Kommunikation herzustellen, sollten entsprechende Vereinbarungen zum „required modus" abgeschlossen werden. Die so erreichbaren Kommunikationspartner sollten betriebsintern publiziert werden. So ist den Mitarbeitern jederzeit zugänglich, mit welchen Unternehmen eine verschlüsselte Kommunikation möglich ist.

Hinzuweisen ist an dieser Stelle jedoch darauf, dass „SMTP over TLS" lediglich einen verlässlichen Schutz auf dem Versandwege über das Internet darstellt (siehe auch Kapitel 3, Server-basierte E-Mail-Verschlüsselung). Der jeweilige interne Versandweg im Firmennetz bleibt je nach Infrastruktur unverschlüsselt. Für den Versand von Informationen, die einen höheren Schutzbedarf haben, ist daher entweder eine zusätzliche Verschlüsselung der betroffenen Informationen oder aber die Nutzung eines alternativen Versandweges notwendig.

Darüber hinaus haben einige Unternehmen bereits andere Lösungen zur E-Mail-Verschlüsselung im Einsatz (z. B. eine PKI) und sind daher nicht an der Etablierung von „SMTP over TLS" interessiert. Es bietet sich daher an auch andere Verschlüsselungsoptionen im Portfolio zu haben. Die dargestellten Lösungen zur Individualverschlüsselung oder die Nutzung eines Web-Mailers (siehe Kapitel 4) stellen in jedem Fall eine gute Abrundung Ihres Verschlüsselungsangebots dar.

Aufgrund der gestiegenen Sensibilität von Unternehmen und privaten Anwendern wird das Thema der Sicherstellung von Vertraulichkeit und Integrität im E-Mail-Verkehr auch zukünftig erheblich an Bedeutung gewinnen. Dabei bleibt das Problem weiterhin groß im Verhältnis zur Praktikabilität der angebotenen Lösungen. Es bringt nicht viel, hochkomplexe Infrastrukturen im Einsatz zu haben, die für den Anwender kaum handhabbar und wenig marktkompatibel sind. Solche Lösungen werden auch zukünftig kaum Anwenderakzeptanz haben. Auf der anderen Seite muss natürlich abgewogen werden, was dem Anwender in der Praxis zuzumuten ist. Strenge betriebsinterne Regelungen treffen häufig auf rudimentäre technische Lösungen. Was hilft es, wenn Policies vorschreiben, vertrauliche Informationen grundsätzlich zu verschlüsseln, die vorhandenen Lösungen jedoch entweder keinerlei Kompatibilität oder Akzeptanz von der Gegenseite erfahren. Von daher sind hier infrastrukturelle und transparente Lösungen kombiniert mit Individuallösungen eine empfehlenswerte Umsetzungsempfehlung.

Eine perfekte Lösung ist zurzeit noch nicht in Sicht. Es kann derzeit lediglich darum gehen, maßvoll und pragmatisch zu agieren und auch den Kostenaspekt nicht aus dem Blick zu verlieren. Und bei allem technischen Aufwand ist eines nicht zu vergessen: Der wichtigste Faktor ist und bleibt der Mensch. Daher bleibt jede technische Lösung ohne flankierende Awareness-Maßnahmen nahezu unwirksam.

Bei Beachtung dieser Prämissen ist auch mittelfristig ein vernünftiger Einklang zwischen Unternehmensgovernance und Umsetzbarkeit zu erreichen.

# 18 Eskalationsmanagement in IT-Projekten

*Stefan Helmke & Matthias Uebel*

## 18.1 Ziele und Aufgaben

Ziele und Aufgaben des Eskalationsmanagements in IT-Projekten ergeben sich aus dessen Definition. Dazu ist zunächst der Begriff der Eskalation zu definieren und sind die möglichen Gründe für Eskalationen in Projekten zu identifizieren.

Unter einer Eskalation versteht man eine auftretende Abweichung vom Planergebnis und Planvorgehen, die zum Scheitern eines Projektes in Form der Nicht-Errreichung der angestrebten Projektergebnisse führt, sofern nicht adäquate Maßnahmen zur Bewältigung der Eskalation eingeleitet werden. Dabei sind drei verschiedene Eskalationstypen zu unterscheiden, welche die **Abbildung 18.1** veranschaulicht:

**Abbildung 18.1** Eskalationstypen

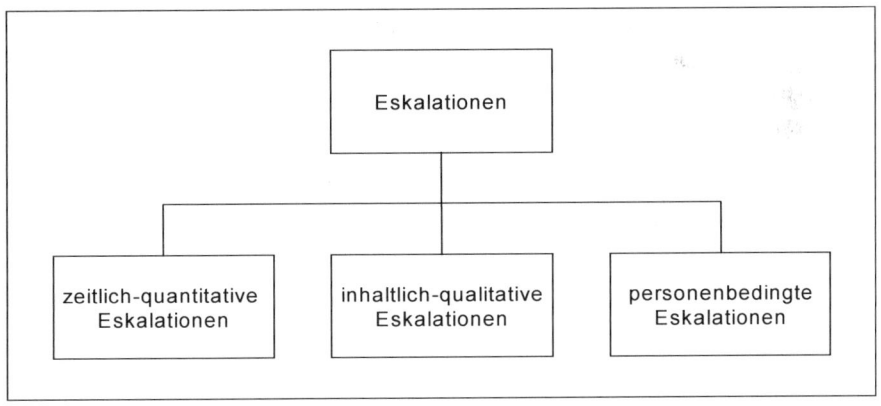

Zeitlich-quantitative Eskalationen führen dazu, dass die Projektergebnisse nicht im zeitlich abgesteckten Rahmen erzielt werden können. Ursache hierfür kann es beispielsweise sein, dass die für das Projekt benötigte Personalkapazität im Rahmen der Projektplanung unterschätzt worden ist. Ebenso kann die Ursache darin liegen, dass ein externer Projektpartner, auf dessen Zwischenergebnisse das weitere Vorgehen im Projekt angewiesen ist, in Verzug geraten ist.

Qualitativ-inhaltliche Eskalationen treten dann auf, wenn die persönlichen Qualifikationen und Befugnisse der Projektmitglieder und/oder die Performance der technischen Verrichtungsobjekte, wie z. B. Leistungsfähigkeit der Hardware, zur Lösung neu hinzukommender Projektaufgaben nicht ausreichen. Ebenso treten derartige Eskalationen, wenn die entsprechenden Anforderungen im Rahmen der Projektplanung, z. B. aufgrund einer Vielzahl unsicherer Parameter, fehleingeschätzt worden sind.

Personenbedingte Eskalationen resultieren aus persönlichen Problemen zwischen Projektmitgliedern. Entsprechend verhärtete Fronten gefährden sodann die reibungslose erfolgreiche Erarbeitung der zu erzielenden Projektergebnisse. In vielen Fällen der Praxis ist ein Dominoeffekt zu verzeichnen. Dabei zieht eine Eskalation eine andere nach sich.

Das Eskalationsmanagement setzt sowohl an der Bewältigung als auch an der Prävention bzw. der Vermeidung des Auftretens der verschiedenen skizzierten Eskalationstypen an. Somit sind für die beiden genannten Richtungen des Eskalationsmanagements entsprechende Konzepte und Instrumente zu entwickeln.

Zum einen dienen die im folgenden erläuterten Instrumente zur Früherkennung von Eskalationen. Es sind also die kritischen Faktoren für den Projekterfolg zu identifizieren sowie Hinweise im Sinne schwacher Signale im Rahmen des Projektes aufzunehmen und ggf. Maßnahmen einzuleiten. Zum anderen sind Instrumente einzusetzen, die trotz aller Präventionsmaßnahmen auftretende Eskalationen bewältigen helfen. Abrundend ist zu diskutieren, wie die beschriebenen Instrumentengruppen in die Unternehmensorganisation eingebunden werden können.

## 18.2    Instrumente zur Früherkennung

Früherkennung dient dem möglichst zeitgleichen Auffinden von Abweichungen in relevanten Projektparametern mit ihrer realen Entstehung. Die Frühzeitigkeit der Entdeckung dieser Entwicklungen dient dabei dem Aufspüren von Fehlentwicklungen bei einem noch relativ geringen Abweichungsgrad und dem möglichst raschen Entwickeln und Einsetzen von gegensteuernden Eskalationsaktivitäten.

Um möglichst früh auf potenzielle Projektgefährdungen reagieren zu können, müssen zuerst die Felder wichtiger interne und externe Einflussfaktoren bestimmt werden (Einflussfaktorenanalyse), die für eine effektive Früherkennung überhaupt in Frage kommen.

Weiterhin müssen sensible Projektbereiche identifiziert werden, da hier bei Abweichungen die größten Gefährdungen für den Projekterfolg ausgehen (Schwachstellenanalyse).

Um auf Abweichungen in diesen Bereichen reagieren zu können, sind geeignete Mess- und Steuerungsgrößen zu finden, die Fehlentwicklungen in einem möglichst frühen Stadium aufzeigen (Indikatormodelle).

## 18.2.1    Einflussfaktorenanalyse

Innerhalb von Projekten existieren zahlreiche Einflussfaktoren, deren Abweichung vom angenommenen oder wünschenswerten Zustand negativ auf den Projekterfolg und die zu erfüllenden Projektziele einwirken. Um diesem Problem wirkungsvoll entgegenzutreten, sind zwei Analysebereiche von entscheidender Bedeutung.

Zum einen ist die Bedeutung möglicher Einflussfaktoren auf den Projekterfolg zu priorisieren. Dies ist notwendig, um verfügbare personelle und finanzielle Ressourcen auf wichtige steuerungsrelevante Eskalationsbereiche zu konzentrieren. Die wirkungsorientierte Allokation von Controllingaktivitäten hat in diesem Sinne nach der ABC-Analyse zu erfolgen. Dabei können die Erfolgsfaktoren in Inbound- und Outboundfaktoren unterschieden werden. Inboundfaktoren bezeichnen organisatorische und leistungswirtschaftliche Parameter wie beispielsweise die Verfügbarkeit von Ressourcen, die Qualität des Aktivitätenvollzugs, die Einhaltung von Zeit- und Kostengrößen. Outboundfaktoren umfassen externe Bereiche wie die Zuverlässigkeit von Zulieferern und Partnern, die Stabilität der marktlichen und finanzwirtschaftlichen Entwicklung sowie der Gesetzgebung.

Unerwartete Veränderungen wichtiger Outboundfaktoren können die planmäßige Entwicklung von Inboundfaktoren gefährden. Die Priorisierung von Einflussfaktoren hängt dabei stets von der individuellen Situation, dem Ziel und der Art des Projektes ab. Gerade in der Bestimmung der projektspezifischen Erfolgsfaktoren liegt die eigentliche "Kunst" die oftmals über Erfolg und Mißerfolg bei Projekten entscheidet. Gutgemeinte Standardchecklisten helfen, werden aber aufgrund ihres allgemeinen Charakters selten zu projektbezogenen Höchstleistungen führen. Perfekt sitzende Maßanzüge kann man eben nicht von der Stange kaufen. Hier sollte man auf erfahrene interne oder externe Spezialisten zurückgreifen.

Neben dieser Faktoren-Priorisierung und -Identifizierung ist es zum anderen wichtig, die Unsicherheit, die mit der Entwicklung der Erfolgsfaktoren verbunden ist abzuschätzen. Hier nehmen die Outboundfaktoren eine bedeutende Stellung ein. Je weniger Wissen bezüglich der zukünftigen Entwicklung externer Einflussfaktoren im Projekt oder im Unternehmen vorhanden ist, desto größer ist die diesbezügliche Unsicherheit.

Allgemein kann zwischen Unsicherheitsgraden erster bis vierter Ordnung unterschieden werden. In **Fehler! Verweisquelle konnte nicht gefunden werden.** werden Charakteristika und Beispiele überblicksartig dargestellt.

Aus Projektsicht sind insbesondere kritische Erfolgsfaktoren mit hohem Unsicherheitsfaktor (3. und 4. Ordnung) als ungünstig einzustufen. Da hier die Entwicklung kaum vorhersehbar ist, sollten die Monitoring-Aktivitäten in Bezug auf diese kritischen Faktoren besonders intensiv und umfassend sein (siehe auch **Abbildung 18.2**). Dabei kann die Veränderung wichtiger Einflussfaktoren sowohl positiv als auch negativ auf die Projektziele wirken. Je sicherer die Entwicklung jedoch vorhersagbar ist, desto früher können der exakte Einsatz und die konkrete Ausgestaltung von Gegenmaßnahmen bei negativen Entwicklungstendenzen geplant werden.

**Abbildung 18.2**   Spezifikation von Unsicherheitsgraden

| Unsicherheitsgrad | Charakteristika | Beispiele |
|---|---|---|
| 1. Ordnung | ▪ Objektive Wahrscheinlichkeiten (mathematisch-statistische ermittelbar)<br>▪ Mögliche Umweltzustände sind bekannt<br>▪ Möglichkeit der versicherungstechnischen Absicherung | ▪ Arbeitsunfälle<br>▪ Wechselkursschwankungen |
| 2. Ordnung | ▪ Mögliche Umweltzustände sind bekannt<br>▪ Subjektive Wahrscheinlichkeiten vorhanden (eigene individuelle Erfahrungen) | ▪ Einarbeitungszeit neuer Mitarbeiter<br>▪ Lebensdauer des Produktes |
| 3. Ordnung | ▪ Mögliche Umweltzustände sind bekannt<br>▪ Wahrscheinlichkeiten sind aufgrund der fehlenden Erfahrung nicht bekannt | ▪ Umsatzpotential im M-Commerce<br>▪ Nutzungsverhalten für UMTS-Anwendungen |
| 4. Ordnung | ▪ Mögliche Umweltzustände sind nicht bekannt<br>▪ Wahrscheinlichkeiten sind nicht bekannt | ▪ Entwicklungsrichtung neuer Managementtechniken<br>▪ Produktspektrum der Gentechnologie |

**Abbildung 18.3**   Monitoring-Portfolio

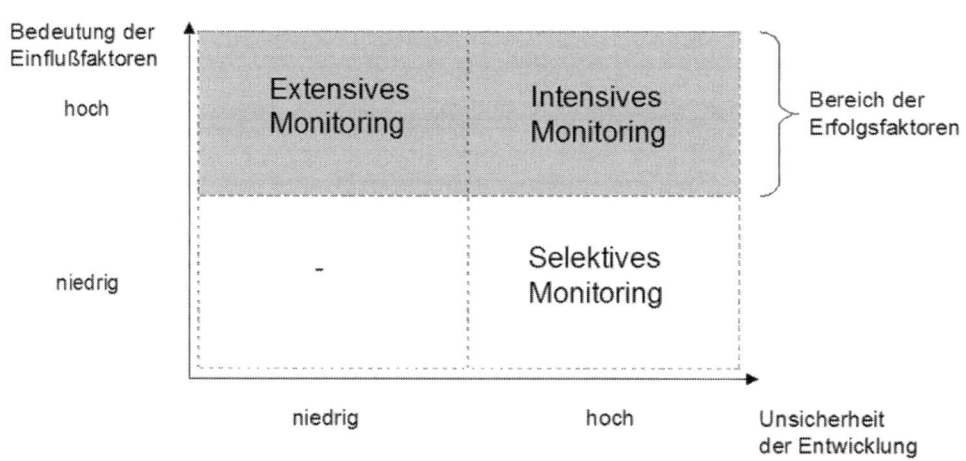

## 18.2.2    Schwachstellenanalyse

Die Analyse von Schwachstellen wird hier im Zusammenhang mit dem Eskalationsmanagement in einer dualen Begriffskonstitution verwendet. Zum einen bezeichnen Schwachstellen den Auswirkungsort von Abweichungen und Unsicherheiten wichtiger Erfolgsfaktoren im Sinne eines Sichtbarwerdens in Form von Veränderungen zentraler Erfolgsgrößen (Zeit, Kosten, Nutzenpotenzial etc.). Zum anderen werden Bereiche als Schwachstellen bezeichnet, bei denen keine Möglichkeit der Gegenwehr vorliegt. Dies kann der Fall sein, weil es keine Abwehrmöglichkeiten im engeren Sinn gibt oder weil aktuell im Projekt keine diesbezüglichen Maßnahmen vorgesehen oder geplant sind. Zumindest im letzteren Fall kann das Projektteam vorbeugen, indem es mögliche weiße Flecken auf der Maßnamen-Map mit Aktivitätspotenzialen belegt.

Hat die Entwicklung bzw. Veränderung einzelner Einflussfaktoren eine große Bedeutung auf den Projekterfolg, so sind sie gemäß des vorherigen Abschnitts als (kritische) Erfolgsfaktoren einzustufen. Diese hohe Sensibilität kann dementsprechend als Schwachstelle bzw. als gefährlicher Angriffspunkt bezeichnet werden. In gewisser Weise stehen somit beide Sachverhalte miteinander in Zusammenhang und widerspiegeln nur zwei Seiten derselben Medaille.

Mit Hilfe von Simulationen können diese sensiblen Projektparameter ermittelt werden. Voraussetzung dafür sind geeignete formale Abbildungsmodelle. Mit Hilfe der Monte Carlo Simulation können beispielsweise Zufallsszenarien unter Nutzung von unterstellten Wahrscheinlichkeitsverteilungen generiert werden. In der Praxis stoßen realitätsnahe formale Projektmodelle jedoch schnell an ihre handhabbaren Grenzen, so dass die Simulation oft nur auf recht hohen modellbezogenen Aggregations- und Abstraktionsniveaus durchgeführt wird.

Wie bereits angedeutet, sind Schwachstellen in dem fehlenden möglichen oder vorgesehenen Potenzial zur Vermeidung oder zum Ausgleich von unvorteilhaften Veränderungen zu sehen. Ein typisches Beispiel für eine zeitkritische Schwachstelle ist der sogenannte kritische Pfand bei der Projektaktivitätenplanung mit Hilfe der Netzplantechnik. Hier bezeichnet der kritische Pfad diejenige Abfolge von Aktivitäten, zwischen denen keine Pufferzeiten existieren. D.h. eine Zeitüberschreitung bei einer Aktivität wirkt sich in der Aktivitätenkette ohne Ausgleichsmöglichkeit bei Einhaltung aller anderen Planzeiten im gleichen Maße auf die Zeitüberschreitung des Projektabschlusses aus, z. B. in Form der Projektübergabe an den Auftraggeber.

Nur durch zielgerichtete Unterschreitung der Plandurchführungszeit anderer auf dem kritischen Pfad liegender Aktivitäten ist ein Ausgleich möglich. Schlußfolgernd ergibt sich, dass bei dem Vorhandensein derartiger Projektkonstellationen der planmäßigen Ausführung der einzelnen Arbeits- und Aufgabenbereiche besondere Bedeutung zukommt. Wird mit Dienstleistern zusammengearbeitet ist die sorgfältige Partnerwahl ein wichtiger Aufgabenbereich. Um dies zu gewährleisten, müssen entweder alle Partner sehr aufwendig überprüft und bewertet werden oder insbesondere diejenigen, die direkt am kritischen Pfad beteiligt sind. Dafür ist es jedoch notwendig, die Schwachstellenanalyse vor der Partnerauswahl durchzuführen. Ist erst einmal der Partner ausgewählt, kann nur durch Nutzung von Anreizsystemen oder Einsatz von Disziplinierungsmaßnahmen die notwendige Erfüllungssensibilität geschaffen werden.

Die Identifizierung der eigenen potenziellen Schwachstellen im Projekt ist ein entscheidender Schritt. Er sollte jedoch nicht der letzte sein. Erst eine darauf aufsetzende gezielte Planung von nutzbaren Abwehrmaßnahmen und der projektspezifische oder -übergreifende Aufbau von Fähigkeitspotenzialen bei den involvierten Teammitgliedern geben der Schwachstellenanalyse ihre eigentliche Sinnhaftigkeit und Bedeutung im Steuerungskontext des Eskalationsmanagements.

## 18.2.3   Indikatormodelle

Die Auswirkungen von Fehlentwicklungen in den einzelnen Dimensionen des Projektfortschritts sind nicht immer zeitgleich mit ihren eigentlichen Ursachen feststellbar. Das bedeutet, dass die Erfüllung projektbezogener Sachziele wie Verbesserung der Kundenbindung und Formalziele wie Budget- und Zeiteinhaltung erst erfaßbar sind, wenn die diesbezüglichen Ursachen nicht oder nur noch in Grenzen beeinflußt werden können. So ist bei der nachlaufenden Ermittlung der überschrittenen Projektkosten eine Ursachenanalyse nur noch für „Lessons-Learned" mit Hinsicht auf zukünftige Projekte möglich. Die Kosten des betrachteten Projektes können jedoch nicht mehr beeinflußt werden.

Um derartige Fehlentwicklung zu vermeiden sollten Frühwarnindikatoren bei einer effektiven und effizienten Projektsteuerung zum Einsatz kommen. Dabei bezeichnen Indikatoren Variablen die zur Diagnose oder Prognose von Projektentwicklungen geeignet sind. Sind die kritischen Erfolgsfaktoren identifiziert, sollte für jeden Faktor ein Indikator bestimmt werden. Die Verwendung mehrerer Indikatoren pro Erfolgsfaktor ist eigentlich überflüssig, da sie auf dieselbe Prognosegröße ausgerichtet sind. Zeigen diese Faktoren zudem in unterschiedliche Richtungen, so besteht zusätzlich ein logisches Beurteilungsproblem. Sogenannte Indikatorprofile ergeben sich aus dem Zusammenspiel von Indikatoren für ein Netz von unabhängigen und abhängigen Erfolgsfaktoren.

Von besonderem Interesse sind natürlich Indikatoren, die der Entwicklung der zu prognostizierenden Erfolgsgröße zeitlich vorauseilen. Bekanntes Beispiel aus der Wirtschaft ist die Nutzung des Indikators Auftragseingang für die Prognose der Entwicklung des Bruttosozialproduktes. Diese Indikatorbeziehung beruht auf bestehenden Ursache-Wirkungsketten zwischen den einzelnen Betrachtungsgrößen. Die logischen Kausalbeziehungen können kanonisch und mit Hilfe der fachwissenschaftlichen Theorie gebildet werden.

Die Mehrdimensionalität von Indikatorkennzahlen wurde dabei in den letzten Jahren durch den Erfolg innovativer Management- und Marketingkonzepte wie z. B. Balanced Scorecard und Customer Relationship Management unterstützt. So sollten auch Soft-Indikatoren wie Motivation und Zufriedenheit der Teammitglieder für die Projektsteuerung bei der Definition von Indikatorprofilen beachtet werden (siehe nachfolgende Abbildung).

**Abbildung 18.4**   Beispiel für den Indikatoreinsatz

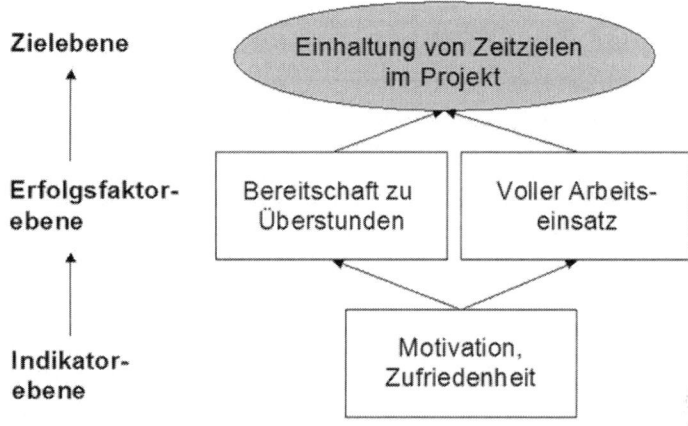

Für einen ersten Versuch im Bereich der Projektsteuerung kommt es dabei nicht auf die vollständige Ganzheitlichkeit der verwendeten Indikator-Kennzahlenprofile an. Vielmehr sollte zuerst eine überschaubare Zahl klarer und gut bestimmbarer Indikatoren Anwendung finden. Eine Verfeinerung des Systems ist oft erst mit steigendem Erfahrungsgewinn sinnvoll und umsetzbar.

# 18.3   Eskalationsbewältigung

Im Rahmen der Eskalationsbewältigung wird sich mit dem Handling von Soll-Ist-Abweichungen von projektbezogenen Zielparametern beschäftigt. Während im vorangegangenen Kapitel das Auffinden und die Analyse geeigneter Bereiche und Parameter zur Projektsteuerung Gegenstand der Diskussion war, werden in diesem Teil unter anderem Auslösesituationen und -zeitpunkte, Möglichkeiten zur Fehlerreduktion und geeignete Kommunikationsinstrumente behandelt. Im Gegensatz zur grundsätzlich denkbaren einfachen Ausdehnung der Projektkapazität in qualitativer und quantitativer Hinsicht stellen die im folgenden vorgestellten Instrumente ressourcenschonende Ansätze für ein proaktives Eskalationsmanagement dar.

## 18.3.1   Back-/Forward-Orientierung

Das Konzept der Back-/Forward-Orientierung orientiert sich im Rahmen der Bewältigung von Eskalationen an deren Eskalationsgrad. Zudem ist es weniger ein operatives Instrument als vielmehr ein Konzept, welches hilfreich ist, die grundsätzliche Stoßrichtung des Eskalationsmanagements zur Bewältigung auftretender Eskalationen festzulegen.

Zu unterscheiden sind grundsätzlich Eskalationen mit reparablen und irreparablen Konsequenzen für den beabsichtigten Projekterfolg. Reparabel bedeutet, dass durch Nachbesserungen, die vom Umfang her auch vertretbar sind, die anvisierten Projektziele und -ergebnisse noch – ggf. nachträglich in einem tolerierbaren Zeitraum – erzielt werden können. Hingegen heißt irreparabel, dass der sogenannte "Point of no Return" erreicht ist. Die anvisierten Projektergebnisse können im Rahmen des Projektes gar nicht mehr oder nur zu einem wirtschaftlich nicht zu rechtfertigenden Aufwand erzielt werden. Die Übergänge zwischen diesen beiden situativen Ausprägungen von Eskalationen sind fließend.

Im Einzelfall ist dieses somit zu überprüfen. Je nach identifizierter Situation ist das Konzept der Backward- oder der Forward-Orientierung einzusetzen. Die Backward-Orientierung ist das Konzept für reparable Situationen, in denen die Projektziele unter oben geschilderten Bedingungen noch erreicht werden können. Hingegen ist die Forward-Orientierung das probate Mittel für irreparable Situationen, wenn das Projekt gescheitert ist und die anvisierten Projektziele nicht mehr erreicht werden können.

Das Konzept der Backward-Orientierung orientiert sich somit an der Bekämpfung der Ursachen der Eskalationen. Dazu sind in einem ersten Schritt diejenigen Stellhebel zu identifizieren, welche hauptverantwortlich für das Auftreten der Eskalation im Projekt sind. Anschließend sind adäquate Maßnahmen einzuleiten, welche die Stellhebel so korrigieren, dass die Projektziele noch erreicht werden.

Das Konzept der Backward-Orientierung beschäftigt sich genau genommen nicht mehr mit der Bewältigung der Eskalationen, sondern fokussiert die Backward-Orientierung auf Schadensbegrenzung im Hinblick auf die Wirkungsrichtung des Projektes. Ad-hoc-Maßnahmen sind einzuleiten, welche die durch das Nicht-Erreichen der Projektziele ausgelösten Schäden in Grenzen halten.

Die ist insbesondere dann auch von Bedeutung, wenn ein Anschlußprojekt auf die Ergebnisse des gescheiterten IT-Projektes in hohem Maße angewiesen ist. Im Sinne der Forward-Orientierung sind irreparable Eskalationen an das Projektteam des Anschlußprojektes frühestmöglich zu übermitteln, damit eine entsprechende Änderungsplanung eingeleitet werden kann. Die Forward-Orientierung zielt somit auf eine Minimierung der negativen Konsequenzen ab, die aus einem gescheiterten oder absehbar scheiternden IT-Projekt resultieren.

## 18.3.2   Triggerfunktionen

Trigger bezeichnen Auslösemechanismen, die beim Überschreiten von Schwellenwerten aktiviert werden. Für die Definition von Triggerfunktion sind mehrere Projektparameter zu spezifizieren.

Generell sind erst einmal die Überwachungsobjekte festzulegen, die kontrolliert werden sollen. Dies können Kosten-, Zeit-, Prozeß- und andere Zustandsgrößen sein. Bei der Bestimmung dieser Kontrollobjekte ist sich dabei eng an den oben erwähnten Erfolgsfaktoren und ihren Indikatormöglichkeiten zu orientieren. Für Schwellenwerte können unterschiedliche Bezugsgrößen definiert werden. Zum einem können überwachungsobjektbezogene als auch überwachungsobjektneutrale Schwellenwerte definiert werden. Bei überwachungsobjektbezogenen Schwellenwerten ist Kontroll- und Auslöseobjekt identisch in bezug auf die Basisgröße (z. B. Kontrollobjekt: Kostengröße, Auslöseobjekt: Überschreitung der Sollkostengröße um 10 %). Überwachungsobjektneutrale Schwellenwerte sind beispielsweise regelmäßige Zeitpunkte bzw. bestehen in der Überschreitung von definierten Zeitintervallen nach denen Kostenabweichungen festzustellen sind.

Neben dem Ereignis, das den Auslösemechanismus auslöst, sind auch die Aktivitäten zu definieren, die nach der Auslösung ausgeführt werden sollen. Dies können Informations-, Transformations- und Entscheidungsaktionen sein. In der Regel wird stets eine Folge von gemischten Aktivitäten angestoßen. Bei den informatorischen Aktivitäten ist neben den Informationsinhalten, die in der Regel die Tatsache der Schwellenwertüberschreitung selbst und ihre möglichen Ursachen beinhalten, auch der Informationsempfänger, der Informationskanal und der geforderte Beginn der Informationsweiterleitung festzulegen.

## 18.3.3    Change Management

Change Management stellt im Einsatzbereich Eskalationsmanagement ein Instrument an der Schwelle zwischen Früherkennung bzw. Prävention und Eskalationsbewältigung dar. Im nahezu jedem IT-Projekt sind Aspekte des Change Managements bereits projektbegleitend einzusetzen, was dem präventiven Charakter dieses Instrumentes entspricht. Ebenso kann als adäquates Instrument zu Bewältigung von Eskalationen – insbesondere der personenbedingten – eingesetzt werden.

Change Management hilft, die durch ein IT-Projekt regelmäßig auftretenden Veränderungen und potenziell daraus resultierenden Widerstände zu bewältigen, um damit die Grundlage für die erfolgreiche Verankerung der Veränderungen in der Organisation zu schaffen.

Das häufigste Motiv für Widerstand gegenüber Veränderungen ist die Angst des Mitarbeiters. Dies ist somit der Hauptansatzpunkt für ein effektives Change Management. Angst wiederum resultiert aus Unsicherheit – sozusagen als Motor der Angst – über potenzielle negative Folgen von Neuerungen auf die jeweilige persönliche Arbeitsplatzsituation. Befürchtet wird von den Mitarbeitern, dass durch das IT-Projekt initiierte Veränderungen künftig Fach- oder auch Machtinteressen nicht mehr verwirklicht werden können. Diese beiden Interessenlagen führen zur Unterscheidung in zwei Arten von Gegnern der Veränderungen, nämlich Fach- und Machtopponenten. Für diese beiden Gruppen haben unterschiedliche Ängste eine besondere Bedeutung, die sie zu Widerstand gegenüber Veränderungen bewegen. Zu beachten ist dabei, dass einige Mitarbeiter zugleich sowohl Macht- als auch Fachopponenten sein können; die Ängste gehen dann ineinander über.

## Ängste vorwiegend von Machtopponenten

- Angst vor Verlust der Einflußmöglichkeiten

- Angst vor Verlust der Reputation

- Angst vor eingegrenzten Budgets, z. B. verringerte Sachmittelausstattung oder weniger Personal

Zu dem Personenkreis, für den diese Ängste eine größere Rolle spielen, gehören tendenziell Führungskräfte des Top-, Middle- und Lower-Managements. Ihre Ängste treten insbesondere dann auf, wenn umfangreiche, bereichsübergreifende Reorganisationsmaßnahmen anstehen, z. B. Umstellung von einer Sparten- auf eine Prozeß- bzw. Kundenorganisation oder Auflösung bzw. Zusammenlegung von Abteilungen.

Hier besteht oft die Angst der Mitarbeiter, auf eine unbedeutende Position "weg belobigt zu werden" und damit an Einfluß zu verlieren oder gar entlassen zu werden. Bei Übernahme neuer Aufgabenbereiche spielt zudem die Angst mit, dass die bisherige Reputation verloren gehen könnte. Denn in neuen Aufgabengebieten mit zudem noch anderen Personal muß sich eventuell auch gegenüber Konkurrenten mit gleichem Wissensstand die bisherige Machtposition und das Ansehen bei den Kollegen neu erarbeitet werden.

Diese Ängste vor Machtverlusten können natürlich auch auf Bequemlichkeitsgründen fußen, da die Einarbeitung in neue Gebiete häufig zusätzliche Anstrengungen erfordert. Zudem spielen fachliche Ängste mit ein, dass Konkurrenten sogar über einen besseren Wissensstand verfügen oder man im neuen Bereich den Anforderungen nicht gerecht wird. Zur Abwehr derartiger Veränderungsmaßnahmen ziehen sich Mitarbeiter oft auf das unentbehrliche Expertenwissen zurück, um die eigene sichere Machtposition nicht unnötig in Gefahr zu bringen und seine Wissensvorsprünge zu bewahren.

Um darüber hinaus Budgeteinschränkungen im eigenen Bereich vorzubeugen, darf nach Aussage der Mitarbeiter das Budget nicht verringert werden, da ansonsten die Aufgaben in der bisherigen Qualität nicht mehr zu realisieren sind. Tatsächlich messen Führungskräfte ihren Einfluß am ihm zur Verfügung stehenden Budget, das natürlich aus ihrer Sicht nicht eingeschränkt werden soll. Das Vorschicken fachlicher Motive soll also häufig nur Machtinteressen verdecken.

## Ängste vorwiegend von Fachopponenten

- Angst vor Überforderung, nämlich den aus Neuerungen resultierenden Anforderungen nicht gerecht zu werden

- Angst vor Kritik an der bisherigen Arbeitsweise bzw. dem Aufdecken von Schwachstellen

- Angst vor Verlust des Arbeitsplatzes oder anderer Sanktionen als Folge aus den beiden vorherigen Ängsten

Diese Ängste hegen im wesentlichen Mitarbeiter der operativen Ebene und des Lower-Managements. Sie können auftreten, wenn neue Technologien und Arbeitstechniken eingeführt bzw. umgestellt werden oder zusätzliche Aufgabenbereiche übernommen werden sollen.

Hinter den dargestellten Aussagen steckt nicht nur Ignoranz, sondern oft auch die Angst, z. B. neuen veränderten Arbeitsbedingungen, die durch das IT-Projekt ausgelöst werden könnten, fachlich oder kapazitativ nicht mehr gerecht werden zu können. So steigen aufgrund der immer weiter fortschreitenden Technisierung der Arbeitsplätze oder auch die sich aus der Globalisierung und Dynamik der Märkte ergebenden Anforderungen an Mitarbeiter ständig. Das Erfordernis ständiger Weiterbildung – sozusagen lebenslanges Lernen, ohne sich auf bisherigen Lorbeeren auszuruhen – ist insbesondere für ältere Mitarbeiter oft eine Herausforderung, die große Angst verursacht.

Ein weiterer Grund für ablehnende Haltungen seitens der Betroffenen ist oft auch schlicht und einfach Bequemlichkeit. Widerstände können also grundsätzlich neben der Können-Komponente auch auf der Wollen-Komponente der Mitarbeiter beruhen. So bedeutet die Anpassung durch das IT-Projekt veranlasste, veränderte Rahmenbedingungen eine gewisse Einarbeitung, die oft mühsam ist. Dabei entsteht dann auch zusätzlich oft die Meinung, dass die alte Arbeitsweise schneller war und das IT-Projekt ohnehin nichts bringt. Zudem kann es sein, dass den Mitarbeitern – eventuell auch hervorgerufen durch eine gewisse Betriebsblindheit – die Vorstellungskraft fehlt, dass durch Veränderungen Verbesserungen bewirkt werden können.

Zur präventiven Vermeidung und Abbau von Widerständen bzw. zur Bewältigung dieser ist eine "Vermarktungsstrategie" des IT-Projektes zu entwickeln. Dazu sind zunächst Fach- und Machtopponenten und die entsprechenden Motive des Widerstands dieser Mitarbeiter zu identifizieren. Genauso sollten Befürworter der Veränderungen, also Fach- und Machtpromotoren, erkannt werden, um sich ein Gesamtbild für den Bedarf an "Widerstandsüberwindung" zu verschaffen. Als Instrument eignen sich hierzu Einzel- und Gruppeninterviews. Idealtypisch werden danach die Widerstandsmotive abgebaut und dadurch aus Opponenten Promotoren gemacht. Dieses wird nicht vollständig, sondern in der Regel nur zum Teil gelingen. Wichtig ist jedenfalls dabei die Aufklärung und die Einbeziehung der betroffenen Mitarbeiter.

Deshalb sind grundlegende Aussagen zum IT-Projekt zu formulieren, welche über die zweitens festzulegenden Kommunikationsinstrumente weiterzugeben sind. Die Ziele und die Notwendigkeit des IT-Projektes sind den Mitarbeitern transparent zu machen, um u. a. auch Betriebsblindheit zu überwinden. Durch Transparenz kann ein Großteil der Unsicherheit, der daraus resultierenden Ängste und somit auch der Widerstände seitens der Mitarbeiter ausgeräumt werden. Denn häufig sind viele Befürchtungen der Mitarbeiter völlig unbegründet und entstehen lediglich aus Intransparenz. Auch wenn Personaleinsparungen mit dem IT-Projekt verbunden sind, sollte man diese nicht verheimlichen, da ansonsten die Vertrauensbasis gegenüber den Mitarbeitern nachhaltig gestört werden kann. Den Einsatz von Change Management-Instrumenten verdeutlicht die folgende Abbildung exemplarisch:

**Abbildung 18.5**   Einsatz von Change Management-Instrumenten

Die Art und Art und Intensität des Einsatzes der Change Management-Instrumente ist dabei abhängig vom Ausmaß der durch das IT-Projekt verursachten Veränderungen, der Unternehmenskultur sowie der Anzahl der am IT-Projekt beteiligten Mitarbeiter und Abteilungen.

# 18.3.4   Krisenpläne

Krisenplane beinhalten wohldurchdachte Handlungsanweisungen für negative Zustands- oder Ausnahmesituationen, die ein schnelles und effektives Handeln erfordern. Da bei Eintritt einer solchen Krisensituation gewöhnlich keine Zeit für die Erarbeitung derartiger Richtlinien besteht, muß im Vorfeld abgewogen werden, was als Krisensituation eingestuft werden muß und was in diesem Fall zu tun ist. Dieses Vordenken erspart im Krisenfall viel Zeit, die für die effiziente Anwendung der beschriebenen Einzelaktivitäten genutzt werden kann. Krisenplane beinhalten neben der Zuordnung von Verantwortlichkeiten zu Personen, die durchzuführenden Aktivitäten und die zu organisierenden Maßnahmen. Weiterhin sind die zu informierenden Personen oder Stellen festgehalten.

Der Nutzen von Krisenplänen im IT-Projektbereich wird dabei häufig vernachlässigt. Oft überschätzen die Teammitglieder ihre eigenen Fähigkeiten im Fall von aufkommenden Krisensituationen. Bei dem tatsächlichen Auftreten akuter Krisen sind die beteiligten Personen dann tatsächlich überfordert. Wertvolle Zeit geht durch Doppelarbeit, Verantwortungsleerräume und langwierige Diskussionsrunden verloren.

Echte IT-Projektkrisen stellen besondere Anforderungen an die Fähigkeiten und Fertigkeiten, die von nur von streßresistenten Personen erbracht werden können. D. h. ein guter Projektleiter in „normalen Zeiten" muß kein guter Krisenmanager sein und umgekehrt. Erfahrungen aus der allgemeinen Unternehmenspraxis bestätigen diese Tatsache.

Krisenpläne sind insbesondere für Worst-Case-Szenarien zu definieren. Der Ausfall wichtiger projektinvolvierter Dienstleistern mit fast völligem Alleinstellungsanspruch ist ein solcher Beispielfall. Dabei können die im Krisenplan zu behandelnden Aktivitäten im Sinne der obigen Back- und Forwardintegration erfolgen. Zum einen können die festgehaltenen Maßnahmen dazu dienen, die Schäden auf nachfolgenden Projekt- und Aufgabenebenen zu begrenzen. Hier ist beispielsweise an schnelle und gezielte Information der entsprechenden Verantwortlichen zu denken. Zum anderen können auch Alternativen aufgezeigt werden, die zumindest in Teilbereichen die Abdeckung von möglichen Leistungsausfällen ermöglichen und unterstützen.

## 18.4 Integration in die Unternehmensorganisation

Die Integration des Eskalationsmanagements in die Unternehmensorganisation ist die notwendige Voraussetzung, um erfolgreich Eskalationen in IT-Projekten zu begegnen, also diese zu vermeiden und/oder zu bewältigen. Vorkehrungen zur Vermeidung und Bewältigung von Eskalationen sollten grundsätzlich in jedem IT-Projekt getroffen werden. Eine besonders intensive Anwendung sollte die Instrumente des Eskalationsmanagements insbesondere bei besonders kritischen IT-Projekten finden. Somit hängt das sinnvolle Ausmaß der Ausgestaltung des Eskalationsmanagements für ein konkretes IT-Projekt im wesentlichen von den folgenden projektaufgabenspezifischen Faktoren ab, die ein kritisches IT-Projekt kennzeichnen:

- Inhaltliche Komplexität der IT-Projektaufgabe,

- zeitlicher Druck,

- Einfluss des Gelingens des IT-Projektes auf den Unternehmenserfolg,

- Vielfalt der im IT-Projekt vertretenden Interessen,

- erwartete persönliche Spannungen,

- politische Bedeutung.

Im Rahmen der organisatorischen Einbindung im Unternehmen ist eine Art Tool-Box für das Eskalationsmanagement auszugestalten, welche die unternehmensspezifisch anzuwenden Instrumente zur Eskalationsprävention und -bewältigung enthält. Durch diese Vereinheitlichung kann sich über Eskalationen schneller und effizienter ausgetauscht werden. Des Weiteren sollte diese Tool-Box kontinuierlich angepasst und vervollständigt, um von den im Unternehmen im Rahmen des Eskalationsmanagements in IT-Projekten gemachten Erfahrungen maximal zu profitieren. Neben dem Kommunikationsaspekt sowie dem Effekt der kontinuierlichen Verbesserung der Instrumente und Konzepte erleichtert die Dokumentation der Instrumente die Einarbeitung von Mitarbeitern, die erstmalig im Detail mit dem Thema Eskalationsmanagement in IT-Projekten konfrontiert sind. Um die Instrumente des Eskalationsmanagements optimal anwenden zu können, sollten des Weiteren Fragen des Eskalationsmanagements nicht ausschließlich den Projektleitern vorbehalten sein. Vielmehr zeigen unsere praktischen Erfahrungen, dass insbesondere zur proaktiven Früherkennung von Eskalationen eine Sensibilisierung aller Projektmitglieder für dieses Thema von großem Nutzen ist und die Quote fehlgeschlagener IT-Projekte deutlich reduziert.

## Literatur

[1] Andersen, E. S., Grude, K. V., Haug, T.: Zielgerichtetes Projektmanagement, 2 . Auflage, Frankfurt am Main 1999.

[2] Burghardt, Manfred (2006), Projektmanagement, 7. Auflage, Erlangen

[3] Glatz, Hans/ Graf-Götz, Friedrich (2007), Handbuch Organisation gestalten, Weinheim/ Basel, 2007

[4] Helmke, S., Brinker, D.: Die erfolgreiche Umsetzung von Change-Management, in: Der Karriereberater, Heft 6/1998.

[5] Helmke, S., Risse, R.: Chancen- und Risikomanagement im Konzern Deutsche Post AG, in: Kostenrechnungspraxis, Heft 5/1999.

[6] Hemmrich, Angela/ Harrant, Horst (2011), Projektmanagement, 3. Auflage, München, 2011

[7] Schmidt, G.: Methode und Techniken der Organisation, Gießen 1994.

[8] Tiemeyer, Ernst (2002), Projekte erfolgreich managen, Weinheim/ Basel, 2002

[9] Tiemeyer, Ernst (2010), Handbuch IT-Projektmanagement, München, 2010

[10] Wieczorrek, Hans W., Mertens, Peter: Management von IT-Projekten, 4. Auflage, Berlin, 2010 http://www.amazon.de/Management-von-IT-Projekten-Realisierung-Xpert-press/dp/364216126X/ref=pd_sim_b_4 - #.

# 19 Einsatz elektronischer Signaturen im Mittelstand

*Stefan Helmke, Rüdiger Herfrid & Matthias Uebel*

## 19.1 Einführung

Die Historie elektronischer Signaturen ist wie bei vielen technischen Neuerungen von vielen Änderungen und Unsicherheiten geprägt. Dies führt dazu, dass Unternehmen insbesondere im Mittelstand vom Einsatz elektronsicher Signaturen vorab abgeschreckt sind, ohne die zweifelsohne vorhandenen Vorteile elektronischer Signaturen und die Anwendung in ihrem Unternehmen näher zu analysieren.

Allerdings ist dies auch in einem gewissen Maße verständlich, da technische Neuerungen bei Verschlüsselungsverfahren und der dahinter liegenden Algorithmen im Detail nur für IT-Experten ersichtlich sind. Hinzu kommt, dass durch veränderte Gesetzeslagen im EU-Recht, BGB etc. sich die Rechtslage mehrfach gedreht hat und es somit einige juristische Versiertheit erfordert, die kleinen, aber feinen Unterschiede zu erkennen. Für die unternehmerische Anwendung besteht die Gefahr, sich in technischen und juristischen Fragestellungen zu verlieren. Technik und Rechtslage stellen zwar wesentliche Rahmenbedingungen dar, doch ist das Hauptziel der Anwendung elektronischer Signaturen, einen Mehrwert für das Unternehmen zu erzielen. So können Unternehmen elektronische Signaturen auch wertschöpfend einsetzen, ohne dafür technische oder juristische Experten zu beauftragen oder einzustellen.

Hauptziel dieses Beitrags ist es, die unternehmerische, wertschöpfende Anwendung elektronischer Signaturen im Mittelstand zu erläutern. Dazu werden die Grundlagen der Signaturen allgemein vorgestellt und im Glossar näher erläutert, aber im Wesentlichen der Mehrwert der praktischen Anwendung in Praxisprojektbeispielen demonstriert.

## 19.2 Signaturen – die Schlüssel zum Erfolg im Mittelstand

Bevor dargestellt wird, wie ein Unternehmen das Thema elektronischer Signaturen erfolgreich einführt, sind als Grundlage Signaturtypen und das Prinzip der stufenweisen Verbindlichkeit (Verbindlichkeitspyramide) zu erläutern.

Die EU-Richtlinie 1999/93 EG (Signaturrichtlinie) definiert die Vorgaben für die Regelungen elektronischer Signaturen, die durch die Mitgliedsstaaten und die anderen Staaten des Europäischen Wirtschaftsraums in nationalen Gesetzen umzusetzen sind. Zu unterscheiden sind dabei drei Signaturtypen:

- Einfache elektronische Signatur

- Fortgeschrittene elektronische Signatur nach § 2 Nr. 2 SigG

- Qualifizierte elektronische Signatur § 2 Nr. 3 SigG

Die beiden letztgenannten Signaturtypen werden auch als sichere Signaturen bezeichnet. Dabei stellt ein asymmetrisches Verschlüsselungsverfahren sicher, dass die Signatur auch tatsächlich vom Urheber stammt und die Nachrichtintegrität gewährleistet ist. Aufbauend auf der fortgeschrittenen Signatur ist als Anforderung für eine qualifizierte elektronische Signatur festzuhalten, dass die Signatur zum Zeitpunkt ihrer Erzeugung auf einem gültigen qualifizierten Zertifikat basiert und mit einer sicheren Signaturerstellungseinheit (SSEE) erstellt worden ist. Das bedeutet nicht, dass dadurch die Nachricht selbst verschlüsselt und „abhörsicher" ist.

Gemäß § 2 Nr. 3 Signaturgesetz erfüllen in Deutschland nur qualifizierte Signaturen die Anforderungen an die elektronische Form gemäß § 126a BGB, die die gesetzlich vorgeschriebene Schriftform wirksam ersetzen kann. Nach Zivilprozessordnung (§ 371a Abs. 1 ZPO) erhalten nur die Dokumente, die mit einer qualifizierten elektronischen Signatur versehen sind, den gleichen Beweiswert wie Papierurkunden. Allerdings ist wiederum nicht für alle Rechtsgeschäfte eine Papierform notwendig. So können in Fällen, in denen eine qualifizierte elektronische Signatur nicht gesetzlich vorgeschrieben ist, auch Dokumente mit einer fortgeschrittenen elektronischen Signatur gemäß § 2 Nr.2 SigG oder teilweise auch einfachen elektronischen Signatur per Augenscheinbeweis als Beweismittel vor Gericht verwendet werden. Dieser letzte Absatz zeigt die juristische Komplexität, die problemlos weiter vertieft werden kann. Für die unternehmerische Anwendung in der Praxis ist dies allerdings häufig sekundär.

Denn: Rechtsgeschäfte, für die eine hohe Rechtsverbindlichkeit erforderlich ist, da ansonsten ein hoher Schaden entstehen kann, kommen in der Praxis nur so selten vor, dass sie auch gleich schriftlich in Papierform mit einem dokumentenechten Stift signiert werden können. Ist das Vertrauen gegenüber dem Geschäftspartner eingeschränkt, wird man hier auch tendenziell auf die Schriftform bestehen. In diesem Fall ist grundsätzlich zu überlegen, ob es der richtige Geschäftspartner ist.

In Fällen guter Geschäftsbeziehungen und einer überschaubaren Kritikalität des Geschäftsprozesses vereinfachen elektronische Signaturen die Geschäftsprozesse. Da Organisation und Kosten für fortgeschrittene und qualifizierte elektronische Signaturen deutlich höher ausfallen und de facto nicht umsetzbar sind, gewinnt die elektronische Signatur an Bedeutung, obwohl sie juristisch und technisch „schwächer" zu bewerten ist. Allerdings steigert auch sie (wie die Empirie zeigt) die Verbindlichkeit von Vereinbarungen deutlich. Dies zeigt das Prinzip der stufenweisen Verbindlichkeit, visualisiert in **Abbildung 19.1** als Pyramide der Verbindlichkeit.

**Abbildung 19.1**   Pyramide der Verbindlichkeit

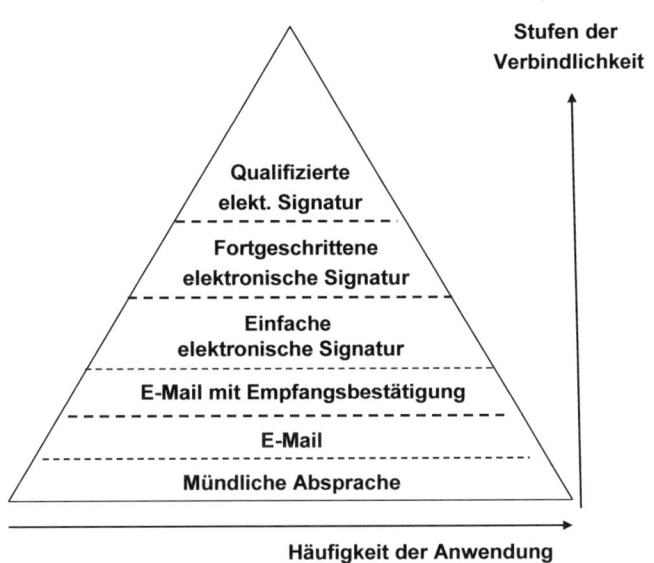

Zur Erläuterung: Die einfache elektronische Signatur ist bei der Annahme von Paketen beispielsweise gang und gäbe. Ohne hier zu detailliert zu werden, ist die tatsächliche rechtliche Beweiskraft zumindest als eingeschränkt einzustufen, z. B. wenn der Empfänger einfach nur einen „Kringel" setzt. Vorausgesetzt, dass der annehmende Empfänger nicht von einem hohen Maß an krimineller Energie gekennzeichnet ist, hat sie allerdings einen wesentlich verbindlicheren Charakter als die reine mündliche Annahme.

Im Berufsleben werden häufig wichtige Mails mit der Aufforderung zu einer Empfangsbestätigung versendet. Dies ist verbindlicher als die mündliche Absprache, aber auch nicht so verbindlich, als dass der Empfänger dies auch tatsächlich gelesen hat. Das bewusste Setzen einer elektronischen Signatur ist dabei deutlich verbindlicher und ein deutlich stärkeres Commitment, das Empfangene auch verstanden und gelesen zu haben.

Organisation und Kosten für fortgeschrittene und qualifizierte elektronische Signaturen sind hoch, so dass der Mehrwert diese im Mittelstand häufig nicht kompensiert. Allerdings ergeben sich für den Einsatz der deutlich weniger aufwendigen einfachen elektronischen Signatur vielfältige Anwendungsmöglichkeiten, durch die Qualitätssteigerungen hinsichtlich Prozesseffizienz und -effektivität sowie Kosteneinsparungen erzielt werden können. Zusammengefasst ergeben sich die folgenden Vorteile:

- Reduzierung von Prozessdurchlaufzeiten

- Höhere Verbindlichkeit und damit Einhaltung von Vereinbarungen

- Verringerung von Papierkosten

- Vereinfachung des Nachhalteprozesses zur Einforderung von Signaturen durch automatisierten zentralisierten Workflow

Um somit gerade im Mittelstand mit einfachen elektronischen Signaturen erfolgreich zu sein, ist zu prüfen, welche Geschäftsvorfälle bzw. -prozesse dafür in Frage kommen. Für eine Eignungsprüfung geben die folgenden Fragen einen Orientierungsrahmen:

- Wie oft wird der Geschäftsprozess durchgeführt?

- Wie vertrauenswürdig sind involvierte externe Geschäftspartner? In gesunden, vertrauensvollen Geschäftsbeziehungen sollte dem Einsatz elektronsicher Signaturen nichts im Wege stehen.

- Welcher Grad der Verbindlichkeit ist erforderlich? Wie kritisch ist der Geschäftsprozess?

- Ist es sinnvoll, durch die elektronische Signatur die Verbindlichkeit zu erhöhen? Welche Vorteile ergeben sich für Sender und Empfänger?

- Welche Qualitätssteigerungen und Kosteneinsparungen resultieren aus der Einführung?

Dabei ist die Anwendung der einfachen elektronischen Signatur häufig dann sinnvoll, wenn nicht eine Softwarespeziallösung erforderlich ist. Somit ist im Wesentlichen der Einsatz in generischen Prozessen wie Abstimmprozessen, Umläufen, kollaborativen Arbeitsprozessen, Kommunikations- und Informationsverteilungsprozessen etc. ökonomisch sinnvoll.

# 19.3    Praxisfälle

Die folgenden Praxisprojektbeispiele zeigen, wie im Mittelstand erfolgreich mit einfachen elektronischen Signaturen die Qualität und Verbindlichkeit in Prozessen gesteigert und Kosten gesenkt werden können.

## Praxisprojektbeispiel I: Vertriebsunterstützung

Kernfakten zum Unternehmen:

- Unternehmen der Dienstleistungsbranche

- 1.500 Mitarbeiter, davon 80 im Vertrieb (60 Außendienst, 20 Innendienst)

- Viele Serviceinnovationen, Serviceanpassungen, Änderungen in Geschäftsbedingungen

In dem Unternehmen, das sich in einem sehr dynamischen Marktumfeld befindet, ist der Außendienst mit vielen Informationen zu versorgen. Aufgrund der Häufigkeit und der Vielzahl an Informationen aus verschiedensten Bereichen ist hier allerdings der Verwässerungseffekt hinsichtlich der Priorität und damit der Vermittelbarkeit der Informationen stark aufgetreten. Nicht alle Informationen waren für alle Außendienstler relevant oder Außendienstler fanden die Informationen nicht relevant oder wurden aus Zeitgründen nicht oder verspätet gelesen. Dadurch sind allerdings auch eminent wichtige Informationen z. B. zu Veränderungen der Geschäftsbedingungen einfach durchgerutscht. Um diesem Problem zu begegnen, ist eine Priorisierung der Information unter Anwendung der Verbindlichkeitspyramide vorgenommen worden:

Nice-to-know-Informationen: Versand per E-Mail

Need-to-know-Informationen: Versand per E-Mail und Einforderung einer Empfangsbestätigung

Must-know-Informationen: Versand per E-Mail und Einforderung einer elektronischen Signatur

Durch diese Priorisierung wurde zum einen sichergestellt, dass Must-Informationen auch tatsächlich vom Empfänger gelesen und umgesetzt werden. Zum anderen wurde es dem Außendienstler erleichtert, sein Leseverhalten zu priorisieren. Der Vorteil für das Unternehmen ist im ersten Aspekt offensichtlich und im zweiten mittelbar, da dadurch die wertvolle Nettovertriebszeit der Außendienstler gesteigert werden konnte.

Zudem lässt sich durch einen entsprechenden zentralisierten Rückmelde-Workflow komfortabel nachhalten, wer wann was signiert hat. Ebenso können automatisiert Erinnerungs-E-Mails versendet werden.

### Praxisprojektbeispiel II: Kollaboratives Arbeiten

Kernfakten zum Unternehmen

- Mittelständisches Unternehmen der Maschinenbaubranche

- 800 Mitarbeiter

- Viele kleine Zulieferer, teilweise mit weniger als 20 Mitarbeitern

- Zulieferer mit hoher technischer Expertise, kaum austauschbar, aber mit Schwächen in Administration und Abwicklungsprozessen

- Häufig erforderliche Änderungen in Prozessabläufen zur Effizienz- und Effektivitätssteigerung

Für das in diesem Praxisprojektbeispiel betrachtete Unternehmen der Maschinenbaubranche sind Abstimmungsprozesse zu Liefervereinbarungen, Versandvorschriften etc. mit Zulieferern essenziell. Ohnehin arbeitet das Unternehmen mit technisch zertifizierten und auditierten Partnern zusammen, zu denen ein enges Vertrauensverhältnis besteht. Veränderungen in Arbeitsprozessen sind einfach per E-Mail und schriftlich weitergeleitet worden. Dennoch tauchten häufiger Fehler in der Nichteinhaltung neuer Regularien auf. Hier empfiehlt sich die Einführung einfacher elektronischer Signaturen, so dass der Zulieferer verbindlicher die Kenntnisnahme der Neuerungen aufnimmt und umsetzt.

Die Einführung der qualifizierten elektronischen Signatur wäre zwar rechtsverbindlicher, aber auf der anderen Seite würde dies die eher kleinen Zulieferunternehmen technisch, organisatorisch und hinsichtlich der Kosten überfordern. Zum zweiten stellt sich die Frage, welche Konsequenz sich daraus ergäbe. Soll der Zulieferer im Zweifel langwierig verklagt werden? Welcher Nutzen entsteht? Vielmehr ist bei häufiger Nichteinhaltung eher der Zulieferer auszuwechseln. Der einfache elektronische Signaturprozess stellt hiermit somit für beide Seiten einen Vorteil aufgrund der höheren Verbindlichkeit ohne nennenswerten Kostenanstieg dar. Zudem lässt sich wiederum durch einen entsprechenden zentralisierten Rückmelde-Workflow komfortabel nachhalten, wer wann was signiert hat. Ebenso können automatisiert Erinnerungs-E-Mails-versendet werden.

### Projektpraxisbeispiel III: Verbindlichere Abstimmungsprozesse

Kernfakten zum Unternehmen:

- Mittelständisches Unternehmen mit Sitz in Deutschland

- 15 Tochtergesellschaften

- Vielfältige Abstimmungs- und Informationsweitergabeprozesse

Das hier betrachtete mittelständische Unternehmen mit seiner Zentrale in Deutschland und seinen 15 Tochtergesellschaften im Ausland hat viele wichtige Abstimmungs- und Informationsweitergabeprozesse bilateral und zwischen einen und mehreren Tochtergesellschaften zu organisieren. Dies reicht von Compliance-Vorgaben, über Modalitäten zu Abwicklungs- und Verrechnungsprozessen bis hin zu Produktinformationen, die von verschiedenen Mitarbeitern zur Kenntnis zu nehmen und umzusetzen sind. Der organisatorische Aufwand des Nachhaltens ist immens, wenn sichergestellt werden soll, dass diese Informationen nicht überlesen werden. Durch die Einrichtung eines organisierten Workflows, verbunden mit einfachen elektronischen Signaturen, die in einem zentralen Siganturcenter dokumentenspezifisch administriert werden, ließ sich der Verwaltungsaufwand deutlich reduzieren und die Verbindlichkeit der Abstimmung und des Informationserhalts deutlich erhöhen.

# 19.4    Erfolgsfaktoren bei der Projektumsetzung

Im Rahmen der Projektumsetzung zeigen sich einige wesentliche Erfolgsfaktoren, die sowohl die Einstellung zum Thema elektronischer Signaturen (generelle Erfolgsfaktoren) als auch den spezifischen Anwendungsfall (Prozesserfolgsfaktoren) betreffen.

- Generelle Erfolgsfaktoren

    - Beherzigen des Grundsatzes „Unternehmerische Anwendung vor technischer Umsetzung und juristischer Gültigkeit"

- Change Management und Aufklärungsarbeit zu elektronischen Signaturen bei Geschäftsführung, Mitarbeitern und Geschäftspartnern
- Einfordern von Committment zur Zielsetzung und Management Attention
- Verdeutlichung des Prinzips der stufenweisen Verbindlichkeit
- Business Case zu Kosten/Investitionen und Nutzen

■ Prozesserfolgsfaktoren

- Auswahl der Prozesse nach Häufigkeit, Kritikalität, Verbindlichkeitsanforderungen
- Prüfung technischer und juristischer Rahmenbedingungen. Wo reichen einfache elektronische Signaturen aus und sind somit wertschöpfender als fortgeschrittene oder qualifizierte elektronsicher Signaturen, z. B. auch weil der Rechtsanspruch aus einer qualifizierten elektronischen Signatur de facto nicht einklagbar ist?
- Priorisierung von Informationen und Prozessen
- Organisation der Verwaltung elektronischer Signaturen als automatisierter, zentralisierter Workflow
- Quick-Wins durch Einsatz elektronischer Signaturen in einem Beispielprozess zur Akzeptanzsteigerung

# Autorenverzeichnis

BRINKER, DÖRTE, Dipl.-Kffr., Projektmanagerin im Informationsmanagement einer deutschen Großbank.

DIRKS, NILS, Dipl.-Inf. (FH), Senior Security Consultant, rt-solutions.de GmbH, Köln.

DROLL, RALF, Senior Projektleiter, TGCG – Management Consultants, Düsseldorf.

FRISCHKORN, RAINER, Head of Rollout Management SAP Projects für Siemens AG, Energy Sector Oil & Gas Division, Duisburg.

GROß, MARKUS, MBA, Changemanager, Deutscher Akademischer Austausch Dienst (DAAD) Bonn

HELMKE, JAN, Prof. Dr., Professor für Wirtschaftsinformatik an der Hochschule Wismar.

HELMKE, STEFAN, Prof. Dr., Professor für Betriebswirtschaftslehre und Wirtschaftsinformatik an der FHDW Bergisch Gladbach sowie Partner der Strategie- und Organisationsberatung TGCG – Management Consultants, Düsseldorf.

HELMKE, YANNICK, SAP-Project Office für Siemens AG, Energy Sector Oil & Gas Division, Duisburg.

HERFRID, RÜDIGER, Dipl.-Ing., Sr. Marketing Manager SMB Central Europe, Adobe Systems GmbH, München

IVANOV, SVILEN, Dr., Senior Security Consultant, rt-solutions.de GmbH, Köln.

KLAHOLD, ROGER, Dr., IT-Experte, Paderborn.

KURSCHEID, NINA, Dipl.-Kffr., Leiterin IT-Controlling bei einem Lebensmitteleinzelhandelskonzern.

Neuhaus, Dominik, Dipl-Inf., Leiter IT, bilstein group, Ennepetal.

NILLES, MICHAEL, Group CIO Schindler & CEO Schindler Informatik AG, Ebikon, Schweiz.

SCHEMMER, STEFAN, Gesellschafter und CTO, der rt-solutions.de GmbH, Köln.

SCHOLZ, RONNY, M. Sc., Senior Security Consultant, rt-solutions.de GmbH, Köln.

SCHUMANN, RALF, Prof. Dr., geschäftsführender Gesellschafter der rt-solutions.de GmbH, Köln, und Professor für Wirtschaftsinformatik an der FHDW Bergisch Gladbach

SENGER, ENRICO, Dr., Head IT Strategy Office, Schindler Informatik AG, Ebikon, Schweiz.

UEBEL, MATTHIAS, Prof. Dr., Professor für Betriebswirtschaft an der Hochschule für Oekonomie & Management (FOM) Düsseldorf, Managementberater/-trainer, Partner der Strategie- und Organisationsberatung TGCG – Management Consultants, Düsseldorf

WIRTH, STEPHAN, Dipl.-Finanzw., CISSP, CISA, CRISC, DSB-TÜV, Informationssicherheitsbeauftragter bei einem deutschen Kreditinstitut.

# Stichwortverzeichnis

Printed in Poland
by Amazon Fulfillment
Poland Sp. z o.o., Wrocław